AF377975

LES ATOMES EXISTENT-ILS VRAIMENT ?

DU MÊME AUTEUR

Qu'est-ce qu'une particule élémentaire?, Masson, Paris, 1965.

Mécanique quantique (avec C. Cohen-Tannoudji et F. Laloë), Hermann, Paris, 1973, 2 tomes.

Éléments de physique statistique (avec C. Guthmann, D. Lederer et B. Roulet), Hermann, Paris, 1989.

Bernard DIU

LES ATOMES EXISTENT-ILS VRAIMENT ?

Comme l'homme jeune pensant dans son jardin
au mois d'août qui voit par intervalles
tout le ciel et la terre d'un seul coup,
Le monde d'un seul coup tout rempli
par un grand coup de foudre doré !
Ô fortes étoiles sublimes et quel fruit entr'aperçu
dans le noir abîme !
Ô flexion sacrée du long rameau
de la Petite Ourse !

Paul CLAUDEL,
L'Esprit et l'Eau.

Era un niño que soñaba
un caballo de cartón.
Abrió los ojos el niño
y el caballito no vio.[...]
Quedóse el niño muy serio
pensando que no es verdad
un caballito soñado.
Y ya no volvió a soñar.
Pero el niño se hizo mozo
y el mozo tuvo un amor,
y a su amada decía :
¿ Tú eres de verdad o no ?
Cuando el mozo se hizo viejo
pensaba : Todo es soñar. [...]
Y cuando vino la muerte,
el viejo a su corazón
preguntaba : ¿ Tú eres sueño ?
¡ Quién sabe si despertó !

Il était une fois un enfant qui rêvait
d'un cheval en carton.
L'enfant ouvrit les yeux,
ne vit point le petit cheval. [...]
L'air très sérieux, l'enfant
se disait qu'un cheval de rêve
n'a rien de vrai.
Désormais il ne rêva plus.
Mais l'enfant devint un jeune homme
et le jeune homme s'énamoura ;
à sa bien-aimée il disait :
Toi es-tu, ou non, pour de vrai ?
Quand le jeune homme devint vieux,
il pensait : tout n'est que rêve. [...]
Et lorsque la mort arriva,
à son cœur le vieux demandait :
Et toi, es-tu un rêve ?
Qui sait s'il s'éveilla !

Antonio MACHADO, *Parábolas*.
(Traduction de Sylvie Léger et Bernard Sesé.)

À *Madame Marion Leboyer*

REMERCIEMENTS

« Quand on a des ennuis, on compte ses amis. » Ils étaient si nombreux que je ne puis compter. C'est d'abord à eux, à eux tous, que vont mes pensées.

Se détachent du lot, à l'évidence, Claudine Guthmann, Danielle Lederer et – *last but not least* – Bernard Roulet, qui m'ont tant appris depuis ce jour mémorable où je me suis proposé pour enseigner avec eux la thermodynamique et la mécanique statistique (précisément). Ils m'ont soutenu sans réticence dans ce projet-ci, qui n'était pourtant pas – pour une fois – aussi le leur.

Mon épouse, quant à elle, a apporté à l'entreprise une contribution active en lisant mes brouillons avec soin et en les parsemant patiemment d'annotations et de remarques judicieuses. C'est un rôle analogue qu'a joué mon censeur officiel, Bernard Pire : il a suggéré, parfois avec force mais toujours avec conviction, des aménagements et même des coupures.

Il y a eu aussi une cohorte de consultants, que j'appelais à brûle-pourpoint pour savoir si ceci, pour demander si cela... Mention spéciale pour Alain Bouquet, dont l'érudition et la précision, sur les sujets d'astrophysique, m'étonnent encore. Anne-Marie et Pierre Lutz, ainsi que Murat Boratav, m'ont apporté, en physique des particules, les données historiques ou expérimentales qui me manquaient. Luc Valentin a joué ce rôle pour la physique nucléaire.

Je n'aurai garde d'oublier Rémy Lambrechts et sa double compétence, scientifique et littéraire, ni Catherine Chevalley et sa maîtrise de l'histoire et de l'épistémologie. Je ne puis pas être sûr que, comme on dit en castillan, « *están todos los que son* », mais je me console en pensant que, au moins, « *son todos los que están* » (on me pardonnera bien ce clin d'œil intraduisible).

Mais ce n'est pas tout. Il est des gens, figurez-vous – c'est inimaginable ! – qui, de nos jours, manient plus volontiers la plume Sergent-Major que le traitement de texte informatique. Il s'est heureusement trouvé, dans un cas aussi désespéré, une fée bienveillante, Madame Micheline Picarda, compétente, patiente, rigoureuse mais aussi chaleureuse et gaie, qui a rangé proprement dans des disquettes ce qui n'était que gribouillis surchargés ; elle a été aidée dans cette tâche, pour la première partie, par Annie Richard dont le dévouement, la discrétion, l'égalité d'humeur et le sourire nous accompagnent tous les jours.

Et merci aussi à Charles, Laure et Olivier.

PROLOGUE

Que l'on se rassure : les atomes existent, bel et bien. Pourtant, quelque puriste pointilleux pourrait s'interroger sur la signification de cette expression : que doit-on entendre par « existence réelle » s'agissant d'objets dont la taille se mesure en cent millionièmes de centimètre et dont le comportement obéit à des lois (celles de la mécanique quantique) si fondamentalement distinctes de celles que nous avaient enseignées plusieurs siècles de physique dite « classique » (comme la musique), depuis Galilée et Newton ? D'ailleurs, la réalité des atomes et des molécules [1] a donné lieu, au tournant du siècle (vers 1900), principalement autour des phénomènes et concepts qui font l'objet de cet ouvrage, à une controverse parfois féroce.

J'ai connu dans les années soixante un vieux monsieur, Paul Pascal, qui occupait alors ses loisirs de retraité à écouter, pour les corriger, des leçons d'agrégation à l'École normale supérieure. Il avait été un éminent spécialiste de chimie minérale : il avait par exemple dirigé la publication d'une sorte d'encyclopédie de la chimie minérale (un ouvrage en vingt-quatre tomes in-quarto), il était membre de l'Académie des sciences et aujourd'hui encore, à Bordeaux, un centre de recherches de chimie porte emblématiquement son nom. Ce vieux monsieur, qui avait donc été un chimiste hors pair, racontait pourtant que, jeune étudiant en 1905 au certificat de chimie générale dans la

---

1. Une molécule est un assemblage stable de plusieurs atomes : la molécule d'azote regroupe deux atomes d'azote, la molécule d'eau comprend un atome d'oxygène et deux atomes d'hydrogène, etc.

vénérable Sorbonne, il avait été interrogé à l'oral par un professeur qui niait l'existence des atomes et qui n'admettait donc pas qu'on l'envisageât : « Je fis la forte tête et je fus collé », concluait notre vieux monsieur.

Pire encore : le promoteur génial de la mécanique statistique (première théorie physique *atomiste*, dont nous reparlerons en détail), le Viennois Ludwig Boltzmann, fut poussé au suicide, en 1906, par les sarcasmes de ses détracteurs. Or, quelques mois plus tard dans cette même année 1906, le Français Jean Perrin démontrait, par une série d'expériences admirables et irréfutables, la présence des atomes et la validité de la mécanique statistique. L'histoire assez curieuse, sinueuse même, que couronnèrent les résultats de Jean Perrin commence en 1827, lorsqu'un botaniste anglais, Robert Brown, découvrit ce qu'on appelle depuis le « *mouvement brownien* » : des grains de pollen en suspension dans l'eau sont animés, sous le microscope, d'une agitation incessante dont l'origine resta longtemps mystérieuse. Il ne s'agit pas d'un mouvement lent ou de faible amplitude : les grains « vont et viennent en tournoyant, montent, descendent, remontent encore sans tendre nullement vers le repos » (Jean Perrin).

Au début, les biologistes invoquèrent d'éventuels animalcules qui ne purent jamais être observés. Il fallut attendre Albert Einstein, qui émit en 1905 (dans l'un des *cinq* articles qu'il publia simultanément dans le même tome de « Annalen der Physik » [1]) l'idée que le mouvement brownien était provoqué par les chocs des molécules sur les grains en suspension. D'une part, les molécules sont trop petites pour pouvoir être directement observées au microscope ; d'autre part, lorsqu'elles entrent en collision avec des objets de dimension (et de masse) courante, elles ne les font pratiquement pas bouger. Les grains de pollen sont, de ce point de vue, intermédiaires : assez légers pour ressentir de façon appréciable les impacts des molécules, assez gros pour être vus au microscope... Einstein établit la théorie du mouvement erra-

---

1. « Une nouvelle détermination des dimensions moléculaires » ; « Sur un point de vue heuristique concernant la production et la transformation de la lumière » ; « Sur le mouvement brownien » ; « Sur l'électrodynamique des corps en mouvement » ; « L'inertie d'un corps dépend-elle de son contenu en énergie ? » La théorie du mouvement brownien était donc encadrée, en quelque sorte, par la découverte des photons (particules de lumière) et par l'exposé de la théorie de la relativité.

tique des grains de pollen soumis aux chocs aléatoires des molécules du liquide et en déduisit une loi précise, accessible à la vérification expérimentale. C'est à quoi furent consacrées les expériences de Jean Perrin dès l'année suivante (1906). Les résultats furent tellement probants que Perrin alla jusqu'à écrire, dans cette période où les passions (scientifiques) étaient exacerbées : « Il devient donc difficile de nier la réalité objective des molécules... Le mouvement brownien en est l'image fidèle, ou mieux, il est déjà un mouvement moléculaire ». La réalité des molécules et de leur mouvement, c'était le triomphe des atomistes...

Peut-être faut-il quand même être juste et reconnaître que les anti-atomistes, pour se montrer si intraitables et percutants, disposaient eux aussi d'une théorie physique remarquable par sa cohérence et son efficacité – la thermodynamique, dont nous parlerons abondamment –, et qui n'avait apparemment que faire des atomes.

Avant d'entrer dans les intrications et les éventuelles oppositions entre la thermodynamique et la mécanique statistique, auxquelles la suite sera presque exclusivement consacrée, il serait bon de tenter de clarifier, au niveau des idées générales (et simples), ce qu'est la physique, et peut-être aussi ce qu'elle n'est pas, et en tout premier lieu ce qu'est une théorie physique.

Pour Ludwig Boltzmann (1844-1906) :

> *Ô Mort, vieux capitaine, il est temps ! Levons l'ancre !*
> *Ce pays nous ennuie, ô Mort ! Appareillons !*
> *Si le ciel et la mer sont noirs comme de l'encre,*
> *Nos cœurs que tu connais sont remplis de rayons !*

Charles BAUDELAIRE,
« La Mort », *Les Fleurs du mal*.

Voces de muerte sonaron	Des voix de mort claironnèrent
cerca del Guadalquivir.	près du Guadalquivir.
Voces antiguas que cercan	Des voix antiques qui entourent
voz de clavel varonil. [...]	une voix d'œillet viril. [...]
Cuando las estrellas clavan	Quand les étoiles clouent
rejones al agua gris,	des rayons dans l'eau grise,

cuando los erales sueñan
verónicas de alhelí,
voces de muerte sonaron
cerca del Guadalquivir.

quand les jeunes taureaux rêvent
aux véroniques de giroflée,
des voix de mort claironnèrent
près du Guadalquivir.

Federico GARCÍA LORCA,
« Muerte de Antonio el Camborio »
(Romancero gitano).
(Traduction d'Yves Véquaud.)

Bueyes y rosas dormían.
Sólo por los corredores
las cuatro luces clamaban
con el furor de San Jorge.
Tristes mujeres del valle
bajaban su sangre de hombre,
tranquila de flor cortada
y amarga de muslo jóven.
Viejas mujeres del río
lloraban al pié del monte,
un minuto intransitable
de cabelleras y nombres.

Les bœufs dormaient et les roses.
Seules dans les corridors
les quatre lueurs clamaient
une fureur de Saint-Georges.
Les tristes femmes du val
descendaient le sang de l'homme,
sang calme de fleur coupée,
sang amer de jeune cuisse.
Les vieilles de la rivière
pleurèrent au pied des monts
un instant infranchissable
de chevelures et de noms.

Federico GARCÍA LORCA,
« Muerto de amor »
(Romancero gitano).
(Traduction d'André Belamich et *al.*)

AVERTISSEMENT

Cet ouvrage est parsemé de citations littéraires. J'ai ressenti le besoin que la physique, si belle en ce monde si dur, fût accompagnée et entourée d'un essaim d'autres beautés, plus fragiles et plus labiles certes, mais sans doute plus accessibles aussi. Inutile de perdre son temps à tenter d'élucider le lien entre telle citation et le contexte physique dans lequel elle apparaît. Si lien il y a, il est avant tout irrationnel parce que affectif.

PREMIÈRE PARTIE

LE LIVRE DE LA NATURE
OU LA PHYSIQUE EFFLEURÉE

Ô belle à la fontaine,
J'ai soif d'un peu de ton eau.
Elle a ri la hautaine,
Belle et froide comme l'eau.

Lanza del Vasto.
Jacques Douai,
Chansons poétiques,
anciennes et modernes.

Explicó el sentido y el método
de los exorcismos. Le habló de la
potestad que dio Jesús a sus
discípulos para expulsar de los
cuerpos los espíritus inmundos,
y sanar enfermedades y
flaquezas. Le contó la lección
evangélica de Legión y los dos
mil cerdos endemomiados.

Il lui expliqua la signification et la méthode des exorcismes. Il lui parla de Jésus, qui donna à ses disciples le pouvoir d'expulser des corps les esprits immondes et de guérir les malades et les faibles. Il lui raconta la leçon de l'Évangile à propos de Légion et des deux mille porcs endiablés.

Gabriel García Márquez,
Del amor y otros demonios.
(Traduction d'Annie Morvan.)

Chapitre Premier

QU'EST-CE QUE LA PHYSIQUE ?
QU'EST-CE QU'ELLE N'EST PAS ?

Le ciel était gris de nuages
Il y volait des oies sauvages
Qui criaient la mort au passage
Au-dessus des maisons des quais
Je les voyais par la fenêtre
Leur chant triste entrait dans mon être
Et je croyais y reconnaître
Du Rainer Maria Rilke.

Louis ARAGON,
Le Roman inachevé.

[...] Toutefois, vous savez
Que tous hommes n'ont pas bon sens rassis ;
Excusez-nous, puisque sommes transis,
Envers le Fils de la Vierge Marie,
Que sa grâce ne soit pour nous tarie,
Nous préservant de l'infernale foudre.
Nous sommes morts, âme ne nous harie,
Mais priez Dieu que tous nous veuille absoudre.

François VILLON,
L'épitaphe de Villon en forme de ballade.

Si l'on devait caractériser en peu de mots la physique, on pourrait affirmer que c'est *une science théorique qui doit s'appliquer au réel*. Nous allons expliciter cette sorte de définition qui vient d'être énoncée de façon un peu abrupte, tant il est vrai qu'ils sont nombreux ceux qui n'y adhéreraient probablement pas. Nous constaterons ce faisant que *la physique occupe une place indéniablement unique* parmi les disciplines scientifiques, et *a fortiori* parmi les activités intellectuelles et pratiques des hommes.

Science théorique ou science expérimentale?

Rien n'égale en longueur les boiteuses journées,
Quand sous les lourds flocons des neigeuses années
L'ennui, fruit de la morne incuriosité,
Prend les proportions de l'immortalité.

Charles BAUDELAIRE,
« Spleen et Idéal »,
Les Fleurs du mal.

Amante incierta, insegura, infiel, la vida, esa entelequia que se disfraza con los cien colores del engaño y con las cien mil palideces de la incertidumbre, nos zarandea [...] como a arbolitos que se quedaron, como en el cuento, con las raices al aire y la copa habitada por los pájaros locos que cantan sin ton ni son.

Maîtresse incertaine, irrésolue, infidèle, la vie, cette entéléchie qui se déguise des cent couleurs de la tromperie et des cent mille pâleurs de l'incertitude, nous secoue [...] comme des arbustes qui se retrouveraient, comme dans le conte, les racines en l'air et le feuillage habité par les oiseaux fous qui chantent sans rime ni raison.

Camilo José CELA,
Cajón de sastre.
(Traduction de l'auteur.)

« Science théorique », avons-nous dit. Cette affirmation peut être prise pour une provocation : la physique, traditionnellement et rituellement, est présentée avant tout comme « science expérimentale » ; mieux : elle se proclame elle-même le plus souvent comme telle, à travers la plupart de ceux qui la pratiquent ou qui se proposent de l'enseigner. On aura deviné par avance que la physique est *à la fois*, indissolublement pourrait-on dire, théorique et expérimentale. La querelle ne serait donc qu'une histoire de poule et d'œuf si elle ne prenait une ampleur démesurée dans les programmes et les méthodes d'enseignement. Les chercheurs qui *font* la physique ne s'en soucient guère plus que du sexe des anges, mais des pressions extérieures (l'attribution d'un prix Nobel, par exemple) les acculent parfois à prendre position ; mis devant cette dichotomie contre nature, ils se laissent généralement convaincre par les tenants de l'expérimental, qui peuvent alors se barder de leur prestige. Cela étant, on peut sans difficulté comprendre le souci des pédagogues : faut-il *fonder* l'apprentissage de la physique, dans nos écoles et nos universités, sur la pratique et le spectacle de l'expérimentation, ou bien plutôt sur l'étude et l'assimilation de la théorie ? Même s'il ne s'agit apparemment que d'une question de préséance, elle devient aussitôt question de prééminence, chez les enseignants d'abord, et évidemment surtout chez les élèves. Or les instructions officielles relatives à l'enseignement de la physique dans le second degré et les classes préparatoires aux grandes écoles chantent toutes la même antienne, à quelques variations près (en tout cas dès 1902, et sûrement jusqu'à nos jours).

Pour bâtir les programmes, trop souvent castrateurs et en tout cas constamment anti-théoriques, on part d'un constat, probablement correct : les élèves ne s'intéressent pas à la physique, ils ne la comprennent pas. On juxtapose à ce constat une affirmation beaucoup plus discutable : l'enseignement de la physique ne « passe » pas parce qu'il est trop abstrait (entendez, trop théorique). Le remède s'impose alors de lui-même : il faut « revenir » à l'expérience, apprendre aux élèves à manipuler plutôt qu'à calculer et raisonner, leur présenter des cours centrés sur une « expérience fondatrice » plutôt que sur un formalisme théorique. Un seul exemple, le plus récent : une commission de réforme des programmes de thermodynamique en mathématiques supérieures écrit dans ses conclusions que « les élèves arrivent mal à maîtriser la distinction entre une forme différentielle et une véritable différentielle ; en conséquence ces notions seront hors programme ». C'est comme si vous vouliez enseigner le piano en évitant les touches noires, ou le violon sans archet.

Ainsi, le siècle s'en va et sa fin redécouvre et répète, avec la même naïveté et la même conviction que l'on voit toujours aux prosélytes, mais cette fois parées des paillettes récentes de l'informatique et de l'électronique, les mêmes errements sur la nature profonde de la physique et les mêmes expédients, pour son enseignement, que son début avait prônés.

Entendons-nous. Tout le monde s'accorde à considérer que « *l'expérience fait loi* » : une théorie qui conduirait à des conclusions infirmées par l'expérience (les journaux scientifiques en regorgent) serait à rejeter sans appel, si belle soit-elle formellement, ou si prestigieux et puissants soient ses tenants. Sauf, bien entendu, que les expérimentateurs peuvent eux aussi commettre des erreurs. *Mais*, inversement, il n'est pas d'expérience physique, même simple et transparente au premier abord, qui ne se situe à l'intérieur d'un cadre théorique précis, hors duquel elle perdrait toute signification tant soit peu générale : il ne s'agit pas seulement d'observer, très attentivement et dans les moindres détails, ce qui se passe dans telle situation concrète que l'on a construite (ou qu'a produite spontanément la Nature); l'important est de tenter d'en inférer ce qui *va* se passer dans une *autre situation*, serait-elle très proche de la première. Et cette parcelle d'universalité que porte en elle une expérience de physique ne peut être perçue, dégagée et éventuellement délimitée qu'à travers les concepts introduits par la théorie, et les relations qu'elle postule entre eux.

Un exemple. L'astronome scandinave Tycho Brahe, dont nous aurons à reparler dans un moment, s'était mis en tête de décider, grâce à l'expérience, si la Terre est immobile ou en mouvement. Il ordonna dans ce but à des artilleurs de tirer des coups de canon vers le zénith. Dans son esprit, tout déplacement de la Terre se manifesterait par la retombée des boulets à une certaine distance de leur point de départ : cette distance, argumentait-il, serait celle dont se déplace la Terre pendant que le boulet est en l'air. L'esprit pénétrant et rigoureux de Galilée démontra que l'interprétation de cette expérience était fondamentalement erronée dans son principe : si la Terre se meut, nous nous mouvons nécessairement avec elle, ce qui nous retire tout moyen de mettre ce mouvement en évidence, directement sur Terre. La Terre nous apparaît immobile, « *Eppur si muove* ».

Pourtant, sauf le respect que nous devons à Galilée, le problème n'est pas aussi simple. En 1851, Léon Foucault construisit un gigantesque pendule qui mettait en évidence, depuis la Terre elle-même, la rotation de la Terre [1]. Une corde de soixante-sept mètres était accrochée à la coupole du Panthéon et son autre extrémité, voisine du sol, soutenait un corps massif (vingt-huit

---

1. *Cf.* Umberto Eco : « C'est alors que je vis le Pendule... ».

kilogrammes). En simplifiant un peu, disons que les oscillations de ce pendule s'effectuaient dans un plan vertical, mais – voici l'effet curieux – ce plan tournait lentement : sa déviation était d'un peu plus de onze degrés d'angle par heure ; il effectuait un tour complet en trente-deux heures. Pour mettre en évidence facilement le phénomène, Foucault avait fixé au sol une couronne circulaire de six mètres de diamètre, sur laquelle il déversait un peu de sable ; la masse constituant le pendule se terminait par une pointe qui effleurait au passage la couronne, balayant à chaque fois une pincée de sable. Ce fut un énorme succès public : tout Paris venait voir tourner le plan d'oscillation du pendule, signe décisif et incontestable de la rotation de la Terre.

Un brin d'épistémologie

Ce sont de grandes lignes calmes qui s'en vont à des bleuissements de vignes improbables.

Saint-John PERSE,
Anabase.

Silencio de cal y mirto. Silence de chaux et de myrte.
Malvas en las hierbas finas. Mauves dans les herbes fines.
La monja borda alhelíes La nonne brode : giroflées
sobre una tela pajiza. [...] sur une toile couleur paille. [...]
Por los ojos de la monja Par les yeux de la nonnette
galopan dos caballistas. galopent deux cavaliers.
Un rumor último y sordo Une ultime rumeur sourde
le despega la camisa.   lui arrache la chemise.

Federico GARCÍA LORCA,
« La monja gitana »
(Romancero gitano).
(Traduction de Pierre Darmangeat.)

On s'interrogera sans doute sur ce qui fait la particularité, mieux, la spécificité de la physique vis-à-vis de ce va-et-vient théorie-expérience, somme toute commun aux diverses sciences de la Nature : biologie, chimie, médecine même. La réponse à cette interrogation réside sans doute dans le statut en quelque sorte *transcendant* qu'acquiert la théorie en physique.

On pourrait résumer ainsi les fondements de cette transcendance : tout ce qui est vrai se déduit de la théorie, et tout ce que prédit la théorie est vrai. Il ne faudrait pas s'y méprendre : nous ne possédons pas, aujourd'hui, *la* théorie de l'Univers ; est-il d'ailleurs possible, ou tout simplement souhaitable, que les hommes (êtres bornés par leur finitude) la possèdent un jour ? Mais nous connaissons la mécanique (théorie du mouvement), la théorie des phénomènes électriques et magnétiques, qui rend compte aussi de la lumière et des ondes radio (qui l'eût cru ?), et, bien sûr, la thermodynamique et la mécanique statistique qui vont nous occuper bientôt... Dans chacun des secteurs correspondants, dûment et convenablement délimités, « tout ce que prédit la théorie est vrai ».

Ils ne sont d'ailleurs pas disjoints, ces domaines dotés d'une théorie appropriée : on sait très bien traiter le mouvement (lois de la mécanique) d'une particule chargée électriquement (notion d'électromagnétisme) sur laquelle s'exercent des actions électriques ou magnétiques, ou les deux (électromagnétisme à nouveau). Faut-il cependant souligner que certains domaines restent encore à défricher ou même à explorer et que la physique, science éminemment vivante, évolue au gré des recherches, des interrogations et des découvertes ?

Nous aurons l'occasion d'en donner maints exemples, mais il est crucial de comprendre dès le début que la théorie physique vise à l'*universalité* : elle veut, elle doit, couvrir *tout* le domaine qui lui est imparti ; elle cherche toujours à l'élargir, le plus souvent grâce à une *unification* avec d'autres théories qu'on croyait distinctes (nous avons fait allusion il y a un instant à l'électromagnétisme, rassemblant de manière inespérée l'ensemble des phénomènes lumineux, des phénomènes électriques et des phénomènes magnétiques en seulement quatre relations fondamentales, les équations de Maxwell [1873]). La théorie physique obéit d'ailleurs constamment à cette tendance qui la pousse ainsi vers l'universalité, c'est-à-dire à englober toujours plus de faits dans des énoncés toujours plus généraux. On peut même dire qu'elle est condamnée à y parvenir, ou plutôt à s'efforcer d'y parvenir, sous peine d'être rejetée comme illégitime.

Tableau synoptique des événements scientifiques

Ce tableau ne cherche nullement à être exhaustif, encore moins à représenter je ne sais quel tableau d'honneur des physiciens. Il est simplement destiné à aider le cheminement du lecteur dans le labyrinthe parfois inextricable que créent les répétitions, les comparaisons, les retours en arrière et les allusions. Les dates indiquées correspondent à des événements significatifs.

LES GRANDS ANCIENS

Aristote (vers 350 av. J.-C.); Ptolémée (vers 150).

QUELQUES MATHÉMATICIENS ET PHILOSOPHES

Auguste Comte (1830 à 1842); Bernhart Riemann (vers 1860); Andreï Kolmogorov (1933).

LES PRÉCURSEURS

Nicolas Copernic (1543); Tycho Brahe (vers 1590); Johannes Kepler (1609 et 1619); Galileo Galilei (1632).

LES GRANDES THÉORIES

La mécanique classique :
Isaac Newton (1687); Urbain Le Verrier (1845).

L'électromagnétisme :
James Maxwell (1873).

La mécanique statistique :
Ludwig Boltzmann (1872); Albert Einstein (1905); Jean Perrin (1906).

La relativité (restreinte) :
Michelson et Morley (1887); Albert Einstein (1905).

La mécanique quantique :
Max Planck (1900); Albert Einstein (1905); Niels Bohr (1913); Louis de Broglie (1924); Werner Heisenberg (1925); Wolfgang Pauli (1925); Max Born (1926); Erwin Schrödinger (1926); Paul Dirac (1928). Einstein-Podolsky-Rosen (1935); John Bell (1965); Alain Aspect (1982).

La gravitation universelle :
Isaac Newton (1687); Albert Einstein (1916).

La physique des particules :
Enrico Fermi (1936); Richard Feymann, Julian Schwinger, Tomonaga Shinichiro (1945-46); Steven Weinberg, Abdus Salam, Sheldon Glashow (1967); André Lagarrigue et Paul Musset (courants neutres, 1973). Carlo Rubbia et Simon van der Meer (1976).

Chapitre II

LA MÉCANIQUE CLASSIQUE, THÉORIE PHYSIQUE PREMIÈRE ET EXEMPLAIRE

Je ne chante pas ce monde ni les autres astres.
Je chante toutes les possibilités de moi-même
*   [hors de ce monde et des astres,*
Je chante la joie d'errer et le plaisir d'en mourir.

Guillaume APOLLINAIRE,
Le musicien de Saint-Merry.
(Calligrammes.)

Déjà la nuit en son parc amassait
Un grand troupeau d'étoiles vagabondes,
Et pour entrer aux cavernes profondes
Fuyant le jour, ses noirs chevaux chassait.

Joachim du BELLAY,
L'Olive.

Caractérisons et précisons ces quelques remarques en nous adressant à la théorie physique la plus anciennement énoncée et développée comme telle. Nous nous proposons pour cela de brosser un tableau historique, à grands traits et succinct, sur les prémisses puis les principales étapes de son élaboration, en nous efforçant d'en dégager au fur et à mesure la signification scientifique.

Expérience et théorie : Galilée

Je plante un olivier à la lente croissance.

(Florilège personnel.)

Demain, dès l'aube, à l'heure où blanchit la campagne,
Je partirai.

Victor Hugo,
Les Contemplations.

On s'accorde généralement à considérer Galilée (1564-1642) comme le *fondateur de la physique* en tant que science (au sens moderne du terme). Il fut en effet le premier à mettre en avant simultanément les deux aspects complémentaires de la physique : d'une part, il affirma avec force la primauté de l'*observation* des phénomènes sur les discours qui étaient censés en découvrir l'essence, et de l'*expérimentation*, sorte d'observation pensée à l'avance (on agence soigneusement les conditions dans lesquelles va s'exercer l'observation), comme fondement de la connaissance. D'autre part, il comprit également le rôle tout aussi crucial de la *théorie* (« Le livre de la Nature est écrit en langage mathématique », professait-il).

On ne saurait trop insister sur l'importance de cette révolution épistémologique. Chez les Anciens, la connaissance du monde se fondait soit sur la réflexion pure (certains philosophes cherchaient cette connaissance à l'aide du seul raisonnement), soit sur l'observation non formalisée, inactive pourrait-on dire (que ceux qui connaissent tant soit peu l'Antiquité me pardonnent de résumer en une phrase l'inépuisable richesse de sa pensée). Au Moyen Âge, tout savoir sur le monde ne pouvait être fondé que sur la révélation religieuse, la Bible donnant l'alpha et l'oméga de toute activité intellectuelle des hommes. Les démêlés de Galilée avec l'Église ont sans conteste des composantes socio-politiques importantes, mais il s'agit, au fond, d'une dispute concernant les sources mêmes de la connaissance : observation du réel ou lecture des Saintes Écritures ? Galilée *voyait* et voulait *montrer*, à travers sa lunette, les satellites de Jupiter ; les docteurs de la foi, persuadés que de tels astres *ne pouvaient pas exister*, refusaient cette évidence, qu'ils mettaient sur le compte de cette lunette « diabolique [1] ».

Galilée appliqua directement à l'étude du mouvement ses conceptions de l'expérimentation et de la théorie : roulement d'une bille sur un plan incliné, chute des corps depuis le sommet de la Tour de Pise, dont l'obliquité facilitait les expériences, oscillations du pendule (le premier qui attira son attention fut, dit-on, le lustre d'une église : les voies du Seigneur...). Il en tira des conclusions sur la description mathématique de ces phénomènes, mais aussi des idées générales (que reprendra plus tard Newton) sur la théorie du mouvement : principe d'inertie, principe de relativité, qui sont déjà présents dans le *Dialogo sopra i due massimi sistemi del mondo* (1632).

Il accomplit aussi des progrès décisifs dans l'*observation astronomique* ; il fut par exemple le premier humain à *voir* que la Voie lactée n'est pas une traînée continue laissée là par quelque mamelle divine, mais bien un ensemble discontinu de myriades d'étoiles. Il étayait ses observations par des raisonnements d'une grande rigueur et d'une grande simplicité, semblables au suivant. Dans les idées reçues de l'époque, la Lune appartenait, comme les autres astres, à la Sphère céleste. En conséquence, elle était parfaite, tant dans son orbite, qui devait être circulaire (autour de la Terre, bien sûr), que dans sa forme propre. Mais, argumentait Galilée, une sphère parfaitement polie réfléchirait les rayons du Soleil en un faisceau étroit et unique [2]. Or tout le monde sait que la Lune diffuse la lumière solaire par toute sa surface éclairée. *Ergo*, la surface de la Lune n'est pas polie mais bien rugueuse ; autant dire qu'*elle n'est pas parfaite*.

Il n'est pas inutile d'insister en outre sur le souci de Galilée de développer des *applications* de ses découvertes. De purement spéculatives et même spirituelles, les activités des savants devenaient donc concrètes et parfois simplement utilitaires. Ce n'est pas la moindre des facettes de la révolution galiléenne.

---

1. Cette opposition sur l'origine de la connaissance est très bien rendue concrètement et avec profondeur dans *Galileo Galilei* de Bertold Brecht.

2. Songez aux inconvénients du Soleil dans la circulation automobile. Imaginez que vous lui tournez le dos, de sorte qu'il ne vous gêne pas directement. Il n'empêche que la vitre d'une autre voiture peut vous éblouir. Mais, si elle le fait, c'est qu'elle a une position et une orientation très particulières. Toutes les autres vitres des alentours sont ternes ou transparentes.

C'est évidemment dans le domaine concernant la nature et le *mouvement des corps célestes* que les découvertes et les thèses de Galilée eurent à subir les plus vives attaques. Pour les docteurs de l'Église, il ne faisait aucun doute que l'homme était l'être suprême de la Création, et que par conséquent la Terre qu'il habitait était le centre du monde. Ils professaient donc le système, hérité de Claude Ptolémée (vers 90-168), dans lequel tous les astres tournaient autour de la Terre (de façon un peu compliquée évidemment : cercles épicycles et déférents...). Or les recherches de Galilée battaient en brèche le système de Ptolémée et tendaient à confirmer le système héliocentrique (qui faisait donc du Soleil le centre du monde) proposé quelque temps auparavant par Nicolas Copernic (1473-1543). Nous noterons que déjà, au tout début du processus de naissance de la mécanique comme science, Galilée s'intéressa en même temps au mouvement des corps sur la Terre et à celui des corps célestes.

On peut s'interroger sur les raisons qui ont conduit la Suprême Inquisition à interdire toute activité publique à Galilée à partir de 1633. Pour comprendre qu'il ne s'agissait pas d'une plaisanterie, on peut se rappeler que d'autres avaient été, dans des circonstances semblables, brûlés sur le bûcher. D'aucuns voient dans cet épisode des motivations socio-politiques, liées au rôle temporel de l'Église, force conservatrice au xviie siècle. Sans doute. Pour ce qui nous concerne ici, nous noterons que la discussion, plusieurs fois engagée, reportée puis reprise entre Galilée et les représentants de l'Église, aurait pu se prolonger indéfiniment sans grand inconvénient : après tout, ni Ptolémée ni Aristote n'étaient des Pères de l'Église. Il n'y avait pas non plus grand mal à disserter sur le point de chute d'une pierre lâchée depuis le haut du mât d'un bateau en mouvement. Cependant, le diable s'en est mêlé lorsque les affirmations de Galilée sont entrées en conflit direct avec des *sujets théologiques* : comment Josué, par exemple, lors de la conquête de la Terre promise, aurait-il pu favoriser ses armes en *arrêtant le Soleil*, comme *c'est écrit*, si vous m'affirmez que le Soleil est immobile ? C'est sur ce terrain que Galilée trébucha puis chuta, refusant d'admettre en sens inverse que le Soleil est en mouvement *puisque* Josué a stoppé quelque temps sa course. Probablement, l'action fracassante des trompettes du même Josué sur les murailles de Jéricho laissait plus d'un chrétien sceptique, mais cela ne s'intégrait pas, comme ici, dans une réflexion élaborée et systématisante, qui pouvait donc déboucher sur une hérésie.

Étoiles et planètes

Ou, penchés à l'avant des blanches caravelles,
Ils regardaient monter, en un ciel ignoré,
Du fond de l'Océan des étoiles nouvelles.

José-Maria de HÉRÉDIA,
« Les conquérants », *Les Trophées.*

Dans la pénombre des pierres basaltiques, Naoh, avec un doux désir, voyait le brasier du campement [...]. La lune montante lui rappelait la flamme lointaine. De quel lieu de la terre la lune jaillit-elle, et pourquoi, comme le soleil, ne s'éteint-elle jamais ? Elle s'amoindrit; il y a des soirs où elle n'est plus qu'un feu chétif comme celui qui court le long d'une brindille. Puis elle se ranime. Sans doute, des Hommes-Cachés s'occupent de son entretien, et la nourrissent selon les époques...

J. H. ROSNY AÎNÉ,
La Guerre du feu.

L'homme a sans doute de tout temps observé les astres. Les Anciens savaient déjà que la plupart des objets célestes décrivent un mouvement simple et régulier. Nous attribuons aujourd'hui ce mouvement apparent à celui de la Terre : les étoiles tournent pendant la nuit sur des cercles centrés sur l'Étoile polaire, et leur élévation au-dessus de l'horizon varie avec la saison. Mais les Anciens connaissaient aussi un petit nombre (cinq, à cette époque) d'« astres errants » dont le mouvement se présentait comme plus capricieux, donc moins prévisible. On les nomma *planètes* (d'un mot grec qui signifie effectivement « errant »).

C'est essentiellement aux planètes que s'intéressaient les systèmes de Ptolémée ou de Copernic, dont nous avons parlé. Il s'agissait en somme de savoir si les planètes tournent autour de la Terre ou autour du Soleil. Pour tenter de lever cette incertitude, un astronome danois à forte personnalité, Tycho Brahe (1546-1601), membre d'une grande famille scandinave, utilisa les libéralités de son roi [1] pour observer le ciel. Il pointa patiemment, pendant de longues années, les positions des planètes, et consigna ses résultats dans d'énormes registres (notons que c'était, dès avant Galilée, donner priorité à l'observation sur les spéculations formelles ; nous en avons vu plus haut [2] une autre manifestation, maladroite certes mais indéniable).

Les tables de Tycho Brahe furent analysées avec perspicacité et enthousiasme par l'un de ses jeunes collaborateurs, l'allemand Johannes Kepler (1571-1630). Il semble en réalité que Kepler soit parti d'un *a priori* curieux : un peu illuminé, il avait imaginé que les cinq planètes connues alors [3] (sans compter évidemment la Terre) étaient en étroite relation avec cinq polyèdres parfaits. Il tira des données brutes de son maître des conclusions surprenantes sur le mouvement des planètes. Ce sont les trois *lois de Kepler*.

La première affirme que chaque planète décrit une trajectoire elliptique, le Soleil occupant l'un des deux foyers de cette ellipse. Cela montre sans ambiguïté que les planètes (y compris notre Terre !) tournent autour du Soleil, et milite ainsi de façon décisive en faveur du système héliocentrique (notez que Kepler est contemporain de Galilée). Les deux autres lois de Kepler donnent des précisions, mathématiquement très simples à écrire, concernant le comportement de chaque planète sur sa trajectoire. « Le rayon vecteur joignant la planète au Soleil balaye des aires égales en des temps égaux », dit la deuxième. Quant à la troisième, elle innove par rapport aux deux premières, puisqu'elle compare les mouvements de l'ensemble des

---

1. Frédéric II de Danemark-Norvège lui fit don d'une île dans le Sund, d'un fief en Norvège et d'une pension. Tycho Brahe fit édifier dans son île un magnifique et extravagant château, qu'il baptisa le « palais d'Uranie ». Comme sa « forte personnalité » incluait quelque dédain pour les autres seigneurs, la mort de Frédéric II (1588) le privera de la pension royale et l'obligera même à s'exiler en Allemagne, puis à Prague.

2. Voir *supra* p. 28.

3. Dans l'ordre de proximité au Soleil : Mercure, Vénus, (Terre), Mars, Jupiter et Saturne. La septième planète – Uranus – a été vue pour la première fois en 1781, les deux dernières, Neptune et Pluton, en 1846 et 1930 respectivement (nous aurons à commenter de façon enthousiaste ces deux découvertes).

(cinq) planètes : « Le carré de la période de révolution est proportionnel au cube du grand axe de la trajectoire elliptique », avec le même coefficient de proportionnalité pour *toutes* les planètes.

La théorie de Newton

Là, tout n'est qu'ordre et beauté,
Luxe, calme et volupté.

Charles BAUDELAIRE,
« L'invitation au voyage »,
Les Fleurs du mal.

La luna vino a la fragua
con su polisón de nardos.
El niño la mira mira.
El niño la está mirando. [...]
Huye luna, luna, luna.
Si vinieran los gitanos,
harían con tu corazón
collares y anillos blancos.

La lune vint à la forge
en vertugadin de nards.
L'enfant regarde regarde
L'enfant de la regarder. [...]
Va-t-en, lune, lune, lune.
Car si venaient les gitans,
ils feraient avec ton cœur
des colliers, des anneaux blancs.

Federico GARCÍA LORCA,
« Romance de la luna, luna »
(Romancero gitano).
(Traduction de Pierre Darmangeat.)

Les lois de Kepler, malgré leur beauté et leur formulation mathématique précise, étaient encore *empiriques* : elles condensaient de très nombreuses observations (celles de Tycho Brahe), qu'elles permettaient de retrouver par des calculs simples. Mieux, elles pouvaient les compléter en déterminant où se trouvait telle planète un soir où Tycho Brahe n'avait pu la pointer faute de temps clair. Mais Kepler ne pouvait avancer aucune explication de ses lois. Dans ses écrits, les jours d'enthousiasme, il pressentait que leur harmonie ne pouvait pas être le fait du pur hasard. Mais il restait en deçà du Grand Mystère.

TABLEAU RÉCAPITULATIF : LA MÉCANIQUE CLASSIQUE

Nicolas Copernic (1473-1543) introduit le modèle héliocentrique.

Galilée (Galileo Galilei) (1564-1642) fonde la physique moderne et énonce le principe d'inertie.

Tycho Brahe (1546-1601) accumule les observations sur la position des planètes.

Johannes Kepler (1571-1630) en tire trois lois empiriques.

Isaac Newton (1642-1727) fonde en droit la mécanique et énonce la loi de la gravitation universelle.

Joseph-Louis de Lagrange (1736-1813) et sir William Rowan Hamilton (1805-1865) reconstruisent la mécanique classique en l'établissant sur des postulats différents des lois de Newton.

C'est Isaac Newton (1642-1727) qui énonça, en 1687, les *lois fondamentales et générales* permettant d'*expliquer* (au sens le plus fort du terme) le mouvement des planètes dans son détail, et donc de faire apparaître les lois de Kepler comme de simples conséquences d'énoncés plus généraux. Un miracle inouï se produisit alors : ces *mêmes lois* fondamentales et générales régissaient aussi le mouvement des objets *sur la Terre* (chute des corps, roulement de billes sur un plan incliné, oscillations d'un pendule...). C'était la naissance d'une théorie physique, la *mécanique classique*. Elle était sortie, casquée et armée de pied en cap, telle Athéna, de la tête de Newton. Nous avons décrit succinctement les recherches, le travail et les découvertes qui ont précédé et donc aidé à cet accouchement quasi mythologique. Mais le processus qui a conduit Newton de telles prémisses, éventuellement confrontées avec d'autres expériences et d'autres idées, à cette conclusion fulgurante, ce processus de type inductif est inexplicable et même ineffable (si l'on se laissait aller à relâcher un moment les contraintes scientifiques qui régissent, à juste titre, l'activité d'un physicien, on pourrait parler de révélation). La théorie de Newton réussissait une *unification* inespérée : que le mouvement de la Lune autour de la Terre s'apparente étroitement à celui de Saturne, par exemple, autour du Soleil, mais aussi à la chute d'un corps (pourquoi pas une pomme) à la surface de la Terre, relève effectivement du mystère.

Pourtant les *lois de Newton*, qui constituent les postulats de la mécanique classique, sont simples à énoncer. La première, dite *principe d'inertie*, est reprise de Galilée : « Tout corps qui n'est soumis à aucune influence ou action de la part d'autres corps est animé d'un mouvement rectiligne uniforme [1], ou reste au repos. »

La deuxième loi est vraiment le noyau central, le pivot de la mécanique classique. On la nomme *Principe Fondamental de la Dynamique* et les termes de cette expression sont effectivement bien choisis : « Lorsqu'un corps de masse m est soumis à une force F, il acquiert une accélération a égale au quotient F/m de la force par sa masse [2]. »

Enfin, la troisième loi de Newton, appelée *principe de l'action et de la réaction*, ou principe des actions réciproques, peut, à première vue, paraître un peu mesquine, alors qu'elle se trouve elle aussi à l'origine de raisonnements fondamentaux : « Si un corps A exerce sur un corps B une force F, alors le corps B exerce en retour sur le corps A une force, et celle-ci est exactement opposée à F. »

Il est intéressant de reprendre ici, pour les comparer, les lois de Kepler et les lois de Newton : cela nous permettra de mieux saisir un point capital. La démarche de Kepler a sans conteste nécessité une sagacité hors du commun et un travail de titan pour déchiffrer (au sens premier) les tables de Tycho Brahe. En outre, on ne peut rester insensible à la simplicité, à la beauté pour tout dire, de ces trois lois. Mais il s'agit toujours *uniquement de la position des diverses planètes* au cours du temps, et de rien d'autre. La démarche qui a conduit Newton aux lois qui portent son nom (elles sont aussi au nombre de trois) est *incomparablement plus difficile, sinon impossible*, à cerner. On raconte des anecdotes sur Newton observant une pomme tomber. Mais rien ne permet de dérouler un fil conducteur depuis les faits d'expérience et d'observation, pas même depuis les lois de Kepler, jusqu'aux lois de Newton.

En outre, ces dernières ont un champ d'application immen-

---

1. Un mouvement rectiligne uniforme est un mouvement à vitesse constante en grandeur et direction.
2. La force F et l'accélération a sont en réalité des vecteurs.

sément plus vaste que les premières. Les lois de Newton fondent une théorie. Rappelons-nous à ce sujet l'exigence formidable que nous avons posée dès le début : tout ce qui est dans la théorie est vrai, et tout ce qui est vrai est dans la théorie. On mesurera sans doute mieux maintenant que naguère le poids énorme de cette exigence : il faudra que la théorie ait réponse à tout, et que cette réponse soit en outre conforme au réel (si les techniques du moment permettent de la vérifier). Tel le fabuleux géant Atlas, la théorie doit soutenir le monde.

L'essence d'une théorie physique

> *... Ô soleil, toi*
> *Sans qui les choses ne seraient que ce qu'elles sont.*

Edmond ROSTAND,
Chantecler.

He poblado tu vientre de amor y *[sementera,* *he prolongado el eco de sangre a* *[que respondo* *y espero sobre el surco como el* *[arado espera :* *he llegado hasta el fondo.*	J'ai peuplé ton ventre d'amour [et de semence, j'ai prolongé l'écho de sang [auquel je réponds et j'attends sur le sillon comme [attend la charrue : j'ai atteint le tréfonds.

Miguel HERNÁNDEZ,
« Canción del esposo soldado »,
Viento del pueblo.
(Traduction de l'auteur.)

Les lois de Newton se présentent donc comme des affirmations *universelles* : « Tout corps qui n'est soumis à aucune action... » Il ne s'agit pas des planètes, ou de la Lune, ou d'une pomme... mais d'un corps quelconque. Ces lois font en outre intervenir des notions (masse, force) qui ne sont pas directement tirées de l'expérience, mais que les énoncés définissent en les utilisant. Par exemple, si l'on se représente assez facilement la force exercée sur un traîneau par la corde qui le tire, que dire de la force exercée par le Soleil sur une planète, ou par la Terre sur une bille ? Le concept de masse est encore plus abstrait : la masse d'un corps est un coefficient qui le représente dans la seconde loi de Newton (dite « Principe Fondamental de la Dynamique »). Si l'on réunit en un seul deux objets identiques, la masse de l'objet global sera double de celle de chacun des composants (de façon plus générale, la masse est une grandeur additive). Mais deux objets identiques par le volume et la forme pourront avoir des masses très différentes selon leur structure interne et le matériau qui les constitue.

Cette analyse très sommaire de la structure de la mécanique classique nous permettra de dégager quelques idées sur la nature d'une théorie physique.

En premier lieu, *une théorie physique ne se déduit pas*, au sens logique du terme, *de l'expérience* ou de l'observation ; elle ne se réduit pas à un résumé, si concis soit-il, des faits qui lui ont donné naissance ; elle les transcende. Il n'existe donc pas d'expérience fondamentale qui conduirait inéluctablement, sans échappatoire, à une théorie dans sa globalité, ou qui démontrerait définitivement sa validité. La lecture de toute expérience ne peut pas être complètement transparente ; elle doit se situer au second degré, car la façon dont elle a été conçue suppose (quelquefois sans le dire) la connaissance préalable de la théorie elle-même.

Il peut en revanche se présenter des expériences cruciales pour la théorie : celle-ci prédit sans ambiguïté que tel effet doit se manifester dans telle situation réalisable expérimentalement. Il est alors crucial, effectivement, pour la validité de la théorie que l'effet soit réellement observé. Par exemple, quand Einstein proposa sa *Théorie de la relativité générale* (1916), elle prédisait, entre autres choses, que la lumière devait être déviée lors de son passage au voisinage immédiat d'un astre massif. En fait d'astre massif, celui que nous connaissons le mieux est le Soleil ; mais il est lui-même fortement lumineux. Ainsi les étoiles qui se trouvent, à un moment donné, dans son prolongement, sont inobservables, par simple éblouissement.

C'est pourquoi en 1919, où une éclipse totale du Soleil était prévue dans l'hémisphère Sud, deux expéditions furent dépêchées pour l'observer. Elles s'établirent sur deux petites îles : Sobral, près de la côte nord-est du Brésil, et Principe, dans le golfe de Guinée. Il s'agissait de pointer la direction apparente, au cours de l'éclipse, d'une douzaine d'étoiles dont la véritable direction était connue et qui se trouvaient passer, à ce moment-là, sur une ligne de visée proche des bords du Soleil. Ces étoiles, qui auraient été invisibles dans la pleine lumière du Soleil, devenaient visibles grâce à l'obscurcissement de l'éclipse totale.

La déflexion de la lumière de ces étoiles par la masse du Soleil était prédite quantitativement par la théorie d'Einstein. Il y eut bien, les mesures faites, quelques chipoteries techniques concernant la valeur de la déviation observée. Mais le simple fait qu'une telle déflexion ait été expérimentalement mise en évidence sans ambiguïté fut considéré comme un triomphe pour la théorie de la relativité générale proposée par Einstein.

On raconte à ce sujet, dans les couloirs de laboratoire, une anecdote assez piquante, mais dont la véracité reste à établir. Le jour de l'expérience, qui se déroulait bien loin de l'Europe, Einstein rencontra Max Planck, un autre physicien de tout premier ordre, qui lui confia qu'il allait veiller toute la nuit dans l'attente des résultats des mesures. Einstein haussa les épaules : « Si vous aviez bien compris la relativité, vous iriez dormir comme moi sur vos deux oreilles, certain que je suis de l'issue nécessairement favorable de ces expéditions trop coûteuses. » Vantardise ? Non, cela ne ressemble pas à Einstein, mais foi inébranlable dans la théorie.

En second lieu, une théorie physique se présente sous la forme *hypothético-déductive* que décrivent les philosophes : on pose des hypothèses fondamentales (appelées « postulats », ou « axiomes », « principes » ou « loi fondamentales », au gré des aléas historiques ou des préjugés de tel ou tel père fondateur). Pour la mécanique classique, nous l'avons vu, ce sont les trois lois de Newton qui jouent ce rôle. Ensuite, on déduit les conséquences de ces hypothèses fondamentales, en fait *toutes les conséquences possibles*. Certaines étaient déjà connues (les lois de Kepler, par exemple). Mais l'histoire montre qu'une nouvelle théorie prédit toujours des effets inconnus, voire surprenants. Ceux qui peuvent être comparés à des résultats expérimentaux doivent l'être, et la théorie joue son sort dans ces comparaisons. Toutes ne sont pas possibles, eu égard aux limitations (essentiellement techniques) qui s'imposent, à une époque donnée, aux possibilités expérimentales.

Prenons un exemple différent encore de la mécanique classique et de la relativité générale. La *théorie de l'éther* (théorie très ancienne qui connut un regain d'intérêt à la fin du XIXe siècle) supposait que les ondes lumineuses se propageaient dans un milieu, baptisé « éther », comme les ondes sonores se propagent dans l'air. L'éther baignait évidemment tout l'Univers puisque de la lumière nous parvient de très lointaines étoiles. De cette théorie découlait la prédiction que la lumière devait se propager, sur Terre, à une vitesse dépendant de la direction : pour chacune d'elles, il faut composer la vitesse de la lumière par rapport à l'éther avec la vitesse de la Terre par rapport à l'éther dans cette direction (on avait abandonné depuis longtemps l'idée que la Terre puisse être le centre du monde, c'est-à-dire ici qu'elle soit immobile par rapport à l'éther). Les expériences (Michelson et Morley, 1887), délicates mais capables de mettre en évidence sans ambiguïté les effets recherchés, ont établi que la vitesse de la lumière sur Terre est indépendante de la direction. La théorie de l'éther devait donc être abandonnée. Les choses, bien sûr, furent moins simples : plusieurs physiciens tentèrent de sauver la notion d'éther [1] en imaginant des comportements plus ou moins complexes de la Terre dans l'éther (le plus simple supposait que la Terre traînait avec elle une couche d'éther) qui permettaient d'expliquer les résultats de Michelson-Morley dans le cadre d'une théorie de l'éther.

Loin de les ridiculiser, rendons hommage aux physiciens de cette espèce :

---

1. Cette expression – « sauver » un *a priori* de l'imagination – était déjà apparue à propos des planètes (voir « Étoiles et planètes ») : il était nécessaire, pour des raisons spirituelles, que la trajectoire d'une planète fût un cercle autour de la Terre. Quand les observations infirmaient ce dogme, on tentait de « sauver le phénomène » en construisant, toujours avec des cercles, une image compatible avec les faits : on faisait se mouvoir la planète sur un petit cercle, dit « épicycle », dont le centre décrivait à son tour un cercle plus grand, le « déférent », autour de la Terre. Puisque l'occasion s'en présente, laissez-moi marquer avec force la différence entre de tels *a priori*, dont l'origine se situe souvent hors de la science, et une théorie physique, qui ne sera sauvée que si elle est touchée par la grâce de rassembler sous un tout petit nombre de postulats une moisson sans cesse plus riche de phénomènes.

> *De quelle race es-tu, toi qui seul, en silence,*
> *Te baisses pour mourir et sais mourir longtemps?*

(Florilège personnel.)

La validité ou l'invalidité d'une théorie est chose trop importante pour qu'elle se joue sur un coup du sort, sans une discussion approfondie des divers aspects de l'ensemble de la situation. Il n'en reste pas moins que les expériences de Michelson et Morley ont sonné le glas de la notion d'éther.

Troisièmement. Une théorie physique utilise des *concepts*, tels ceux, dans la mécanique classique, de masse, de force, de temps... Dans la théorie de l'électromagnétisme, ce sera la charge électrique et les champs électrique et magnétique. Ces concepts ont une interprétation physique (c'est-à-dire liée à l'expérience ou à quelque autre théorie antérieure), au moins dans certaines situations simples et particulières, mais la plupart d'entre eux (tout spécialement les plus fondamentaux dans la structure de la théorie) ne peuvent pas être clairement définis en dehors de la théorie elle-même. Autrement dit, la théorie caractérise parfaitement le rôle qu'elle assigne à chaque concept, mais ce serait lui faire un mauvais procès que d'exiger d'elle une définition préalable de chacun d'eux, avant ou en dehors d'elle-même. Il est donc hors de question de démontrer l'« existence réelle », c'est-à-dire indépendante de la théorie, de ces concepts qui lui sont intrinsèquement liés (voir, ci-dessus, l'analyse des notions de force et de masse).

Soulignons pour finir, et c'est le quatrième point, qu'une théorie physique est par essence *universelle*. Si elle ne s'applique pas à tel domaine ou dans telle situation, elle se doit d'en indiquer elle-même la raison; parfois cependant (nous en verrons une illustration saisissante), c'est une autre théorie, plus large et plus générale, englobant par conséquent celle qui nous occupe, qui vient limiter son champ d'action. Il faut alors incorporer ces limitations dans son énoncé, ou tout au moins les garder présentes à l'esprit quand il s'agit de l'appliquer à des situations concrètes.

Les théories cadres

J'habite l'extérieur d'un anneau.
J'ai appris que ce n'est point dehors, c'est dedans
        [qu'est le mur dont je suis le prisonnier.
J'ai appris que pour aller d'un point à un autre il est possible
        [de passer partout excepté par le centre.

Paul CLAUDEL,
Poèmes au verso de Sainte-Geneviève.

Passent les jours et passent les semaines,
Ni temps passé
Ni les amours reviennent.
Sous le pont Mirabeau coule la Seine.

Guillaume APOLLINAIRE,
Alcools.

La mécanique classique nous a jusqu'ici servi de prototype de théorie physique. Nous allons maintenant expliciter une autre caractéristique importante de la mécanique classique, qui n'est pas partagée par toutes les théories physiques, mais seulement par quelques-unes d'entre elles. On exprime cette situation en qualifiant la mécanique classique de « *théorie cadre* ». Qu'entend-on par là ?

Tout ce qui bouge relève de la mécanique ; ce qui reste immobile aussi, car la mécanique inclut nécessairement une *statique*, théorie décrivant les corps au repos. C'est toujours vrai, quelle que soit la nature des effets qui ont produit, qui entretiennent ou qui ralentissent le mouvement de ces objets, ou bien qui les maintiennent au repos. Par exemple, la force qu'exerce un champ électrique sur une particule chargée, ou les forces de frottement, entrent de plein droit dans la relation fondamentale de la dynamique, seconde loi de Newton. Autrement dit, la mécanique classique fournit un cadre dans lequel doivent venir s'insérer des théories spécifiques de tel ou tel domaine plus restreint. Ces théories apportent évidemment autre chose, concernant d'autres phénomènes, mais leurs aspects qui relèvent de la mécanique doivent suivre les lois de la théorie cadre que constitue la mécanique classique.

L'immense succès de Newton procéda d'une double découverte, alors intimement intriquée : il proposa *à la fois* la théorie cadre de la mécanique classique *et* une théorie spécifique (celle de l'attraction universelle) qui, en s'insérant dans la première, lui donna en quelque sorte vie, tout en expliquant le mouvement des planètes comme la chute des corps sur Terre. Ainsi est apparue d'emblée en pleine lumière, frappant les esprits, *l'universalité de la théorie* proposée par Newton : elle réussissait l'unification inouïe du mouvement des corps célestes avec celui des objets sur Terre.

Physique et mathématique

Lorsque la bûche siffle et chante, si le soir,
Calme, dans le fauteuil je la voyais s'asseoir,
Si, par une nuit bleue et froide de décembre,
Je la trouvais tapie en un coin de ma chambre,
Grave, et venant du fond de son lit éternel
Couver l'enfant grandi de son œil maternel,
Que pourrais-je répondre à cette âme pieuse,
Voyant tomber des pleurs de sa paupière creuse ?

Charles BAUDELAIRE,
« Tableau parisien », *Les Fleurs du mal.*

... Parbleu !
Oui, quelquefois, je m'attendris, dans le soir bleu...
J'entre en quelque jardin où l'heure se parfume,
Avec mon pauvre grand diable de nez, je hume
L'avril... Je suis des yeux, sous un rayon d'argent,
Au bras d'un cavalier quelque femme, en songeant
Que, pour marcher, à petits pas, dans de la lune,
Aussi moi j'aimerais au bras en avoir une...
Je m'exalte... J'oublie... Et j'aperçois soudain
L'ombre de mon profil sur le mur du jardin !

Edmond ROSTAND,
Cyrano de Bergerac.

Il serait temps de nous interroger sur les relations qu'entretient la physique avec la mathématique.

Nous avons explicité certaines caractéristiques fondamentales des théories physiques, en nous appuyant sur l'exemple de la mécanique classique. On entrevoit déjà la validité omniprésente de la fameuse phrase de Galilée : « Le livre de la Nature est écrit en langage mathématique. » Or il existe une autre science, autonome, que nous appellerons la *mathématique*, et qui fonctionne selon ses règles propres. Il est donc nécessaire d'analyser d'un peu plus près les liens ou les oppositions entre la mathématique, en tant que science elle-même constituée, et la physique. Comme une théorie physique, une théorie mathématique est de structure hypothético-déductive. La différence toutefois, *essentielle*, vient de ce que la mathématique recherche uniquement la cohérence interne et l'articulation (éventuelle) avec d'autres théories mathématiques, mais que la sanction de l'expérimentation, c'est-à-dire l'adéquation avec le réel, n'y est jamais prise en compte.

Nous nous mouvons donc dans une ambiance très curieuse. D'une part en effet, une théorie physique ne peut se développer, ni même s'exprimer, que s'il existe une théorie mathématique adaptée aux exigences de son formalisme. Celles-ci sont parfois assez contraignantes, par exemple dans la théorie de la relativité générale, ou en mécanique quantique. La mécanique classique, notre exemple fondateur, n'y a pas échappé : Newton lui-même a développé, en mathématique, ce qu'il appelait « la théorie des fluxions » et qui est devenue notre calcul différentiel. Point de mécanique classique, mieux, point de physique sans calcul différentiel. Assez souvent, la théorie mathématique préexiste à la théorie physique qu'elle va permettre de structurer. Mais il est des cas contraires, où la théorie mathématique a été construite à la demande, souvent par les physiciens eux-mêmes qui en ressentaient le besoin (c'est le cas pour Newton et sa théorie des fluxions).

Par ailleurs, la création mathématique pure, c'est-à-dire ne prenant en considération aucune application, paraît au prime abord totalement désincarnée. Bien sûr, de nombreux mathématiciens puisent leur inspiration initiale dans des questions soulevées par la physique. Celle-ci omet trop souvent, par négligence ou plutôt par hâte, de démontrer proprement telle relation qu'elle utilise pourtant couramment. Ou bien telle structure découverte en physique mérite d'être formalisée et généralisée. Il en est ainsi par exemple de la théorie des distributions : le physicien britannique Paul Dirac, l'un des pères fondateurs de la mécanique quantique, introduisit en 1926, pour ainsi dire par le petit bout de la lorgnette, un outil technique qu'il nomma « la fonction δ », bien que ce ne fût pas à proprement parler une fonction, ce dont il était d'ailleurs parfaitement conscient. Presque vingt ans plus tard, en 1945, un mathématicien français, Laurent Schwartz[1], systématisa la découverte de Dirac et l'établit sur des fondements rigoureux en construisant la théorie des distributions. En l'occurrence, les deux protagonistes furent suffisamment conscients du caractère exemplaire de leur double démarche pour que fût organisée une rencontre au cours de laquelle ils discutèrent publiquement des points de vue comparés du physicien et du mathématicien. Un roman espagnol récent porte ce titre même : *La Función Delta* (Rosa Montero, Ediciones Debate). Je crois me souvenir qu'il établit un parallèle entre la fonction δ, si brève et si aiguë, et les moments de bonheur.

Mais ni les physiciens ni les mathématiciens ne s'y trompent : la mathématique n'est pas une science annexe, chargée de fournir des outils à la physique (ou à toute autre discipline). On est donc amené à se poser des questions aussi troublantes que profondes. Pourquoi la mathématique s'applique-t-elle à la réalité par l'intermédiaire de la physique[2] ? Cette question peut être formulée de façon plus métaphysique : pourquoi la structure de l'intelligence humaine, qui s'exprime dans la mathématique sans contrainte apparente, permet-elle de *comprendre*, au sens fort de ce terme, les phénomènes physiques qui se présentent dans le réel ? « La chose la plus incompréhensible du monde, aimait à dire Einstein, c'est que le monde *est* compréhensible. » (Il se limitait évidemment, comme nous ici, au monde physique, car pour le reste...)

Pour nourrir le trouble où nous plongent ces interrogations, on peut citer l'exemple de la révolution mathématique que provoqua l'avènement des géométries non euclidiennes au XIXe siècle. Dans ces théories mathématiques, on introduit des

---

1. J'aurais le sentiment de manquer à un devoir si je mentionnais Laurent Schwartz sans dire ma reconnaissance : j'ai été amené, étudiant, à suivre ses cours, et j'en garde encore, après tant d'années, un souvenir ébloui.
2. « A Dios rogando y con el mazo dando ». Proverbe (Priez Dieu et frappez fort).

espaces beaucoup plus complexes que l'espace physique dans lequel nous vivons ; celui-ci y est seulement « une multiplicité à trois dimensions, amorphe ». Pourtant, plus de cinquante ans plus tard (1916), Einstein utilisa la géométrie riemanienne, non euclidienne, pour construire sa théorie de la relativité générale.

Il ne faudrait pourtant pas croire que ce lien entre les théories physiques et la mathématique, pour étroit qu'il soit et surprenant qu'il paraisse, atteigne une parfaite adéquation. Au contraire. En schématisant, on pourrait même parler de mathématiques de deux espèces : d'une part, les mathématiques de et pour la physique, qui ont été développées pour et souvent par les physiciens, et dont les concepts et les méthodes s'adaptent sans difficulté à l'expression des théories physiques ; d'autre part, la mathématique pure qui se veut et se vit sans contrainte extérieure. On ne sera pas surpris d'apprendre que le premier type de mathématiques est enseigné à l'Université par des physiciens. Donnons quelques exemples de ces contradictions.

L'immense majorité des physiciens qui (ne serait-ce qu'en mécanique quantique ou en mécanique statistique) manipulent et utilisent quotidiennement les probabilités, ne connaissent pas, pas assez en tout cas pour l'intégrer à leur démarche, la théorie mathématique des probabilités, fondée sur les idées de Kolmogorov (1933). C'est une théorie plus fruste, moins générale, qui inspire les raisonnements des physiciens (il va sans dire que c'est cette seconde théorie que les enseignants physiciens inculquent à leurs étudiants). Il y a pire : les différentielles ne sont pas définies de façon identique par les mathématiciens et par les physiciens, alors que ces derniers en font un usage extrêmement courant (auquel évidemment est adaptée la définition physicienne, mais pas la définition mathématicienne). On pourrait multiplier ces exemples : les vecteurs ne sont pas les mêmes objets en physique et en mathématique, etc.

Il en résulte chez les étudiants une sorte de schizophrénie : « vérité en deçà des Pyrénées, erreur au-delà », les Pyrénées séparant en l'occurrence le mathématicien du physicien. C'est ce pis-aller que vivent au quotidien les étudiants scientifiques, la plupart résolvant le dilemme en se déterminant très tôt pour la mathématique ou pour la physique, et en s'efforçant ensuite de limiter les dégâts de l'autre côté.

Sur la réalité des notions physiques

Dans le vieux parc solitaire et glacé
Deux formes ont tout à l'heure passé.
Leurs yeux sont morts et leurs lèvres sont molles,
Et l'on entend à peine leurs paroles.
Dans le vieux parc solitaire et glacé
Deux spectres ont évoqué le passé.

Paul VERLAINE,
Les Fêtes galantes (*cf.* Louis Jouvet).

El mundo era tan reciente, que muchas cosas carecían de nombre, y para mencionarlas había que señalarlas con el dedo. Todos los años, por el mes de marzo, une familia de gitanos [...] daban a conocer los nuevos inventos. Primero llevaron el imán. Un gitano corpulento [...] fue de casa en casa arrastrando dos lingotes metálicos, y todo el mundo se espantó al ver que los calderos, las pailas, las tenazas y los anafes se caían de su sitio, y las maderas crujían por la desesperación de los clavos y los tornillos tratando de desenclavarse, y aún los objetos perdidos desde hacía mucho tiempo aparecían por donde más se les había buscado, y se arrastraban en desbandada turbulenta detras de los fierros mágicos.

Le monde était si récent, que beaucoup de choses étaient dépourvues de nom, et pour les mentionner il fallait les montrer du doigt. Tous les ans, vers le mois de mars, une famille de gitans [...] faisaient connaître les nouvelles inventions. D'abord ils amenèrent l'aimant. Un gitan corpulent [...] s'en fut de maison en maison traînant derrière lui deux lingots métalliques, et chacun s'épouvanta en voyant que les chaudrons, les poêles, les tenailles et les réchauds tombaient de leur place, que les pièces de bois craquaient sous le désespoir des clous et des vis essayant de s'en extraire, et que même les objets perdus depuis très longtemps apparaissaient vers les endroits où ils avaient le plus été cherchés, et ils se traînaient en une débandade turbulente derrière les fers magiques..

Gabriel GARCÍA MÁRQUEZ,
Cien años de soledad.
(Traduction de l'auteur.)

Revenons à la question initiale, que nous avions posée de façon simpliste et superficielle, concernant la *réalité* ou l'*existence* des concepts et des objets qu'introduit et manipule la physique. Ces notions de réalité ou d'existence sont éminemment relatives. Insistons. Il est impossible de bâtir une théorie physique qui n'introduirait que des concepts et des objets préexistants, ayant déjà leur identité propre, que l'on pourrait définir *a priori* ou mesurer, de façon totalement indépendante de la théorie que l'on veut construire (à moins que celle-ci ne prenne racine dans une théorie déjà établie) ; de tels ingrédients, en quelque sorte bruts, n'existent pas dans le monde de la physique : même si la nouvelle théorie utilise certains objets ou concepts déjà connus, elle leur attribue nécessairement de nouvelles significations ou propriétés qui lui sont inhérentes : nous avons parlé plus haut de la masse et de la force en mécanique classique ; il en va de même de la charge électrique ou des champs électrique et magnétique dans la théorie de l'électromagnétisme.

Mais les notions et les objets qui participent à la texture d'une théorie physique sont parfaitement définis et caractérisés dans son cadre conceptuel et opératoire : la force et la masse jouent un rôle clair et déterminé dans la relation fondamentale de la dynamique (deuxième des trois lois de Newton qui fondent la mécanique classique) ; un champ électrique et un champ magnétique ont une fonction très précisément explicitée dans la théorie de l'électromagnétisme. Dans ces conditions, peut-on, doit-on dire que, par exemple, la force qu'exerce le Soleil sur la Terre existe vraiment ?

On serait tenté de répondre par l'affirmative, dans la mesure où la mécanique classique décrit parfaitement l'interaction du Soleil et de la Terre quand il s'agit de calculer la trajectoire de celle-ci ou tout autre effet de ce genre, comme celui des marées par exemple. On sait aussi tenir compte de l'influence des planètes les unes sur les autres, à travers des forces du même type que celle qui nous occupait primitivement. Tant qu'il n'y a pas de raison de ne pas adhérer au formalisme de la mécanique classique, on peut accepter comme tout à fait réels ses éléments constitutifs. Mais on chercherait en vain la réalité de la force Soleil-Terre en dehors de la mécanique. On peut d'ailleurs préciser cette dernière affirmation.

On sait bien à l'heure actuelle, et Newton lui-même s'en doutait déjà, que cette force ne peut être instantanée comme le suppose la mécanique classique : il est fort probable que les interactions gravitationnelles (généralisation de l'attraction universelle proposée par Newton), en particulier celles qui lient la Terre au Soleil, sont transportées par des ondes, se propageant à une vitesse élevée mais finie [1]. La notion de force instantanée à distance, sur laquelle repose la mécanique classique, ne correspond donc pas exactement à la réalité, même si elle permet d'expliquer et de prédire sans défaillance, avec une aisance qui ne se dément pas, les phénomènes qui ressortissent à un vaste domaine.

Dans ces conditions, comment pourrions-nous décider de la réalité, de l'existence réelle de telle ou telle entité physique ? Il nous faudra rester très prudents, ouverts et pragmatiques. Le statut d'une entité de cette sorte ne peut s'apprécier que de façon relative, prenant en compte l'édifice théorique auquel elle concourt, édifice qui comporte tout un ensemble de concepts se soutenant les uns les autres dans un réseau de relations souvent subtil et intriqué. Il va sans dire que l'expérience, plus exactement l'expérimentation (expérience planifiée et conduite de façon délibérée), qui valide la théorie dont nous parlons, joue elle aussi un rôle de premier plan dans ce processus d'identification des objets physiques.

---

1. Ces ondes mettent environ 8 minutes à franchir les cent cinquante millions de kilomètres qui séparent la Terre du Soleil. Le délai par rapport à l'instantanéité est donc parfaitement perceptible.

LA THERMODYNAMIQUE :
UNE SCIENCE EN PLEINE MATURITÉ

Chapitre Premier

CHALEUR ET TRAVAIL : BALBUTIEMENTS

> *Le meunier qui l'habite est un joli blondin :*
> *Il a la barbe rousse et les cheveux châtains.*
>
> (Chanson populaire.)

> *Une fourmi de dix-huit mètres*
> *avec un chapeau sur la tête,*
> *Ça n'existe pas, ça n'existe pas.*
> *Une fourmi traînant un char*
> *plein de pingouins et de canards,*
> *Ça n'existe pas, ça n'existe pas.*
> *Une fourmi parlant français,*
> *parlant latin et javanais,*
> *Ça n'existe pas, ça n'existe pas.*
> *Eh ! Pourquoi pas ?*
>
> Robert DESNOS,
> *Chantefables et Chantefleurs.*

Naissance de la thermodynamique

Au début de notre histoire était Denis Papin (1647-1712) : nous avons appris sur les bancs de l'école comment son attention (scientifique) avait été attirée par le comportement du couvercle de sa bouilloire, soulevé spasmodiquement mais irrésistiblement par la vapeur que produisait l'ébullition de l'eau et qui se frayait ainsi un passage vers l'extérieur. Il est difficile d'avérer cette anecdote, de même nature que celle de la pomme de Newton. Bouilloire ou pas, Denis Papin publia en 1687 un mémoire intitulé *Description et usage de la nouvelle machine à élever l'eau*, que l'on s'accorde à considérer comme la première proposition visant à réaliser une machine à vapeur (où était déjà utilisé le va-et-vient d'un piston dans un cylindre). Songeons que, dans les conditions habituelles de notre environnement, le volume occupé par une goutte d'eau liquide augmente mille sept cents fois lorsqu'elle se vaporise ! Cette différence colossale donne lieu à une force d'expansion qui peut pousser des pistons (ou des couvercles de marmite), et permettre ainsi de soulever des poids, ou d'effectuer plus généralement ce que l'on nomme du *travail mécanique* (celui qui met en mouvement des bateaux ou des trains, par exemple). Mais il faut, pour obtenir un tel travail, chauffer l'eau liquide afin qu'elle se vaporise : il faut lui fournir de la *chaleur*. Donc un *moteur thermique* absorbe de la chaleur et restitue du travail.

La machine à vapeur s'introduisit dans l'industrie vers les années 1710. Il fallut cependant attendre un siècle pour qu'elle s'y impose : le premier service régulier de bateaux à vapeur est inauguré en 1807 aux États-Unis ; c'est au cours de la même période que la locomotive à vapeur est développée, tant en Angleterre qu'en France, avec ce record spectaculaire des 56 kilomètres à l'heure atteints en 1829 par « The Rocket » (« La Fusée »), œuvre de l'ingénieur anglais George Stephenson.

La *thermodynamique*, dont le nom associe les deux mots grecs *thermon* et *dynamis* (chaleur et puissance), est alors née du désir – et de la nécessité technique – d'analyser ce que Sadi Carnot appela, en 1824, la « puissance motrice du feu » : il s'agissait de rechercher les conditions optimales dans lesquelles la chaleur fournie par une chaudière peut être transformée en travail mécanique par une machine thermique. Il est assez remarquable, du point de vue épistémologique, que ces préoccupations principalement techniques, voire utilitaires, aient donné naissance à une théorie physique subtile, extrêmement élaborée, fondée sur des concepts particulièrement abstraits (restés longtemps mystérieux) tels que l'énergie et l'entropie.

La thermodynamique est maintenant la science des propriétés et processus qui mettent en jeu la température et la chaleur.

Pour éviter de nous égarer dans les méandres qu'a forcément dessinés la découverte de la thermodynamique « sur le terrain », pour ainsi dire, nous n'essaierons pas de suivre son développement historique. Nous prendrons en quelque sorte le problème à l'envers, ce qui nous permettra en même temps de dégager la place, bien particulière, de la thermodynamique en tant que théorie physique dans le paysage scientifique actuel.

Le microscopique et le macroscopique

On sait depuis un siècle – on *sait* au sens que nous avons explicité à la fin du premier chapitre – que tous les objets sont constitués de molécules [1] et d'atomes. On connaît aussi les lois d'interaction entre ces particules. Il convient de distinguer deux catégories de phénomènes, dont les ordres de grandeur sont sans commune mesure : d'une part, ceux qui concernent les objets à notre échelle ; d'autre part, ceux qui caractérisent les atomes et les molécules. On utilise une terminologie universellement admise et codifiée : ce qui est perçu à notre échelle est *macroscopique*, ce qui relève des atomes est *microscopique* [2]. On peut regretter qu'une seule petite voyelle, non accentuée en français, sépare ces deux termes, qui renvoient pourtant à des réalités extraordinairement différentes : le facteur multiplicatif caractérisant le passage du microscopique au macroscopique est le célèbre *nombre d'Avogadro* N_A, qui vaut environ :

$$N_A \approx 6 \times 10^{23},$$

c'est-à-dire le chiffre 6 suivi de 23 zéros ! Ce nombre – nous le préciserons au chapitre suivant – est celui des molécules que contient une certaine quantité macroscopique d'un corps pur quelconque : par exemple, c'est le nombre de molécules qui composent 18 grammes d'eau. Pour ce qui nous occupe ici, il suf-

---

1. Les molécules sont des groupements d'atomes.
2. Que ce terme n'aille pas accréditer la conviction qu'on peut voir des atomes à l'aide d'un microscope optique : il s'en faut d'un facteur 10 000 environ pour qu'on puisse l'envisager.

fira de savoir qu'un échantillon macroscopique d'un corps englobe un nombre fabuleux de molécules.

Précisons ce point, qui va s'avérer capital. Dans une pièce ordinaire d'un appartement ordinaire, chaque millimètre cube d'air renferme 3×10^{16} molécules (savoir, un nombre constitué du chiffre 3 suivi de 16 zéros). Imaginons que nous voulions repérer dans l'espace toutes ces molécules (trois coordonnées de position pour chacune d'elles) et préciser en même temps leurs vitesses (trois composantes pour chaque vecteur-vitesse), comme nous le demande la mécanique classique. En effet, l'état instantané d'un système mécanique (ici, le millimètre cube d'air) est caractérisé dans le cas le plus simple par la position et la vitesse de tous les points du système. Donc, pour déterminer l'état, à un instant donné, du système que constitue ce millimètre cube d'air, il faudrait connaître environ 2×10^{17} nombres. C'est *totalement exclu* : songez qu'un ordinateur qui écrirait quarante nombres par lignes et une ligne par centimètre devrait utiliser *cinquante milliards de kilomètres* de papier pour répertorier cet état instantané ! Comme élément de comparaison, sachez que la distance Soleil-Terre est de *cent cinquante millions* de kilomètres. Bien évidemment, le même travail serait à répéter à un instant ultérieur. Soyons justes, tout de même : il n'est pas question d'écrire *in extenso* les données dont nous parlons, mais de les emmagasiner dans les mémoires de l'ordinateur. Ceux dont on dispose actuellement sont capables de « suivre » le mouvement de systèmes comportant tout au plus un millier de particules ponctuelles. On est loin du 10^{17} de notre millimètre cube d'air !

Le dilemme fondamental

Si l'on connaît les lois de mouvement et d'interaction des molécules qui le constituent, les propriétés et l'évolution d'un corps macroscopique devraient pouvoir être entièrement décrites par la mécanique (fût-elle quantique, comme c'est le cas à l'échelle atomique et moléculaire). Mais la mécanique parle de forces et d'énergie – énergie cinétique associée au mouvement des molécules, énergie potentielle liée à leurs interactions –, de vitesses et d'accélérations. Comment les concepts de température et de chaleur peuvent-ils alors s'insérer dans un contexte aussi strict et rigoureusement fermé ?

Au XIXe siècle, quand la *thermodynamique* triomphait et l'*atomisme* faisait ses premiers pas, les tenants de cette dernière idée s'entendaient reprocher – au mieux ! – que « leurs » atomes étaient si ridiculement minuscules que personne ne parviendrait jamais à les mettre en évidence. Ces détracteurs de l'atomisme se trompaient, nous en reparlerons, mais ils infléchissaient, sans s'en rendre compte, le problème que nous examinons vers des aspects radicalement nouveaux. Replaçons-nous dans le cadre atomique et dans la situation apparemment insoluble où nous étions enferrés. Il est vraiment remarquable, étant donné le nombre des atomes qui le constituent, qu'un système de taille macroscopique puisse être décrit par un ensemble très restreint de paramètres (de l'ordre d'une dizaine tout au plus), dont la température, l'entropie et autres grandeurs de ce type que la thermodynamique a été amenée à introduire, comme nous l'expliquerons dans quelque temps.

Ces *grandeurs nouvelles*, par rapport à une description purement mécanique, ainsi que les lois qui les régissent, c'est-à-dire la thermodynamique, *doivent* être dégagées du comportement collectif des particules microscopiques (molécules ou atomes), dont le mouvement est en dernier ressort déterminé par la seule mécanique. C'est la tâche fondamentale de la *mécanique statistique*, inventée par Ludwig Boltzmann (1872), que de décrire et d'expliciter ce passage de la mécanique, qui gouverne le comportement détaillé des constituants microscopiques de la matière, à la *thermodynamique*, qui caractérise l'état d'un corps macroscopique par un nombre restreint de variables. Cette entreprise est fondée précisément sur l'*énormité du nombre d'Avogadro*. Elle donne, par exemple, une signification physique claire et sans ambiguïté à la température d'un corps : c'est (à une constante multiplicative près) l'énergie cinétique moyenne des particules qui le constituent.

Nous consacrerons la troisième partie de cet ouvrage à la mécanique statistique. Dans cette deuxième partie, nous nous proposons de présenter la thermodynamique en tant que telle, sans nous préoccuper de ses origines statistiques. C'est, il faut le savoir, une science un peu austère, comme l'était apparemment

– du moins d'après son portrait – Rudolf Clausius, inventeur de l'entropie. Mais elle est aussi attirante, par les méthodes spécifiques et originales qu'elle utilise pour décrire et étudier les propriétés de la matière à l'échelle macroscopique.

Historique succinct

Avant d'entrer dans le vif du sujet, disposons à nouveau quelques repères historiques qui compléteront, en ce qui concerne la théorie, ceux que nous avons consacrés plus haut aux réalisations techniques. C'est au cours de la première moitié du XIXe siècle que s'est construite la thermodynamique comme théorie physique cohérente. Les recherches se concentraient alors autour de deux questions fondamentales : d'une part, quelle est la nature physique de la chaleur ; d'autre part, quelles sont les conditions optimales qui permettent sa transformation en travail mécanique ? Dans l'industrie déjà, des machines à vapeur mettaient en mouvement des outils variés ; elles produisaient un certain travail mécanique, à partir de la chaleur qu'elles recevaient par ailleurs. C'est le physicien français Sadi Carnot qui développa en 1824 la théorie des machines thermiques, c'est-à-dire qui énonça les lois fondamentales régissant l'obtention de travail mécanique à partir de la chaleur.

Sadi (Nicolas Léonard) Carnot (1796-1832) était le fils aîné du grand Lazare Carnot, « l'Organisateur de la Victoire ». Son prénom a pour origine l'admiration de son père pour la culture persane [1]. Il entra en 1812 à l'École polytechnique, dont il sortit premier. Mais il fut aussitôt requis, avec ses condisciples, par la bataille de France de 1814 et défendit Paris pendant que son père tenait Anvers. Sa carrière se ressentit évidemment de la disgrâce de son père, qui avait dû s'exiler après les Cent Jours. Sadi se fit alors mettre en disponibilité de sa charge de capitaine du génie pour se consacrer à la recherche en physique. Il mourut à trente-six ans du choléra.

Son principal mémoire, les *Réflexions sur la puissance*

---

1. Saadi, poète persan du XIIIe siècle, fut traduit en français dès 1634.

motrice du feu et sur les machines propres à développer cette puissance, présente deux caractéristiques curieuses : d'une part, il ne fait guère de place aux formules mathématiques ; d'autre part, il a été tiré à deux cents exemplaires seulement, de sorte que nombre de physiciens et d'ingénieurs, tant en France qu'à l'étranger, en ignoraient l'existence ou n'en connaissaient le contenu que par ouï-dire. Le Français Émile Clapeyron (1799-1864) publia dans le Journal de l'École polytechnique, en 1834, un article intitulé lui aussi « Sur la puissance motrice de la chaleur », et qui sauva de l'oubli l'opuscule de Sadi Carnot. C'est donc essentiellement par Clapeyron que se diffusèrent les idées fondamentales de Carnot. On aura noté au passage que, seulement dix ans après, Clapeyron traduisait « feu » par « chaleur ». C'est que la véritable nature de la chaleur n'était pas complètement élucidée ; d'où la prudence de Sadi Carnot dans sa formulation. Le modèle le plus répandu représentait la chaleur comme un fluide sans masse, qu'on appelait « calorique », et qui se déversait d'un corps dans un autre.

C'est sans doute l'Américain Benjamin Thompson (1753-1814), un personnage haut en couleur – pour ne pas dire un aventurier de haut vol –, devenu par la suite comte Rumford du Saint Empire romain germanique, qui porta le coup fatal à la notion de calorique. Il le fit en fabriquant des canons ! Comme quoi la science mène à tout, ou plutôt tout peut mener à la science. Le xviiie siècle n'était pas encore achevé, puisque c'était en 1798, que Benjamin Thompson – pardon ! le comte Rumford – démontra expérimentalement que la chaleur ne possédait pas les propriétés supposées du fluide calorique. Si l'on analyse ses arguments en détail, ce n'était pas encore l'équivalence entre la chaleur et le travail, mais ce n'en était plus bien loin. Voilà une figure si radicalement hors du commun que la dernière section de ce chapitre donne les grandes lignes de sa biographie avec, évidemment, un compte rendu plus détaillé de ses expériences sur la chaleur.

Le *premier principe* de la thermodynamique, que nous expliciterons au chapitre VII, affirme effectivement l'équivalence entre la chaleur et le travail ; il fut énoncé en 1842 par James Joule en Grande-Bretagne et, indépendamment, par Julius Mayer en Allemagne. En fait Sadi Carnot avait laissé des notes, datées de 1831 (peu de temps avant sa mort), dans lesquelles il énonçait clairement et explicitement l'équivalence de la chaleur et du travail, dix ans avant Joule et Mayer. Mais ces notes ne furent publiées qu'en 1871, soit presque trente ans après l'énoncé officiel du premier principe. Restait à systématiser les conséquences des découvertes de Sadi Carnot dans ses *Réflexions*. Il s'agissait de les formaliser dans le cadre de la toute nouvelle théorie de la chaleur.

C'est au physicien allemand Rudolf Clausius [1] que revient le mérite – considérable – d'avoir énoncé proprement le *second principe* de la thermodynamique sous sa forme la plus générale, après avoir introduit la notion cruciale d'*entropie* (1850). Cette notion est abstraite, nous le verrons en avançant, et même difficile à cerner, mais elle se situe au fondement même de la thermodynamique.

Qui s'en étonnera? Le *postulat fondamental* de la thermodynamique, que nous énoncerons au chapitre III, affirme l'existence et énumère les propriétés cardinales de l'entropie. Il nous appartient auparavant de dresser le trône sur lequel pourra siéger ce postulat fondamental, en forgeant ou en explicitant les notions et concepts qui charpentent le socle sur lequel il s'appuie. C'est à quoi nous allons nous consacrer.

Benjamin Thompson, comte Rumford de Bavière [2]

Benjamin Thompson naquit en 1753 dans le Massachusetts, qui était alors l'une des colonies nord-américaines de l'Empire britannique. Dès l'âge de treize ans, il fut placé chez un négociant de la ville de Salem. Comment réussit-il, dans ces conditions peu favorables, à s'initier par lui-même aux sciences? Nous ne le savons pas, mais toujours est-il qu'il devint maître d'école et qu'il publia même plusieurs articles scientifiques. Il prit également la tête d'expéditions qui traversèrent les White Moun-

---

1. Voir *infra* p. 82.
2. Cette biographie de Benjamin Thompson figure – à quelques détails près – dans S. Glashow, *From alchemy to quarks – The study of physics as a liberal art*, Brooks/Cole Publishing Company, 1993.

tains[1]. Il obtint le grade de commandant dans la milice du New Hampshire mais fut dans le même temps recruté par les Britanniques comme agent secret, tâche dans laquelle il se révéla fort efficace. En 1775 cependant, tout au début de la guerre d'indépendance américaine, sa traîtrise étant sur le point d'être dévoilée, il préféra se réfugier à Londres. En Angleterre, il participa à l'organisation de l'intendance militaire et de l'approvisionnement en munitions. Ses recherches scientifiques lui valurent également d'être nommé membre associé de la Société royale[2]. Il observa notamment qu'un canon tirant un vrai boulet s'échauffait davantage que lors d'un tir à blanc. Outre les conclusions qu'il tenta de déduire de cette observation, elle lui suggéra que l'étude des armes, et tout spécialement des canons, était susceptible de fournir de précieux renseignements sur la nature de la chaleur.

Il revint ensuite en Amérique – où la guerre d'indépendance faisait rage – comme officier britannique. Il participa à plusieurs batailles et recruta un régiment de loyalistes[3]. Il prit ses quartiers d'hiver, avec ses troupes, à Long Island[4]. Au cours de ce séjour, ses soldats dévastèrent champs et vergers, détruisirent des églises et festoyèrent sur des pierres tombales. Un historien, postérieur à cette période, manifesta son amertume devant les déprédations de Thompson : « Les actes qu'il commit en cet endroit lui ont conféré une immortalité que tous ses exploits militaires, toutes ses dissertations sur la philosophie et toutes ses découvertes scientifiques ne lui obtiendront jamais parmi les descendants de cette communauté outragée. »

La guerre d'indépendance perdue, Thompson retourna en Angleterre, où il fut accueilli en héros. Il fut armé chevalier par le roi George III. L'un des peintres les plus en vogue à Londres à cette époque, Thomas Gainsborough, portraitiste hors pair, lui

---

1. Chaîne de montagnes située au nord du New Hampshire, à cheval sur la frontière actuelle des États-Unis et du Québec.

2. « Société royale de Londres (pour améliorer la connaissance de la nature) ». La plus ancienne société scientifique de Grande-Bretagne. Une charte royale (Charles II) l'organisa définitivement en 1662.

3. On nommait ainsi les colons britanniques installés en Amérique du Nord et qui prenaient, dans la guerre d'indépendance, le parti de la Grande-Bretagne. Les déprédations dont il est question ensuite s'expliquent par la situation : ils dévastaient le pays avant d'être obligés de le quitter.

4. Île de la côte atlantique de l'Amérique du Nord, qui fait actuellement partie de New York (quartier de Brooklyn).

demanda de poser pour lui. Il avait alors trente ans. Il accepta et se prêta aux séances de pose, dans l'habit de son nouveau grade de colonel britannique. Quelle mouche le piqua alors ? Avait-il repris des activités d'agent secret, qui risquaient soudain de mettre sa sécurité en péril ? En tout cas, très vite après ce portrait qui le consacrait en Grande-Bretagne, il fila « à l'anglaise », pour ainsi dire, vers les pâturages plus verts de la Bavière.

À Munich, il enchanta l'électeur-duc de Bavière, qui le nomma général et lui assigna la tâche de réformer et de réorganiser l'armée. Dans ces fonctions, il créa des écoles pour les soldats et leur famille, dispensant un enseignement de base ; il augmenta la solde des recrues pour qu'elles ne soient plus obligées de se mettre au service de leurs officiers. Les mendiants de Munich furent rassemblés. Il leur assura nourriture, chauffage et toit, puis les mit au travail dans la manufacture d'équipement militaire. Voici notre Benjamin Thompson en utopiste social pragmatique, et peut-être – cela semble le cas – en inventeur de l'aide sociale. Citons ce qu'il en dit lui-même : « Pour rendre heureux les gens vicieux et abandonnés, on a généralement supposé qu'il était nécessaire de les rendre vertueux. Mais pourquoi ne pas inverser l'ordre de ces deux propositions ? Pourquoi ne pas les rendre d'abord heureux, et vertueux ensuite ? Si bonheur et vertu sont vraiment inséparables, alors le but sera aussi sûrement atteint par l'un de ces moyens que par l'autre. »

Thompson conçut également des vêtements chauds pour les soldats. Des recherches approfondies lui firent découvrir que l'air emprisonné dans la fourrure ou la plume leur conférait un pouvoir d'isolation. La découverte des sous-vêtements thermiquement isolants lui valut la médaille Copley de la Société royale. Cette découverte fut suivie d'autres : la cafetière goutte-à-goutte, la cuisine intégrée, la gomme à crayon...

Le 9 mai 1792, Thompson fut élevé par le duc de Bavière à la dignité de comte du Saint Empire romain germanique, sous le nom de comte Rumford. Voilà bien un destin remarquable ! La couronne britannique a toujours conservé la tradition de distinguer les plus prestigieux de ses sujets en leur accordant le titre de Lord. Pour rester parmi les physiciens – et les homonymes ! –, nous avons vu William Thomson (1824-1907) devenir ainsi Lord

Kelvin [1]. Ce Thompson-ci [2], Benjamin, est allé décrocher son titre à l'étranger. Aurait-il pu l'obtenir en Grande-Bretagne, n'étant britannique que par raccroc, puisque né en Amérique ?

Quoi qu'il en soit, il devint ensuite directeur de l'arsenal bavarois, où il supervisait le forage des canons. C'est alors qu'il se convainquit que l'hypothèse du calorique était erronée. L'opération de forage produisait une énorme quantité de chaleur. On utilisait l'eau pour refroidir le canon et la mèche. Au fur et à mesure qu'elle s'évaporait par ébullition, elle était constamment remplacée. Selon la théorie du calorique, celui-ci était transféré à l'eau par le foret ou le métal creusé, et l'échauffait. Rumford argumenta contre cette idée : si la chaleur était un fluide contenu dans le métal, elle devrait s'épuiser ; les stades successifs du forage devraient produire de moins en moins de chaleur, et l'eau bouillir moins fort en conséquence. Pour le vérifier, Rumford immergea un canon dans une citerne pleine d'eau. Il commença à forer le canon et mesura le temps que mettait l'eau à entrer en ébullition. Il écrit, à propos de cette expérience : « Il me serait difficile de décrire la surprise et la stupéfaction qu'exprimaient les visages des personnes assistant à la scène, en voyant une telle quantité d'eau froide chauffée, et portée même à l'ébullition, sans aucun feu. »

Heure après heure, l'eau bouillait furieusement, car l'opération de forage du canon continuait à générer de la chaleur. Il semblait que l'eau ne cesserait jamais de bouillir, tant que l'on n'arrêterait pas le vilebrequin. Rumford en déduisit que la quantité de chaleur que pouvait produire le frottement « apparaissait de façon évidente comme inépuisable ». Est-ce que le calorique en trop avait d'une certaine façon été extrait de la limaille de fer produite par le forage ? D'aucuns penchaient pour cette hypothèse : la limaille aurait pu être moins apte que le métal massif à retenir le calorique, de sorte que le dégagement de chaleur aurait pu croître avec la quantité de limaille. Pour trancher la question, Rumford compara les copeaux avec le matériau du canon lui-même ; il les trouva identiques. Il fut donc amené à rejeter la

----

1. Attention ! Il y a parmi les Thomson un autre grand physicien : sir Joseph John Thomson, noble de naissance, lui (à moins que ce ne soit l'inverse). Son œuvre est considérable et comprend en particulier la découverte de l'électron. Les physiciens britanniques aiment, par désinvolture et familiarité feintes, à le désigner par les seules initiales de ses prénoms : J. J.
2. Petite différence dans l'orthographe, qui comprend maintenant un p.

théorie du calorique : « Toute chose qu'un corps isolé quelconque, ou un système de corps, peut fournir continuellement sans limitation ne peut absolument pas être une substance matérielle ; et il m'apparaît extrêmement difficile, sinon complètement impossible, qu'on puisse se faire une quelconque idée précise d'une chose, quelle qu'elle soit, capable d'être excitée et transmise comme la chaleur a été excitée et transmise dans ces expériences, sauf si c'est du mouvement. »

Ce travail, publié en 1798, devint aussitôt un classique et Rumford le chef de file du camp anticalorique. Deux arguments imparables permettaient de prouver que la chaleur n'est pas un élément chimique, comme l'avait cru Lavoisier (1743-1794)[1], ni une substance matérielle : (1) la chaleur peut être créée sans limite par frottement ; (2) l'addition de chaleur à un corps ne change pas sa masse. C'étaient les derniers clous qui fermaient le cercueil du calorique. Quand Rumford s'apprêtait à épouser la veuve de Lavoisier (eh ! oui...), il lui écrivit en ces termes : « J'espère vivre assez longtemps pour retirer de la scène le calorique comme feu Monsieur Lavoisier retira le phlogistique. Quelle singulière destinée pour l'épouse de deux Philosophes ! »

Ainsi Thompson-Rumford fut-il encensé en Bavière autant qu'il avait été maudit à Long Island. Dans les jardins à l'anglaise de Munich – qu'il avait lui-même dessinés – se dresse un buste à son effigie, avec cette inscription : « À celui qui éradiqua les maux publics les plus honteux – Paresse et Hypocrisie –, qui donna aux pauvres soulagement, emploi et bonne moralité, et à la Jeunesse de la Patrie tant d'écoles pour s'instruire. Va, toi qui passes ! et efforce-toi de l'égaler en Esprit et en Action, et nous en Gratitude. »

---

1. Antoine-Laurent de Lavoisier, un des créateurs de la chimie moderne, fut l'inventeur de la théorie du calorique, destinée à remplacer la notion de phlogistique, fluide imaginé par les anciens chimistes pour expliquer la combustion. Lavoisier fut guillotiné en 1794, comme fermier général.

Chapitre II

LA THERMODYNAMIQUE S'AFFIRME

L'avenir, l'avenir, l'avenir est à moi.
Non, l'avenir n'est à personne !
Sire ! L'avenir est à Dieu !

Victor Hugo,
Les Chants du crépuscule.

Et dressé sur mes coudes, comme un chien, je guette.
De haut en bas, je connais l'assemblée des étoiles nocturnes,
Et parmi les étoiles, celles qui prédominent,
Royautés rayonnantes qui apportent aux mortels et l'hiver et l'été.
Je sais quand elles s'élèvent et quand elles disparaissent.

Eschyle,
Agamemnon.
(Traduction d'Ariane Mnouchkine.)

Après avoir évoqué ses premiers balbutiements, nous nous proposons de présenter maintenant la thermodynamique comme une véritable théorie physique, au sens que nous avons précisé et analysé dans la première partie.

Un mot à propos de cette présentation. Nous avons expliqué à loisir que la thermodynamique a, historiquement, précédé la prise en compte, et même la découverte, des atomes et des molécules. On peut – nous pourrions – développer les fondements de la thermodynamique sans faire aucunement référence au niveau microscopique des phénomènes et des structures. Mais nous sommes au XXe siècle – et même à sa fin – et non plus au xixe siècle où a éclos la thermodynamique. Pour le dire crûment, nous savons (vous savez, je sais) que les atomes existent. Ce serait faire injure à la thermodynamique elle-même que de feindre d'ignorer cet acquis capital : elle apparaîtrait alors comme une théorie vieillotte, d'emblée dépassée et donc périmée. Or – et il s'agit là d'un fait véritablement remarquable – la thermodynamique a survécu, en tant que théorie physique cohérente et efficace, à l'assaut de l'atomisme. Nous tenterons de comprendre pourquoi et comment, car « le sens de l'histoire », comme on disait naguère, favorisait tellement la mécanique statistique, qu'elle aurait dû balayer la thermodynamique et prendre toute la place. Si elle l'a fait seulement en principe, et non pas de fait, c'est que la thermodynamique était « belle et bonne ».

Nous préparons dans ce chapitre l'émergence de son postulat fondamental, en délimitant par avance le champ d'application de la thermodynamique d'équilibre, puis en définissant et analysant des notions premières comme l'énergie interne ou, plus généralement, les variables d'état primitives.

Champ d'application

Pour délimiter le champ d'application de cette « belle et bonne » théorie, définissons d'abord ce que nous entendrons par *système thermodynamique*. La thermodynamique est la science des objets macroscopiques, de tous les objets macroscopiques. En ce sens, la mécanique des corps rigides ou déformables, la mécanique des fluides, l'élasticité, l'étude électrique et magnétique des matériaux (à l'échelle macroscopique), etc., relèvent de la thermodynamique. Pour caractériser physiquement un corps macroscopique, nous reprenons, en la précisant, la définition que nous avons proposée au chapitre premier. Un corps sera dit macroscopique s'il est constitué d'un très grand nombre de particules microscopiques, « très grand » signifiant énorme [1].

L'archétype du système thermodynamique est ce qu'on nomme une *mole* d'un corps pur (quelconque). Ce sont les chimistes qui ont introduit cette notion. Leur étude quantitative

---

1. Voir *supra*, p. 59.

des réactions chimiques, au cours du XIXe siècle, les a conduits à associer à chaque réactif une *masse caractéristique* : 18 grammes pour l'eau, 32 grammes pour l'oxygène... Ils ont appelé « mole » la quantité de réactif ayant cette masse. Une mole de quelque corps pur que ce soit, dont la masse – nous le voyons – se mesure en grammes, est sans conteste un échantillon *macroscopique* de ce corps. Si maintenant nous nous intéressons au niveau *microscopique*, c'est en termes de molécules que nous devrons nous exprimer. Eh bien, le nombre de molécules constituant une mole d'un certain corps est par définition le *nombre d'Avogadro* [1]. C'est le même pour tous les corps. Cela a pour conséquence que, si l'on prend deux corps différents, le rapport des masses des deux molécules correspondantes est donné par le rapport des masses molaires de ces deux corps : 18/32 est le rapport des masses d'une molécule d'eau et d'une molécule d'oxygène.

Un échantillon macroscopique de matière est le siège, au niveau microscopique, de divers phénomènes physiques importants. Les constituants microscopiques de cet échantillon sont en perpétuel mouvement, à des vitesses assez considérables : 500 mètres par seconde en moyenne pour les molécules d'air à la température ordinaire, 1 900 mètres par seconde pour celles d'hydrogène dans les mêmes conditions, plusieurs kilomètres par seconde [2] pour les électrons qui conduisent l'électricité dans un métal. Cette agitation, bien que frénétique, reste le plus souvent imperceptible à l'échelle macroscopique : un fil de cuivre posé sur la table semble parfaitement au repos ; il n'est apparemment parcouru par aucun courant si on ne le branche sur aucune pile, batterie ou autre générateur. Cette immobilité macroscopique, qui recouvre pourtant un mouvement incessant à l'échelle microscopique, s'explique par le *caractère aléatoire* de ce mouvement et par le *nombre faramineusement grand* des constituants microscopiques : il y a toujours, dans un corps macroscopique, pratiquement autant de molécules (ou d'électrons, dans le cas du métal) animées d'une vitesse déterminée que de la vitesse opposée ; ainsi, malgré leur valeur considérable, les vitesses des particules microscopiques se compensent pour aboutir à une vitesse nulle en moyenne, de sorte qu'aucun mouvement d'ensemble n'est perçu au niveau macroscopique.

---

1. *Ibid.*
2. Par seconde, pas par heure !

En réalité, l'agitation microscopique peut être mise en évidence, assez facilement même dans certaines situations, à travers les *fluctuations* qu'elle engendre : le nombre de particules animées d'une certaine vitesse n'est en fait *jamais exactement* égal à celui des particules de vitesse opposée ; chacun de ces deux nombres fluctue au cours du temps autour de leur valeur moyenne commune, tantôt la dépassant, tantôt lui étant inférieur. C'est ainsi par exemple qu'un circuit électrique dépourvu de générateur est le siège d'un courant erratique, changeant fréquemment de sens, certes faible mais aujourd'hui aisément détectable, et responsable de ce que les électroniciens appellent le « bruit thermique [1] ». La *loi des grands nombres*, bien connue en théorie des probabilités, et que nous invoquons ici comme une espèce de talisman, indique plus précisément que l'ordre de grandeur de ces fluctuations se comporte comme $\sqrt{N}$ si N est le nombre des constituants microscopiques de l'échantillon considéré. Nous savons que N est très, très grand, et $\sqrt{N}$ l'est donc aussi. *Mais* – et c'est là une condition primordiale permettant à la thermodynamique d'exister – *en valeur relative*, l'importance des fluctuations est caractérisée par $\sqrt{N}/N$, qui est égal à $1/\sqrt{N}$, et donc très petite ; ainsi, le pourcentage de fluctuations est d'autant plus faible que N est plus grand (et Dieu sait, comme nous, ce que « grand » signifie dans ce contexte).

En définitive, nous qualifierons de « *thermodynamiques* » les systèmes qui comportent un nombre N de constituants microscopiques suffisamment grand pour que les effets de leur mouvement aléatoire, *y compris les fluctuations qu'il engendre*, soient *totalement négligeables*. D'après le résultat que nous venons de rappeler, ce sera le cas si $1/\sqrt{N}$ est très petit par rapport à 1.

La notion d'équilibre thermodynamique

Il ne suffit pas, pour pouvoir appliquer la thermodynamique, d'avoir affaire à un système répondant à la définition que nous

---

1. On montre aisément que les fluctuations dont il est question ici sont d'autant plus importantes que la température est plus élevée.

venons d'expliciter ; encore faut-il qu'il soit à *l'équilibre* [1]. Or un système thermodynamique, abandonné à lui-même dans des conditions extérieures fixées, atteint au bout d'un certain temps un état d'équilibre où toutes ses propriétés macroscopiques sont devenues elles aussi constantes. Le retour à l'équilibre macroscopique d'un système thermodynamique préparé dans un état hors d'équilibre est, en règle générale, caractérisé par une constante de temps qui mesure la rapidité du rétablissement de l'équilibre, et qui est appelée « *temps de relaxation* ». L'ordre de grandeur des temps de relaxation varie dans des proportions énormes suivant la nature du système étudié et les conditions extérieures qui lui sont imposées : on l'évalue à 10^{-12} seconde, autant dire presque rien, s'il s'agit d'un conducteur – un métal, par exemple – que l'on a perturbé par une influence électrique extérieure et qui s'adapte à ces nouvelles conditions ; mais à des milliers – probablement des millions – d'années pour la transformation d'un verre de silice en quartz cristallin, dit aussi « cristal de roche ».

Une grandeur essentielle : l'énergie interne

Une grandeur joue en thermodynamique un rôle de tout premier plan : *l'énergie interne*. L'énergie totale d'un corps macroscopique est nécessairement la somme des énergies cinétiques des particules microscopiques qui le constituent et de l'énergie potentielle d'interaction entre toutes ces particules. Maintenant, nous supposons qu'il est possible d'amener ce corps totalement au repos du point de vue macroscopique : ni le corps lui-même dans son ensemble, ni telle partie macroscopique par rapport au reste, ne sont en mouvement. L'énergie du corps n'est pas nulle pour autant, car les particules microscopiques continuent à s'agiter et à

---

1. Ilya Prigogine (prix Nobel de chimie en 1977) a construit sa réputation sur une conception inverse de la thermodynamique : pour lui, l'état d'équilibre est seulement un cas particulier parmi tant d'autres situations possibles. Quant à nous, nous garderons les pieds sur terre et décrirons la science que nous ont léguée nos ancêtres.

interagir les unes avec les autres. Cette énergie qui subsiste quand le corps est globalement immobile est appelée son *énergie interne*.

Une loi fondamentale et générale de la physique assure que *l'énergie se conserve*. Cette loi s'exprime le plus commodément dans le cas d'un système à qui l'on interdit tout échange avec l'extérieur (système « isolé ») : son énergie totale est alors fixée et constante dans le temps. Cela reste vrai quels que soient les processus et transformations dont ce système peut être le siège, aussi radicaux soient-ils : réactions chimiques entre les constituants, ou même explosion d'une bombe à l'intérieur du système, pourvu qu'il reste isolé.

L'énergie est-elle additive? Systèmes à couplage faible

Voici encore une notion importante, dont le rôle est pourtant ambigu. On peut à juste titre la considérer comme un des piliers de la thermodynamique, telle qu'elle s'est développée et telle que nous la présenterons ici. Pourtant la thermodynamique parvient aussi, en réalité, à apprivoiser les systèmes « à couplage fort » que nous laisserons de côté (l'étude en est tout de même plus ardue). Surtout, les systèmes « à couplage faible » font à la thermodynamique un cadeau (physique) inespéré, qui simplifie considérablement sa tâche, sans être vraiment indispensable : *leur énergie est additive*. Voyons ce que recouvre cette expression.

Imaginons deux systèmes thermodynamiques $\mathscr{S}_1$ et $\mathscr{S}_2$, *a priori* quelconques; supposons qu'ils soient tous deux macroscopiquement au repos, et suffisamment éloignés l'un de l'autre pour que leur interaction mutuelle soit à coup sûr négligeable. Baptisons $\mathscr{S}$ le système constitué par la réunion de $\mathscr{S}_1$ et $\mathscr{S}_2$. Il est clair que, dans cette situation où toute interaction a été écartée, l'énergie E du système global $\mathscr{S}$ est simplement la somme $E_1 + E_2$ des énergies de $\mathscr{S}_1$ et $\mathscr{S}_2$. Rapprochons maintenant les deux systèmes, lentement, et amenons-les au contact. S'il s'agit d'échantillons de gaz, de liquides ou de solides de taille courante et électriquement neutres, les deux systèmes $\mathscr{S}_1$ et $\mathscr{S}_2$ n'exercent l'un sur l'autre *aucune force appréciable* : deux seaux d'eau ne s'attirent ni ne se repoussent, pas plus que deux morceaux de cuivre, pas plus qu'un seau d'eau et un morceau de cuivre... En sorte que *l'énergie du système global* $\mathcal{S}$ est toujours *la somme*[1] *des énergies de ses sous-systèmes* $\mathcal{S}_1$ *et* $\mathcal{S}_2$.

Il ne faudrait pourtant pas croire que cette propriété va de soi et qu'elle est universelle. Pour comprendre qu'elle ne l'est pas, envisageons le cas où $\mathcal{S}_1$ et $\mathcal{S}_2$ comportent tous deux des corps chargés électriquement à l'échelle macroscopique. L'interaction entre $\mathcal{S}_1$ et $\mathcal{S}_2$ sera encore négligeable lorsqu'ils seront « infiniment » éloignés[2]. En revanche, lorsqu'on les rapprochera, les charges de l'un d'eux exerceront sur celles de l'autre des forces perceptibles (dites « forces électrostatiques ») qui, en outre, croîtront en intensité lorsque la distance diminuera. La situation est donc radicalement différente de celle que nous avons décrite auparavant, où aucune action mutuelle n'était détectable. L'existence de ces forces, qui peuvent devenir considérables, oblige l'opérateur à en exercer d'autres, de l'extérieur, s'il veut maîtriser l'approche des deux systèmes l'un de l'autre, et ne pas la laisser devenir un choc brutal, ou un éloignement éperdu, selon que les deux systèmes s'attirent ou se repoussent. Ces forces extérieures travaillent au cours du mouvement relatif de $\mathcal{S}_1$ et $\mathcal{S}_2$, ce qui a nécessairement une incidence sur l'énergie totale du système que forment ensemble $\mathcal{S}_1$ et $\mathcal{S}_2$. Ce qui nous intéresse surtout ici, c'est que l'énergie totale ne pourra plus, dans la configuration finale où les deux systèmes sont rapprochés, garder la forme qu'elle avait lorsqu'ils étaient infiniment éloignés : elle sera la somme de trois termes, $E_1 + E_2 + E_{1\text{-}2}$, le troisième étant appelé le « *terme d'interaction* » ou « terme de couplage ». Il est crucial de comprendre que cette nouvelle contribution à l'énergie totale *ne peut pas être partagée* entre $\mathcal{S}_1$ et $\mathcal{S}_2$: ce sont les forces de $\mathcal{S}_1$ sur $\mathcal{S}_2$, ou vice

---

1. Il nous faut supposer ici que les systèmes $\mathcal{S}_1$ et $\mathcal{S}_2$ sont de taille suffisante pour que les effets de surface soient négligeables. Par exemple, lorsque deux gouttelettes d'eau identiques se réunissent pour en former une seule, la surface de cette goutte de volume double est inférieure au double de celle de chacune des gouttelettes initiales. L'existence de la « tension superficielle » implique alors que l'énergie du système final est inférieure à la somme des énergies des deux gouttelettes séparées. Mais l'énergie de surface que voilà est négligeable devant l'énergie de volume dès que le rayon de la goutte dépasse 10 nanomètres (un nanomètre est la milliardième partie du mètre).

2. L'infini dont il s'agit ici n'est évidemment pas celui des mathématiciens. On dira que les deux systèmes sont infiniment éloignés lorsque leur distance sera suffisante pour que leurs effets mutuels soient inappréciables (à la précision où est menée l'expérience).

versa, qui en sont responsables ; les deux systèmes y interviennent donc à la fois, indissolublement. C'est ce qui fait l'énorme différence, pour ce qui nous occupe, entre deux systèmes couplés, comme ceux que nous venons de décrire, et deux systèmes non couplés, comme ceux que nous avions d'abord considérés.

Dans ce contexte, reprenons deux systèmes $\mathcal{S}_1$ et $\mathcal{S}_2$ à *couplage macroscopique faible*, c'est-à-dire dont l'énergie d'interaction E_{1-2} est négligeable par rapport à leurs énergies propres E_1 et E_2. Autant dire que nous voilà revenus au cas initial. L'énergie E du système global que forment $\mathcal{S}_1$ et $\mathcal{S}_2$ est donc toujours, dans ce cas [1], la somme de leurs énergies respectives E_1 et E_2. Les constituants microscopiques de tels systèmes exercent néanmoins les uns sur les autres des forces non négligeables, dans un liquide ou un solide, par exemple. Mais ces forces sont *de portée microscopique* : elles s'annulent dès que les particules susceptibles de les ressentir sont séparées par une distance supérieure à quelques dixièmes de nanomètres. L'interaction entre deux systèmes macroscopiques $\mathcal{S}_1$ et $\mathcal{S}_2$ de ce type, même accolés l'un à l'autre, ne fait intervenir qu'une proportion infime de leurs constituants microscopiques, ceux qui se trouvent à un instant donné au voisinage immédiat de la frontière entre $\mathcal{S}_1$ et $\mathcal{S}_2$: seuls ceux-là peuvent « voir », pour ainsi dire, depuis $\mathcal{S}_1$ ou $\mathcal{S}_2$, des portions (microscopiques) de l'autre système, $\mathcal{S}_2$ ou $\mathcal{S}_1$. C'est ce qui explique physiquement pourquoi leur interaction est faible à l'échelle macroscopique.

Les variables d'état primitives, fondements de la description théorique

Lorsque nous l'énoncerons au chapitre suivant, le postulat fondamental fera référence à un système *isolé*. Ce qualificatif acquiert en thermodynamique une acception bien précise : tout échange avec l'extérieur est interdit à un système isolé. En parti-

---

1. Nous avons implicitement négligé, jusqu'ici, les forces gravitationnelles : entre deux seaux d'eau ou deux morceaux de cuivre, elles ne pourraient effectivement être mises en évidence que par des appareillages et des expériences très sophistiquées. Il n'en serait plus de même pour des astres ou des amas d'astres, où la gravitation jouerait au contraire un rôle primordial, étant donné les masses en jeu. De tels systèmes gravitationnels se présentent alors comme fortement couplés.

culier, les parois qui l'enferment doivent être fixes et indéformables, pour exclure tout échange de volume. Elles doivent de même être imperméables aux particules, ce qui bloque tout échange de matière, ainsi qu'à l'énergie... Ces grandeurs physiques, qui pourraient être échangées mais qui ne le sont pas puisque le système est isolé, gardent des valeurs déterminées qui permettent de caractériser l'*état thermodynamique* de ce système isolé. C'est pourquoi on les appelle « *variables d'état* », que nous qualifions en ajoutant l'adjectif « *primitives* ».

Avant de préciser la signification de ces termes, énumérons concrètement certaines de ces variables d'état primitives. Vient d'abord l'énergie qui, lorsque le système est macroscopiquement au repos – ce que nous supposerons toujours dans la suite – se confond avec l'*énergie interne U*. Suit un (ou plusieurs [1]) *nombre de moles n*, caractérisant la taille (et éventuellement la composition) du système. Participe également le *volume V* du système ou, si celui-ci est compartimenté en plusieurs sous-systèmes par des cloisons fixes et indéformables, les volumes de ces différentes parties. À celles-ci peuvent s'ajouter, suivant le problème étudié, d'autres grandeurs se comportant de manière analogue : elles pourraient être échangées entre le système et son environnement extérieur, mais l'isolement, en les séparant, bloque ces échanges.

C'est l'ensemble de ces grandeurs que nous appellerons « *variables d'état primitives* » relatives au système étudié. Le terme de « variables » souligne le fait que ces grandeurs, bien que fixées – puisque le système est isolé – peuvent néanmoins l'être sur un ensemble de valeurs : le volume V, par exemple, est une variable parce qu'on peut en choisir librement la valeur pour ce système. Nous ajoutons « variables d'état » parce que la donnée de l'ensemble de ces variables *définit l'état* macroscopique du système : quand on dit « l'état du système », cela signifie « l'ensemble des valeurs des variables d'état » ; par exemple, l'état d'un gaz pur correspond à une énergie interne U, un nombre de moles n et un volume V. Toute autre grandeur macroscopique associée au système peut être exprimée comme une *fonction des variables d'état* : si l'on se fixe une valeur pour chaque variable, il correspond à l'ensemble ainsi obtenu une valeur et une seule de

---

1. Un seul nombre de moles, n, si le système est constitué d'un corps pur unique ; plusieurs, n_1, n_2,..., s'il s'agit d'un mélange de corps purs différents.

la fonction [1]. Comme c'est des variables d'état qu'elle est fonction, on la dénomme *fonction d'état*. Enfin, nous appelons « primitives » les variables d'état particulières qui nous occupent ici parce que c'est à partir de ces variables-là que sera formulé le postulat fondamental. Il va sans dire que les variables d'état primitives doivent être indépendantes. Mais il faut aussi qu'elles soient en nombre suffisant pour prendre en compte toutes les caractéristiques physiques pertinentes du système.

On aimerait, à ce stade, décrire *la* méthode qui conduirait, pour un système déterminé, à l'énumération exhaustive, en même temps que suffisante, des variables d'état primitives qui lui sont associées. Mais une telle méthode, universelle et infaillible, *ne peut pas exister*. Cette affirmation, ou plutôt négation, renvoie à l'une des caractéristiques fondamentales et générales de la physique, que sa formulation mathématique pourrait masquer : pour l'étude thermodynamique d'un système particulier – puisque c'est de cela qu'il s'agit ici –, la détermination des variables d'état primitives exige une saine *analyse physique* du système à étudier : ordres de grandeur des divers phénomènes mis en jeu, tri des quantités physiques pertinentes... Supposons, par exemple, que le système à analyser comprenne un condensateur électrique. Il est vraisemblable que les aspects énergétiques liés au comportement électrique du condensateur devront être pris en compte dans la description thermodynamique du système. Or il existe deux paramètres fondamentaux pouvant caractériser (l'un ou l'autre) l'état électrique du condensateur : sa charge q et la différence de potentiel v entre ses deux armatures. Si l'on veut que le condensateur soit isolé (et que son état ne puisse être modifié par aucun échange avec l'extérieur), c'est la charge q qu'il convient de fixer, et c'est donc elle qui figurera parmi les variables primitives. Un condensateur peut en effet échanger de la charge avec son environnement, à travers des fils conducteurs qui le relient éventuellement à l'extérieur. Pour isoler le condensateur, il faut couper tous les contacts électriques ; la charge q du condensateur est alors fixée.

Nous voici maintenant prêts, ayant mis en place le décor dans lequel il va s'insérer, à énoncer le postulat fondamental de la thermodynamique.

---

1. La phrase qui précède peut être considérée comme la définition même d'une fonction.

Chapitre III

LE POSTULAT FONDAMENTAL
DE LA THERMODYNAMIQUE

Je suis noire mais je suis belle,
Ô Filles de Jérusalem...

Le Cantique des Cantiques.
(Traduction de Louis Isaac Lemaître de Sacy.)

Moi, l'homme,
Je sais ce que je fais.
De la poussée et de ce pouvoir même de naissance et de création
J'use, je suis maître,
Je suis au monde, j'exerce de toutes parts ma connaissance.
Je connais toutes choses et toutes choses se connaissent en moi.
J'apporte à toute chose sa délivrance.

Paul Claudel,
« L'Esprit et l'Eau »,
Cinq grandes odes.

Le postulat fondamental de la thermodynamique affirme qu'il existe, pour tout système thermodynamique, une *fonction des variables d'état primitives* : énergie interne U, nombre de moles n, volume V, auxquelles nous ajouterons x, sans préciser, pour représenter une variable d'état primitive supplémentaire, ou même plusieurs. Cette fonction est appelée *entropie* et notée généralement S :

$$S = S\,(U,\,n,\,V,\,x).$$

Elle possède les propriétés suivantes :

(1) si l'on connaît l'entropie d'un système en fonction de l'ensemble de ses variables d'état primitives, on connaît *toutes les propriétés macroscopiques* du système – lorsqu'il se trouve en équilibre thermodynamique –; c'est pourquoi la relation que nous venons d'écrire est appelée « *relation fondamentale* »;

(2) l'entropie S est une fonction croissante de l'énergie;

(3) lorsqu'on relâche une contrainte dans un système isolé, il évolue vers un nouvel état d'équilibre, correspondant au *maximum de S*, compte tenu des contraintes restantes; c'est la « *condition d'entropie maximale* ».

Qu'entend-on par « relâcher une contrainte » ? En voici un exemple simple. Un récipient divisé en deux compartiments par une cloison intermédiaire contient un gaz; l'ensemble est isolé. Lorsque la cloison est fixée, sa position impose une contrainte au système : elle détermine le volume de chacun des deux comparti-ments, ce qui influe sur la pression qui s'y exerce. Si on libère la cloison de façon qu'elle puisse coulisser librement dans le réci-pient global (supposons-le cylindrique), on a « relâché la contrainte » que constituait sa position fixe. La nouvelle position d'équilibre de la paroi correspondra au maximum d'entropie possible; on montre que ce maximum est atteint lorsque les pres-sions de part et d'autre de la cloison sont égales;

(4) pour les systèmes à couplage faible, *l'entropie est additive* comme l'est l'énergie interne : si le système est séparé en deux sous-systèmes $\mathscr{S}_1$ et $\mathscr{S}_2$, d'entropies respectives S_1 et S_2, son entro-pie S est égale à $S_1 + S_2$.

L'énoncé du point (3) est la cheville maîtresse du postulat fondamental. Nous aurons l'occasion de l'appliquer dans des situations assez variées, ce qui fera ressortir son importance en clarifiant sa signification.

Comment entendre ce postulat ?

Il ne saurait être question ici de développer de façon systé-matique les conséquences et les applications du postulat fonda-mental que nous venons d'introduire : un livre entier n'y suffirait pas, tant est riche de potentialités le domaine que couvre l'énoncé précédent et diverse la nature des systèmes auxquels il peut s'appliquer. Nous nous contenterons d'un petit nombre d'exemples dans les chapitres qui suivent.

Mais arrêtons-nous auparavant quelques instants pour contempler (presque au sens religieux du terme) ce postulat fondamental d'où toute la thermodynamique va découler. Il n'a pas, bien sûr, été gravé par quelque feu sacré sur des tables de la Loi, ni révélé à quelque physicien élu. Il est l'aboutissement d'une série de recherches ardues, d'erreurs souvent longues à débusquer, d'intuitions parfois éduquées et parfois fulgurantes, en tout cas d'un effort collectif de la communauté des physiciens (tantôt unie et tantôt déchirée), par-delà les frontières, voire les inimitiés personnelles. La notion d'entropie n'est pas tombée du ciel. Son inventeur, Rudolf Clausius [1], poursuivait un but somme toute modeste : on venait de montrer et d'admettre que la chaleur ne se conserve pas ; il était dès lors légitime de se demander si quelque chose d'autre se conservait. Cette recherche difficile amena Clausius, à travers la notion de « transformation réversible » que d'autres avaient approchée sinon clairement définie, au concept d'entropie. Et ce qui n'était au départ qu'une idée fragile, engluée dans une gangue de problèmes techniques, mais que Clausius défendait et étayait progressivement, est devenue *la notion centrale* de la thermodynamique, puisque notre postulat la brandit comme l'étendard autour duquel tout le reste doit se ranger avant de se déployer.

L'entropie est une notion difficile à cerner, mais aucun mystère religieux ni métaphysique ne l'obère. Pourtant, admis son caractère non transcendant, comment ne pas être émerveillé par la concision et la précision de l'énoncé du postulat, eu égard à l'immensité et la variété de son champ d'application ? Outre le fonctionnement des moteurs thermiques qui en a fourni le prétexte, puis celui des réfrigérateurs et des pompes à chaleur modernes, la fusion de la glace ou l'étirement d'un ruban de caoutchouc, ou la liquéfaction d'un gaz, ou la tension superficielle d'un liquide, ou la distillation fractionnée qui permet de séparer les divers corps purs d'un mélange... relèvent, et cela de façon rigoureuse et implacable, de ce petit énoncé qui tient en une demi-page. On ne peut que rester à nouveau perplexe devant

---

1. Voir la section suivante.

la puissance stupéfiante et somme toute mystérieuse de la théorie en physique : nous avons déjà cité plus haut Galilée (« Le livre de la Nature est écrit en langage mathématique ») et Einstein (« Le plus incompréhensible du monde, c'est que le monde est compréhensible »), le premier affirmant tranquillement une évidence sur l'intelligibilité de la Nature et donnant la clef de cette compréhension, le second mettant au contraire en question, en une formule qui se referme en quelque sorte sur elle-même, ce statut primordial de la théorie, statut qu'il avait lui-même tant contribué à établir et à revendiquer.

Rudolf Clausius : quelques mots sur l'homme

Né en Prusse en 1822, Clausius est mort à Bonn en 1888. Après avoir, jeune homme, envisagé quelque temps de se consacrer à l'histoire, il se décide finalement pour les mathématiques et la physique, et passe son doctorat en 1847. Or la thèse requérait, à cette époque-là, un travail et une ascèse de longue durée ; la terminer à vingt-cinq ans était en soi un exploit. Trois ans après, trois ans seulement, il publiait un article qui allait le projeter d'emblée au tout premier rang de la communauté scientifique : « Über die bewegende Kraft der Wärme und die Gesetze welche sich daraus für die Wärmelehre selbst ableiten lassen » (« Sur la force motrice de la chaleur et les lois qui peuvent s'en déduire quant à la thermodynamique elle-même »). Cet article lui valut aussitôt un poste à Berlin, dans une école d'ingénieurs.

Les publications qui suivirent, aussi remarquées, l'amenèrent au Polytechnicum de Zurich qui lui offrit, en 1855, une prestigieuse chaire de mathématiques. Il y resta douze ans – malgré le mal du pays qui le tenaillait – dans une ambiance culturelle et scientifique passionnante. En 1867 cependant, il accepta, avec quelque regret pour Zurich, un poste de professeur à l'université de Würzburg, puis à Bonn deux ans après.

Survint alors la guerre franco-prussienne. Trop âgé – il avait déjà quarante-huit ans – pour servir dans les troupes combattantes, il prit la tête d'une unité d'ambulanciers formée par des étudiants. Il y reçut une blessure, qui ne cessa de le faire souffrir le restant de ses jours. Un autre malheur l'attendait en 1875 : son épouse mourut en donnant le jour à leur sixième enfant ; ce décès, outre la douleur qu'il lui causa, le laissa seul devant la responsabilité – et les tracas quotidiens – d'élever six enfants. Depuis son arrivée à Bonn, en fait, son activité scientifique s'était ralentie, redescendant des sommets où elle s'était d'abord située. Sa fin de carrière se déroula toujours à Bonn, où il devint recteur de l'Université. Sa vie durant, sa valeur scientifique a été reconnue, comme l'énumération de ses postes officiels le laisse déjà entendre. Il a de même été élu membre honoraire de nombreuses sociétés scientifiques et s'est vu offrir divers prix, dont la fameuse médaille Copley de la Société royale britannique, en 1879 [1].

Éclosion de l'énergie interne

Dessinons d'abord à grands traits l'ambiance scientifique qui prévalait lorsque Rudolf Clausius commença sa thèse.

LE FLUIDE CALORIQUE D'ANTOINE LAURENT DE LAVOISIER

Dans les années trente régnait sans partage la *théorie du calorique*. Il s'agissait d'une *véritable théorie* – le fait qu'elle ait été démentie par la suite ne doit pas nous le faire oublier – proposée par Lavoisier lui-même en 1786 pour remplacer le modèle beaucoup plus vague du phlogistique. Deux idées fondamentales en constituaient le noyau central : (1) la chaleur totale de l'univers se conserve ; (2) la chaleur imprégnant un corps est une fonction de l'état de ce corps. Explicitons un peu ce second point. En thermodynamique, l'état d'un système homogène est défini, nous le savons, par les valeurs qu'y prennent un certain ensemble de variables d'état ; elles sont trois seulement dans le cas des fluides simples, ou deux plutôt lorsqu'il n'est pas question de faire varier

---

1. Bien qu'une controverse chauvine l'eût opposé aux Britanniques, en 1868 : « Rescension der Mayer'schen Schriften » (Recueil des écrits de Mayer) in « Literariches Zentralblatt für Deutschland » (Journal central littéraire d'Allemagne). Voir ci-après.

le nombre de moles. Une grandeur qui dépend seulement des variables d'état – et point de la manière dont le système a atteint cet état – s'appelle, depuis des temps quasi immémoriaux, une *fonction d'état*.

Une grandeur fonction d'état est, était déjà à cette époque, sujette à un traitement mathématique bien déterminé et parfaitement connu. C'est donc essentiellement l'hypothèse (2) qui joua à ce stade : partant d'une vague supposition où il était question d'un fluide impondérable, elle l'avait promue au rang de théorie prédictive, pourvue d'une ossature mathématique solide. On en tira d'ailleurs des relations dont certaines restent valables de nos jours, quoique sur des bases différentes. Ainsi de l'équation, établie par Poisson, qui lie la pression p et le volume V d'un gaz comprimé ou détendu de façon adiabatique (c'est-à-dire sans échange de chaleur avec l'extérieur) ; ainsi de la formule de Clapeyron qui exprime, pour la transition de phase liquide-vapeur, la variation avec la température de la pression de vapeur saturante [1].

La théorie du calorique suggéra des applications plus précises et plus spécifiques. C'est ainsi qu'on risqua une explication du comportement des gaz en distinguant deux formes de chaleur dans ces substances : la *chaleur libre* pouvait être mesurée à l'aide d'un thermomètre, alors que la *chaleur latente* était si intimement liée aux molécules qu'elle n'influençait aucun appareil. S'ensuivait que la température d'un gaz devait s'élever lors d'une compression, car celle-ci exprimait une partie de la chaleur latente en pressant les molécules, comme on le fait du jus d'un fruit.

LE PREMIER PRINCIPE ANCIENNE MANIÈRE

Sir James Joule en Grande-Bretagne et, indépendamment, Julius Mayer en Allemagne énoncèrent, en 1842, le *principe d'équivalence* : chaque fois que du travail est produit à partir de chaleur, cette production consomme une quantité de chaleur équivalente à ce travail, et vice versa. Par conséquent, *la chaleur totale de l'univers ne peut pas être conservée* (point 1 du paragraphe précédent), puisque la chaleur peut être créée ou absorbée selon le travail effectué par ou sur un système ; *la chaleur pré-*

---

1. Voir *infra*, p. 182.

sente dans un corps ne peut, pas plus, *être une fonction d'état* (point 2), puisqu'il faut connaître, outre la chaleur ajoutée au corps, le travail qu'on en a tiré ou qu'on lui a fourni pour aboutir à l'état auquel on s'intéresse. Sous cette forme qualifiée ci-dessus d'« ancienne manière », le premier principe de la thermodynamique implique déjà la ruine de la théorie du calorique. Cette avancée scientifique fut quelque peu obscurcie par la querelle germano-britannique concernant la priorité de la découverte : Joule était-il le premier, ou bien était-ce Mayer ? L'orgueil national se déployait dans toute son étendue, un peu boueuse par endroits. Clausius y fut mêlé (beaucoup plus tard) ; il affirma alors sans ambages ni nuances que la priorité revenait à Julius Mayer, et avec lui à l'Allemagne.

LA BOUCLE EST BOUCLÉE

Clausius apporta une contribution de tout premier plan à la formulation du premier principe. Réinterprétant les concepts de la théorie du calorique tout en prenant leur échec en compte, il postula que seule avait une existence réelle [1] la chaleur libre. La notion de chaleur latente, en revanche, devait être abandonnée : elle s'était en quelque sorte convertie en travail. Mais Clausius revenait avec insistance sur la distinction entre deux formes de travail : le *travail interne* à un corps serait une fonction d'état ; au contraire, le *travail externe*, qui fait intervenir – son nom l'indique – le milieu extérieur au corps étudié, dépend des conditions qui président à sa production. Il écrivit le principe d'équivalence sous la forme :

$$Q = H + J - W,$$

où Q était la chaleur ajoutée au corps (chaleur reçue, disons-nous), H la chaleur interne déjà présente dans ce corps (plus exactement sa variation), J le travail interne, lui aussi présent dans le corps (même remarque que pour H) et W le travail exté-

---

1. Cette expression (« existence réelle ») figure mot pour mot dans le prologue de notre livre. Nous la reprenons ici après Clausius, mais les développements futurs montreront justement que, dans le cas présent, elle est impropre.

rieur[1]. Mais Clausius dut avouer son impuissance à évaluer le travail interne. En désespoir de cause, il regroupa en une entité unique la chaleur interne et le travail interne :

$$U = H + J.$$

L'égalité précédente devient ainsi :

$$Q = U - W.$$

L'énergie interne était née, qui apportait au premier principe de la thermodynamique une dimension nouvelle : non content d'affirmer l'équivalence du travail et de la chaleur, *le premier principe introduit une fonction d'état*, l'énergie interne, qui a survécu, elle, aux vicissitudes de l'histoire et de la science.

Les molécules s'en viennent, les molécules s'en vont

Aussi surprenant que cela puisse paraître – l'article de fond de Clausius précède de vingt-deux ans le célèbre mémoire de Boltzmann[2] –, *Clausius raisonnait en termes de molécules* ; mais d'une assez curieuse façon, comme nous allons le voir.

Lorsqu'il lui parut que l'idée de chaleur latente devait être jetée par-dessus bord, il introduisit la chaleur – libre, bien entendu – interne d'une substance comme étant l'*énergie cinétique (vis viva)* des particules qui la composaient. De façon analogue, cette substance renfermait, dans son esprit, un travail interne, déterminé par la configuration des molécules ; autant dire, et il le disait, que c'était le *travail des forces d'interaction* entre molécules. On ne peut qu'être stupéfait par la modernité d'un tel raisonnement, même si (voir note 1 ci-dessous)

---

1. Un mot de mise en garde : les notions de « chaleur interne » et de « travail interne » ont été formellement abolies par la thermodynamique, au profit de la seule énergie interne ; c'est précisément elle que va introduire Clausius, mais sur des bases erronées.
2. Voir le prologue de cet ouvrage.

leur fondement thermodynamique est apparu erroné par la suite.

Mais – quelle curieuse façon de concevoir le microscopique et le macroscopique ! – Clausius considérait que les molécules l'aidaient à inventer des notions et à formuler des lois ; il tenait pourtant que les *concepts généraux* – entendez les concepts thermodynamiques – devaient s'abstraire, telles des pierres précieuses scintillantes, de cette gangue microscopique qu'il considérait comme amorphe, vile et subalterne : les grandeurs et relations thermodynamiques devaient se suffire à elles-mêmes, c'est-à-dire s'exprimer *sans référence aux molécules*. Car les modèles moléculaires, pensait-il, étaient trop vagues, trop flous dans leurs principes, pour pouvoir être pris au pied de la lettre ou crus sur parole : il était nécessaire de les brider, de les encadrer par les relations générales de la thermodynamique. Voilà qui nous ramène, inopinément, au sujet même qui a servi de prétexte à ce livre : les conceptions du grand Clausius sur les molécules et leur rôle versent une contribution inattendue et originale à la question titre.

La grande découverte de Clausius : l'entropie

Die Energie der Welt ist constant ; die Entropie strebt eine Maximum zu.

Rudolf CLAUSIUS.

Le mémoire de Sadi Carnot (1824)[1], dont l'importance et la pertinence étaient maintenant, au milieu du siècle, unanimement reconnues, introduit une *fonction universelle de la température* et en déduit un *théorème*, qui n'a cessé depuis de porter le nom de son inventeur : tous les moteurs idéaux – nous dirions aujourd'hui « réversibles[2] » – doivent fournir des quantités égales de travail à partir de quantités égales de chaleur pourvu qu'ils fonctionnent entre les mêmes températures, quelle que soit

---

1. Voir *supra*, p. 62.
2. Chapitre VI, « Un mot sur la notion subtile de réversibilité », et appendice de ce chapitre.

la substance qu'ils utilisent. Prouver ce théorème exige visiblement l'invention d'un nouveau principe, en sus du premier.

Clausius s'attaqua à la démonstration du théorème de Carnot par la méthode de l'absurde : il s'agissait de montrer que, si le théorème n'était par hypothèse pas valable, alors on aboutissait à une contradiction. Mais contradiction avec quoi ? Clausius choisit comme pierre de touche l'affirmation suivante : *la chaleur s'écoule naturellement*, c'est-à-dire toujours, *d'un corps plus chaud vers un corps plus froid*. Donc, la preuve du théorème de Carnot s'agençait ainsi : supposons qu'un moteur idéal ne satisfasse point aux conditions énoncées ci-dessus ; on peut alors en déduire que, avec ce moteur, il est loisible de transférer de la chaleur d'un corps plus froid à un corps plus chaud.

Suivant ce raisonnement – il est trop tarabiscoté pour que nous le reproduisions ici – et s'appuyant sur la fonction universelle de la température [1] introduite par Carnot, Clausius créa une nouvelle fonction d'état. En réalité, il n'était pas le seul à avoir proposé cette nouvelle fonction d'état, qu'il appela par la suite *entropie* : presque simultanément, elle avait été inventée par Rankine [2], et Kelvin [3] lui-même avait poursuivi des idées allant très loin dans la même direction. Alors ? À nouveau des querelles de priorité ? Que non pas ! Car Clausius sut produire, à propos de l'entropie, une idée tellement fondamentale qu'elle laissa sur place, sans réaction, ses éventuels compétiteurs.

Explicitons en quelques phrases. Les moteurs de Carnot étaient idéaux, c'est-à-dire réversibles. L'analyse de leur fonctionnement déboucha sur la définition de l'entropie, fonction d'état. Mais l'intuition géniale de Clausius fut d'examiner les *processus irréversibles*, non idéaux par conséquent. Il constata alors que si, au cours d'une transformation irréversible, l'entropie décroissait, cela équivalait à un flux de chaleur s'écoulant d'une température plus basse vers une température plus élevée. Et cela, répéta-t-il encore une fois, serait contraire au comportement normal de la chaleur. Ainsi, la *variation de l'entropie*, lors d'une

---

1. Cette « fonction universelle » n'est rien d'autre que la température absolue qui a été définie plus tard (voir chapitre IV, « Température, pression, potentiel chimique »).

2. William John Macquorn Rankine, Écossais (1820-1872).

3. William Thomson, Lord Kelvin (1824-1907), Irlandais de naissance, Écossais par sa première chaire (Glasgow), puis Anglais (président de la Société royale de Londres à partir de 1890).

transformation d'un système isolé, *est nécessairement positive ou nulle*; et la variation n'est nulle (entropie inchangée) que si la transformation est réversible. La voilà donc, cette célèbre *inégalité de Clausius*, qui est avec nous depuis 1850, et dont la rigueur et la beauté égalent celles d'un joyau; un peu sombre, peut-être?

La phrase de Clausius en exergue de cette section résume, dans un raccourci saisissant, sa contribution capitale à la thermodynamique : « *L'énergie du monde est constante; l'entropie tend vers un maximum.* »

Chapitre IV

TEMPÉRATURE, PRESSION, POTENTIEL CHIMIQUE

Voici venir les temps où, vibrant sur sa tige,
Chaque fleur s'évapore ainsi qu'un encensoir;
Les sons et les parfums tournent dans l'air du soir;
Valse mélancolique et langoureux vertige.

Charles BAUDELAIRE,
« Harmonie du soir »,
Les Fleurs du mal.

Sí. Sin duda alguna es la noche, ese misterio por el que el escritor se dejaría matar como por el honor de una novia jóven, hermosa e injuriada.
Sí. Es la noche negra, la noche que se reitera como un beso, la noche que permanece como una bella presencia que se ata al clavo ardiendo del recuerdo.

Oui. Sans aucun doute possible c'est la nuit, ce mystère pour lequel l'auteur se laisserait tuer comme pour l'honneur d'une fiancée jeune, belle et outragée. Oui. C'est la nuit noire, la nuit qui se répète comme un baiser, la nuit qui persiste comme une délicieuse présence qui vient se nouer au fer rouge du souvenir.

Camilo José CELA,
Cajón de sastre.
(Traduction de l'auteur.)

Nous voilà donc embarqués dans le processus « hypothético-déductif » que nous attendions depuis le début de cette deuxième partie. Nous verrons apparaître, à partir du postulat fondamental – évidemment! –, des grandeurs physiques nouvelles qui auront chacune leur incarnation dans la réalité expérimentale.

Cela leur conférera une existence propre, puisqu'elles seront reconnues tant du point de vue expérimental que du point de vue théorique.

Premier acte thermodynamique : définition des grandeurs conjuguées

LA NOTION DE DÉRIVÉE

La dérivée d'une grandeur y par rapport à une grandeur x reflète la rapidité avec laquelle les variations de x font varier y : on pourrait l'appeler le *taux de variation* de y sous l'influence de x.

Exemple connu de tous, la *vitesse* est la dérivée de la distance parcourue par rapport au temps. C'est elle qu'indique le compteur kilométrique d'une voiture. Mais on peut poursuivre : l'accélération est la dérivée de la vitesse par rapport au temps ; elle caractérise donc le taux d'accroissement de la vitesse dans le temps : par exemple, en une seconde, la vitesse passe de 3 mètres par seconde à 3,1 mètres par seconde.

La thermodynamique introduit et manie les dérivées de la fonction fondamentale entropie S par rapport aux variables d'état primitives. La dérivation, technique mathématique, permet d'accéder aux *grandeurs conjuguées* des variables d'état primitives.

GRANDEURS CONJUGUÉES

On définit la *température* T à partir de la dérivée de l'entropie S par rapport à l'énergie interne U ; la *pression* p à partir de la dérivée de l'entropie S par rapport au volume V du système ; le *potentiel chimique* μ à partir de la dérivée de S par rapport au nombre de moles n. Sans doute existerait-il une *grandeur conjuguée* X associée par la même méthode (dérivation de l'entropie S) à toute autre variable primitive x.

La *température* T est toujours positive [1]. Elle se mesure en *kelvins* [2]. La température a sa propre histoire, depuis les travaux d'Anders Celsius en Suède (1742) qui suivaient ceux de Daniel Fahrenheit en Allemagne (1715). Celle dont il est question ici, aboutissement de cette histoire, est parfois appelée « *température absolue* ». La « température Celsius », que l'on utilise tous les jours (au moins dans nos pays) en météorologie et dans les hôpitaux (pardon ! dans les hôpitaux, deux fois par jour, vers sept heures et seize heures...) est tout simplement T moins 273,15, et on l'exprime en « degrés » : « il fait aujourd'hui moins 36 degrés au Québec », ou « il faisait 40 degrés à l'ombre et, en outre, il n'y avait pas d'ombre », ou « il faut absolument faire chuter la température de cet enfant fiévreux, par des enveloppements »... Toutes ces phrases de la vie courante parlent de la grandeur physique T. Sauf qu'il est plus commode, pour que les nombres mesurant cette grandeur soient plus accessibles à l'intuition, de suivre Celsius dans sa définition initiale : la température de la glace fondante est de zéro degré Celsius, celle de l'eau bouillante (sous la pression atmosphérique) de cent degrés Celsius ; c'est là l'origine du 273,15 qu'on retranche systématiquement à T pour obtenir une température utilisable quotidiennement [3].

La seconde grandeur conjuguée, la *pression*, existait déjà en mécanique : c'est une force par unité de surface. On peut montrer explicitement que la pression thermodynamique, que nous venons de définir, s'identifie avec la pression mécanique. Cette grandeur est, elle aussi, *toujours positive* [4]. Nous allons – ce sera notre première application du postulat fondamental – montrer que c'est la condition d'entropie maximale (point (3) du postulat) qui en décide ainsi. Supposons en effet que la pression dans un corps soit *négative*. Cela signifie qu'est pareillement négative la dérivée de l'entropie par rapport au volume. En réalité, la relation est évidemment réciproque. Si ce slalom entre dérivées et signes vous fait un peu tourner la tête, relisez calmement ce qui suit, qu'il suffit d'admettre si l'on veut seulement poursuivre :

---

1. Cette caractéristique, fondamentale, découle directement du postulat, point (2).

2. William Thomson, Lord Kelvin (1824-1907).

3. Ne parlons pas de la température Fahrenheit, qui a perdu la bataille à l'échelle internationale.

4. La pression se mesure en *pascals*, unité qu'ont rendue populaire les hectopascals que « Monsieur Météo » distille quotidiennement.

pression positive (ou négative) signifie dérivée de l'entropie S par rapport au volume V de même signe (positive dans la première éventualité, négative dans la seconde). Nous nous imaginons donc en présence d'un corps pour lequel (pression négative) la dérivée de S par rapport à V est négative. Cela signifie que l'entropie S croît quand le volume décroît. Dans de telles conditions, comme dans toutes les autres quelles qu'elles soient, le corps tend vers l'état qui lui donne l'*entropie maximale* et qui est, pour cette raison, son état d'équilibre (point (3) du postulat) ; son volume va donc décroître autant qu'il le peut pour que son entropie croisse autant qu'elle le peut. Ou bien cette évolution va finir par annuler sa pression, point où elle va s'arrêter ; ou bien ce répit ne va pas pouvoir se réaliser, auquel cas le corps implosera avec fracas. En termes plus mesurés, un corps de pression négative ne peut pas être stable. Le volume du récipient qui le contient est en effet une donnée imposée par l'extérieur, à laquelle le corps lui-même doit se conformer. Mais si sa pression était négative, il se recroquevillerait sur lui-même, se décollant des parois, car il tendrait à occuper, spontanément, un volume inférieur à celui du récipient pour tenter de satisfaire finalement la condition d'entropie maximale.

Le *potentiel chimique* μ, dont l'interprétation est moins concrète, peut suivant les cas être *positif ou négatif*. Si le système mélange plusieurs corps purs, on définit le potentiel chimique de chacun d'eux suivant le même principe : la dérivée de l'énergie interne U par rapport au nombre de moles de ce corps pur particulier est par définition le potentiel chimique de ce corps pur dans le mélange[1].

Qu'est-ce qu'une équation d'état ?

Ce que nous avons dit de la *relation fondamentale* en explicitant le postulat de la thermodynamique est certes pertinent, mais les systèmes dont la relation fondamentale est vraiment connue

---

1. Nous supposons que les divers corps purs du mélange ne réagissent pas chimiquement les uns avec les autres (quoique la thermodynamique puisse aussi analyser les réactions chimiques).

sont exception, très rare exception. Cela n'empêche pas la démonstration de résultats (la prédiction du signe de la pression, ci-dessus, en est un exemple), ni l'établissement de relations. C'est d'ailleurs la vertu cardinale de la thermodynamique (déduite du postulat fondamental) que de permettre ainsi de « dire certaines choses », les unes parfaitement générales, les autres s'appliquant au contraire à un type de systèmes plus particulier (qui se distinguent par le nombre, bien précis, de leurs variables d'état primitives, ou par leur nature spéciale), sans que la relation fondamentale de ces systèmes n'en soit connue le moins du monde. Le simple fait de *savoir qu'il existe une relation fondamentale* (possédant les propriétés énumérées dans le postulat) permet des raisonnements d'une sorte très particulière, qui font de la thermodynamique une science aussi remarquable, aussi distincte ; nous en verrons dans peu de temps des exemples emblématiques avec les problèmes d'équilibre mutuel.

Toutefois, on utilise souvent aussi ce qu'on appelle des « *équations d'état* ». D'une façon générale, une équation d'état est, pour un système physique donné, une relation que vérifient les différentes grandeurs définies sur ce système lorsqu'il est en équilibre. Dans le cadre de cette définition générale, la relation fondamentale, si elle est connue explicitement, est donc elle-même une équation d'état ; c'est même l'équation d'état par excellence puisqu'elle renferme toute l'information sur les propriétés du système et qu'elle fournit par conséquent toutes les autres équations d'état qu'on peut souhaiter connaître. Le plus souvent cependant, nous l'avons dit, la relation fondamentale n'est pas élucidée. On peut néanmoins avoir accès à une (ou plusieurs) équation(s) d'état du système ; l'origine peut en être l'observation d'une régularité dans le comportement de tel type de systèmes, ou bien l'organisation (en langage mathématique) d'un ensemble de résultats expérimentaux, ou bien encore la conséquence d'une hypothèse théorique ou d'un modèle simplifié [1].

Prenons l'exemple d'un gaz simple, dont les états peuvent être caractérisés par trois variables. Si l'on s'en tient aux variables primitives, ce sont l'énergie interne U, le nombre de

---

1. Dans de tels cas, on appelle « modèle » une théorie sommaire qui néglige certains aspects de la réalité ou de la théorie véritable pour aboutir à une forme explicitement traitable par les techniques normales du calcul analytique.

moles n et le volume V. Étant donné la difficulté de mesurer l'énergie U, on préfère assez souvent la remplacer, en tant que variable d'état, par la température T, plus accessible à l'expérience. Choisissons donc $\{T,n,V\}$ pour caractériser l'état du gaz. Toutes les autres grandeurs qui lui sont associées, en particulier sa pression p, sont alors déterminées par la donnée de ces trois variables. Si nous avions choisi $\{T,n,p\}$ comme variables d'état, le volume V du fluide en serait une fonction. Bref, il existe nécessairement une relation liant les quatre grandeurs évoquées. Cet argument n'apporte en soi *aucune information* sur les propriétés réelles du fluide. Mais, à partir de considérations théoriques ou phénoménologiques, qui comportent le plus souvent des approximations, on peut obtenir cette relation sous forme explicite, au moins dans certains domaines de valeurs des paramètres. Ainsi un gaz *a priori* quelconque, s'il est suffisamment dilué (c'est-à-dire si le nombre de moles par unité de volume est suffisamment petit), obéit avec une bonne approximation à l'*équation d'état des gaz parfaits*, qui s'écrit

$$pV = nRT,$$

où R est la « constante des gaz parfaits » (R vaut 8,31 joules par kelvin). Pour des gaz moins dilués, ou pour une meilleure approximation, il faut faire appel à une équation d'état moins simple, par exemple celle de van der Waals[1] :

$$(p+a/V^2)\ (V-nb) = nRT$$

(a et b sont deux paramètres phénoménologiques, qui changent d'un gaz à l'autre). Cette équation d'état a été proposée par van der Waals en 1873. Elle a joué un rôle de tout premier plan au tournant du XXe siècle, car elle a notamment permis de prédire de façon fiable les conditions dans lesquelles chaque gaz pouvait être liquéfié (voir chapitre VII).

On connaît des équations d'état pour d'autres systèmes. Par

---

1. On sait, en mécanique statistique, démontrer l'équation de van der Waals pour un gaz suffisamment dilué. Mais curieusement, sans qu'on en connaisse la raison, l'équation s'applique encore telle quelle dans des domaines de paramètres très différents; elle décrit même assez bien les liquides.

exemple, dans un condensateur électrique, la charge q d'une des armatures et la différence de potentiel v entre armatures sont proportionnelles ; le coefficient de proportionnalité, qu'on appelle la « capacité » du condensateur, dépend toutefois de sa forme géométrique et de la température. Dans le cas du ressort élastique le plus simple, on a de nouveau une proportionnalité entre la force exercée par (ou sur) le ressort et son allongement (ou sa compression), grâce à la « constante de rappel » du ressort. Donnons encore un autre exemple. Une substance paramagnétique [1] (telle que l'oxygène, le sodium ou l'aluminium), soumise à un champ magnétique, acquiert une *aimantation* [2]. On peut, à partir d'observations expérimentales ou d'un modèle théorique (et toujours moyennant certaines approximations), établir que l'aimantation d'un échantillon paramagnétique ne dépend du champ magnétique B et de la température T qu'à travers leur rapport B/T. Voilà encore un embryon d'équation d'état.

Bien entendu, une équation d'état doit être *compatible avec le formalisme général* de la thermodynamique. Celui-ci ne donnera jamais par lui-même une équation d'état (une telle équation apporte une information spécifique, puisque la relation fondamentale n'est pas connue), mais il impose certaines contraintes sur la forme qu'elle peut prendre. Nous en verrons quelques exemples par la suite.

Une simplification bienvenue : extensivité ou intensivité

Voici un type de propriété très simple et très utile, quoique restreint aux systèmes à couplage macroscopique faible [3]. Imaginons que nous voulions étudier un système $\mathcal{S}$, *a priori* quel-

---

1. Pour ce qui est de leurs propriétés magnétiques, les corps se rangent en trois classes distinctes. Les *ferromagnétiques* sont ceux qui forment des aimants permanents. Les *paramagnétiques* et les *diamagnétiques* ne se distinguent qu'en présence d'un champ magnétique : les premiers sont attirés par les régions de fort champ ; les seconds en sont repoussés, et ceci de façon beaucoup plus faible.

2. L'aimantation est par définition le moment magnétique par unité de volume.

3. Voir *supra*, p. 74.

conque (gaz, échantillon d'un liquide, fragment d'un solide...). Supposons maintenant que nous disposions d'un système $\mathcal{S}'$ identique au premier (du point de vue macroscopique) tant par le matériau que par la taille : $\mathcal{S}$ et $\mathcal{S}'$ ont même énergie interne $U(1)$, même nombre de moles $n(1)$, même volume $V(1)$, mais aussi même température $T(1)$, même pression $p(1)$, etc. Amenons $\mathcal{S}$ et $\mathcal{S}'$ côte à côte, et supprimons la cloison qui les sépare éventuellement. Nous obtenons ainsi un système global $\mathcal{S}(2)$, réunion de $\mathcal{S}$ et $\mathcal{S}'$, de *même nature* qu'eux mais de *taille double*. Analysons le comportement des diverses grandeurs lorsqu'on passe de $\mathcal{S}$ (ou $\mathcal{S}'$) à $\mathcal{S}(2)$.

Le volume a visiblement doublé, par construction même de $\mathcal{S}(2)$. De façon semblable, les nombres de moles de $\mathcal{S}$ et $\mathcal{S}'$ s'ajoutent, puisque aucune particule n'a quitté l'ensemble ; le nombre de moles $n(2)$ de $\mathcal{S}(2)$ est donc double de celui de $\mathcal{S}$. Sont dites *extensives* les variables ou grandeurs dont la valeur est ainsi multipliée par 2 quand la taille du système l'est. L'énergie interne est, elle aussi, une grandeur extensive dans le cas du couplage faible [1], ainsi que l'entropie (postulat fondamental, point (4)).

Mais il existe une autre catégorie importante de variables et de grandeurs : ce sont celles qui restent inchangées dans l'opération précédente où l'on double la taille du système. On les qualifie d'*intensives*. Les exemples les plus simples que l'on puisse en donner sont les rapports de deux grandeurs extensives : nombre de moles par unité de volume n/V, énergie interne par mole U/n... Mais ce ne sont pas les seuls. Certaines grandeurs sont *intrinsèquement intensives* : on montre sans peine, à partir de leur définition, que c'est le cas pour la température T, la pression p, le potentiel chimique μ et, de façon générale, pour *toute grandeur conjuguée d'une variable d'état extensive*. En effet, lorsqu'on dérive la grandeur extensive qu'est l'entropie S par la variable extensive qu'est l'énergie interne U, le résultat – et donc la température T – est intensif ; il en va de même pour la pression p, qu'on obtient en dérivant S par rapport au volume V ; pour le potentiel chimique μ découlant de S dérivée par rapport au nombre de moles n ; de façon très générale pour une grandeur X qui se déduit de la dérivée de S par rapport à une variable d'état primitive x extensive.

---

1. *Ibid.*

Dans ce qui précède, nous avons comparé un système à un autre de même nature, mais de taille double. On comprendra facilement que le facteur 2 n'a pour vertu que sa simplicité : nous aurions pu tout aussi bien, quoique de façon moins immédiate à expliquer, multiplier par un facteur λ quelconque la taille du système ; les grandeurs extensives seraient alors multipliées par ce même facteur λ, les grandeurs intensives gardant, dans tous les cas, même valeur. Il ne faut pas croire cependant que les grandeurs physiques sont toujours soit extensives, soit intensives : si l'on a par exemple à considérer le quotient d'une grandeur extensive par le carré d'une autre grandeur extensive, ce rapport est *divisé par deux* quand la taille du système est doublée. Pourtant, les grandeurs qu'on manipule le plus couramment et le plus volontiers sont soit extensives, soit intensives.

Chapitre V

L'ACTE THERMODYNAMIQUE PAR EXCELLENCE :
RECHERCHE DE L'ÉQUILIBRE

Ils sont ! Ils vont ! ceux-ci brillants, ceux-là difformes,
Tous portant des vivants et des créations !
Ils jettent dans l'azur des cônes d'ombre énormes,
Ténèbres qui des cieux traversent les rayons,
Où le regard, ainsi que des flambeaux farouches
L'un après l'autre éteints par d'invisibles bouches,
Voit plonger tour à tour les constellations.

Victor Hugo,
« Magnitudo Parvi »,
Les Contemplations.

Quizás nada más bello puede haber que el dar la razón al que la tiene. Por ser una la razon no es patrimonio de nadie, como el color del cielo, o mirando las cosas del otro lado, es patrimonio de todos, igual que el agua fresca de la fuente.

Sans doute ne peut-il y avoir rien de plus beau que de donner raison à celui qui a raison. Comme elle est une, la vérité n'est patrimoine de personne, comme la couleur du ciel, ou bien, si l'on regarde les choses de l'autre côté, elle est patrimoine de tout le monde, à l'égal de l'eau fraîche de la source.

Camilo José Cela,
Cajón de sastre.
(Traduction de l'auteur.)

L'équilibre d'un système macroscopique peut être analysé selon deux points de vue complémentaires. Dans le *premier point de vue*, le système est traité en bloc ; c'est pour son ensemble que sont définies, directement, les variables d'état et leurs grandeurs conjuguées : un volume et un seul, une température et une seule... dont la constance dans le temps caractérise et exprime l'équilibre. *Le second point de vue* paraît de prime abord plus riche, plus souple, plus exigeant aussi et plus complexe ; on imagine – il n'est pas nécessaire que cela soit toujours concrétisé par des cloisons matérielles – que le système, le même que ci-dessus, est divisé en deux ou plusieurs sous-systèmes ; pour chacun d'eux on définit des variables et grandeurs appropriées ; celles-ci doivent alors vérifier un faisceau de relations qu'impose, précisément, *l'équilibre du système global.* Tout est question de perspective, finalement, c'est-à-dire de commodité dans l'analyse. Pourtant, la manière d'éclatement que nous avons envisagée en second lieu, si elle converge à nouveau vers l'équilibre global, conserve, ce faisant, des traces précieuses de son origine.

Écriture des conditions d'équilibre

L'état macroscopique d'un système à l'équilibre est défini sans ambiguïté par les valeurs d'un ensemble de variables. Ces valeurs sont fixées par les conditions mêmes de l'expérience envisagée et sont donc imposées au système par l'opérateur qui le prépare. Ce sont les *paramètres extérieurs.* Dans le cas où le système est isolé, l'ensemble des paramètres extérieurs s'identifie avec l'ensemble des variables d'état primitives [1].

Les autres grandeurs extensives que l'on peut mesurer sur le système sont déterminées par ces paramètres extérieurs ; leur valeur n'est plus directement imposée par l'opérateur lorsqu'il met en place le système ; elle est en quelque sorte « choisie » par le système lui-même, compte tenu à la fois de sa structure propre et des paramètres extérieurs auxquels il est soumis. Les grandeurs de ce deuxième type sont appelées « *variables internes* ».

Attention ! Suivant les conditions expérimentales objectives, une même grandeur physique sera paramètre extérieur ou variable interne.

---

1. Voir *supra*, p. 76.

Prenons un exemple simple, celui d'un condensateur électrique. Sa charge q est un paramètre extérieur lorsque ses armatures sont isolées l'une de l'autre [1] : elle est déterminée, de l'extérieur, par la façon dont le condensateur a été mis sous tension. C'est alors une variable d'état primitive, et l'entropie du condensateur dépend de sa valeur [2]. Si, dans ce même condensateur, toujours isolé de l'extérieur, les armatures sont reliées l'une à l'autre par un fil conducteur, la charge q n'est plus imposée par le protocole expérimental : les électrons des deux armatures métalliques sont libres de passer de l'une à l'autre, transférant ainsi de la charge électrique. Le condensateur est alors à même de « choisir » la valeur de sa charge, qui est donc devenue variable interne : q ne figure plus dans la relation fondamentale, et sa valeur s'établit à partir de celles des paramètres extérieurs imposées au condensateur.

Dans cette dernière situation où les armatures du condensateur sont reliées par un fil conducteur, toutes les valeurs de q sont *a priori* possibles. À l'équilibre pourtant, le condensateur porte une charge déterminée. Quelle est sa valeur ?

La réponse est fournie par le postulat fondamental (vous en doutiez ?) : la valeur que prend la charge q est *celle qui rend l'entropie maximale*. Concrètement, voici comment il faut mener ce calcul. On évalue l'entropie du condensateur *comme si sa charge était fixée de l'extérieur* (plus de fil conducteur entre les deux armatures). Notons $\bar{S}$ cette entropie, que nous calculons pour tout un échantillonnage de valeurs de q imposées, les paramètres extérieurs restant fixés ; $\bar{S}$ n'est pas la véritable entropie S du condensateur lorsqu'il est à l'équilibre : la charge q prend dans cet équilibre une valeur déterminée et une seule. Mais c'est $\bar{S}$ qu'il nous faut connaître pour en déduire sa variation par rapport à q, que nécessite l'écriture de la *condition d'équilibre* du condensateur : la condition d'entropie maximale exige que la variation de $\bar{S}$ par rapport à q soit nulle, comme s'annule la pente d'une côte lorsqu'on en atteint le sommet.

Généralisons. Les conditions d'équilibre régissant un système *isolé* sont fournies par la recette suivante. On calcule l'entropie $\bar{S}$ du système en fonction de ses variables d'état primitives (paramètres extérieurs) *et* des variables internes *comme si*

---

1. Voir *supra*, p. 78.
2. Voir *supra*, p. 80.

celles-ci étaient également fixées. D'après le postulat fondamental, l'équilibre correspond aux valeurs des variables internes qui rendent cette entropie $\bar{S}$ maximum. En égalant à zéro les dérivées de $\bar{S}$ par rapport aux variables internes, on écrit autant de *conditions d'équilibre* qu'il y a de variables internes ; on a donc *a priori* autant d'équations qu'il est nécessaire pour déterminer les variables internes en fonction des paramètres extérieurs.

Exemple emblématique : contact thermique et chaleur

Poursuivons notre recherche d'équilibre dans une situation plus riche. Nous raisonnons sur deux systèmes thermodynamiques dont la composition, c'est-à-dire le nombre de moles, va rester fixée. Les échanges d'énergie entre eux peuvent être provoqués par le travail mécanique des forces qu'ils exercent l'un sur l'autre. Mais on sait depuis longtemps (James Joule et Julius Mayer, 1842) qu'ils peuvent échanger de l'énergie sans qu'il y ait travail mécanique : tout simplement, *nous définissons la chaleur* comme l'énergie échangée qui n'est pas du travail.

Les deux systèmes que nous examinons peuvent être à même d'échanger librement de la chaleur ; ils sont alors en *contact thermique.* Cet échange se fait ordinairement à travers une paroi commune (paroi *diatherme*) ; mais il est bloqué si la paroi se double d'un isolant thermique (paroi *adiabatique*).

Revenons maintenant à nos deux systèmes $\mathscr{S}_1$ et $\mathscr{S}_2$ enfermés dans des récipients adjacents. *Initialement*, ils sont séparément *isolés et à l'équilibre* : les parois qui les enferment et la cloison qui les sépare sont fixes, indéformables et adiabatiques ; elles ne permettent aucun échange d'énergie ni de matière. Les variables d'état primitives du système global $\mathscr{S}$ que composent $\mathscr{S}_1$ et $\mathscr{S}_2$ s'obtiennent en réunissant les deux ensembles de variables qui se rapportent à $\mathscr{S}_1$ et $\mathscr{S}_2$: $[U_1,n_1,V_1,x_1 ; U_2,n_2,V_2,x_2]$. Dans l'état d'équilibre initial, toutes ces variables sont fixées par la façon dont le système a été préparé ; ce sont donc des paramètres extérieurs du système global dans cet état initial.

Mais *nous relâchons maintenant une contrainte*, en rendant diatherme la cloison qui sépare $\mathscr{S}_1$ et $\mathscr{S}_2$: on retire l'isolant thermique qui la double, mais elle reste fixe et imperméable à la matière ; les deux systèmes se trouvent ainsi en contact thermique, et non plus isolés l'un de l'autre. Mais leur contact est purement thermique, puisqu'ils peuvent échanger de la chaleur, mais seulement de la chaleur. Plus techniquement, la contrainte qui a été supprimée est celle qui fixait séparément les énergies internes U_1 et U_2, c'est-à-dire la répartition de l'énergie totale U (qui reste immuable, elle, puisque les parois extérieures de l'ensemble des deux systèmes restent adiabatiques) entre les deux sous-systèmes $\mathcal{S}_1$ et $\mathcal{S}_2$ de $\mathcal{S}$. Le relâchement de la contrainte entraîne, dans le système $\mathcal{S}$, une évolution qui aboutit à un *nouvel état d'équilibre*.

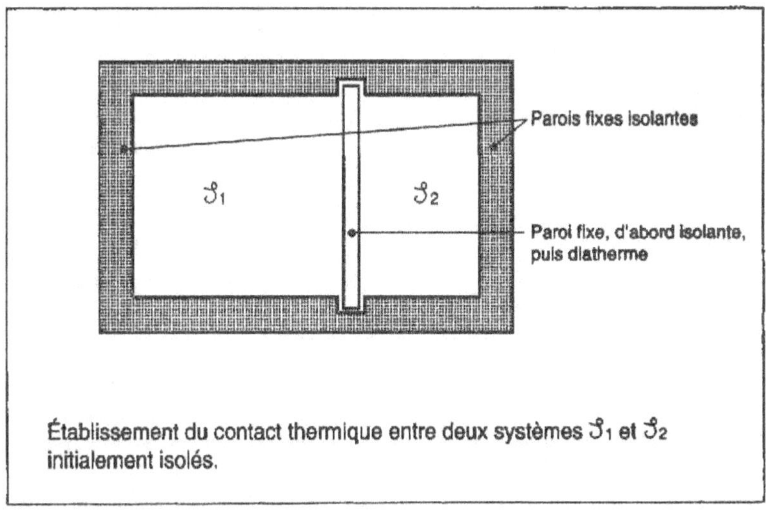

Établissement du contact thermique entre deux systèmes $\mathcal{S}_1$ et $\mathcal{S}_2$ initialement isolés.

Dans cet état d'équilibre final, les énergies internes U_1 et U_2 ne sont plus imposées, comme précédemment, par la construction même du système global $\mathcal{S}$; c'est celui-ci qui « choisit » leur valeur, selon sa propre dynamique. Le relâchement de la contrainte a fait de U_1 et U_2 des « *variables internes* ». Mais l'énergie globale U reste un paramètre extérieur (pas d'échange entre $\mathcal{S}$ et l'extérieur), et donc l'énergie U_2 de $\mathcal{S}_2$ est déterminée (par différence entre U et U_1) dès que l'énergie U_1 de $\mathcal{S}_1$ l'est. On a donc véritablement affaire à *une seule variable interne*, disons U_1. Les autres variables d'état restent paramètres extérieurs. Énumérons-les pour éviter toute confusion : U ; n_1, V_1, x_1 ; n_2, V_2, x_2. Les six dernières ne sont pas touchées par les échanges thermiques ; la première reste le seul paramètre extérieur qui remplace les énergies U_1 et U_2, puisque l'une de ces dernières est devenue variable interne.

Quelle est alors la valeur U_{1e} [1] à laquelle aboutit la variable interne U_1 dans l'équilibre final ? La réponse à cette question va nous être apportée par la *condition d'entropie maximale*.

Condition d'équilibre thermique

Selon le postulat fondamental, l'entropie du système global $\mathcal{S}$ doit être maximum dans l'état d'équilibre final, compte tenu des contraintes restantes, c'est-à-dire pour U ; n_1, V_1, x_1 ; n_2, V_2, x_2 (paramètres extérieurs) fixés ; ce maximum est donc celui de l'entropie comme fonction de l'unique variable libre qui reste, savoir la variable interne U_1.

Avant de détailler le raisonnement, présentons aussitôt le résultat qui va, à coup sûr, paraître naturel : la condition d'équilibre s'exprime par l'*égalité des températures* T_1 et T_2 des deux systèmes auxquels on a permis d'échanger de la chaleur. Cette égalité, rappelons-nous, est en réalité *l'équation qui détermine* U_{1e}, valeur d'équilibre de la variable interne U_1, en fonction des paramètres extérieurs, c'est-à-dire qui régit la répartition de l'énergie totale U entre les deux systèmes $\mathcal{S}_1$ et $\mathcal{S}_2$ (considérés ici comme sous-systèmes de leur réunion $\mathcal{S}$). On ne sera pas surpris de constater que deux systèmes qui échangent de la chaleur tendent vers un équilibre où leurs températures se sont égalisées.

Pour naturelle qu'elle apparaisse, cette conclusion exige pourtant une démonstration : d'une part, en effet, nous avons *défini* la grandeur température *ex nihilo* – bien entendu, cette définition n'a pas été choisie au hasard : nous savions à l'avance à quoi elle devait servir – ; d'autre part, l'équilibre thermique entre deux systèmes *doit* découler du postulat fondamental et de rien d'autre, fût-ce d'une intuition prétendument « naturelle ».

Si nous voulons pouvoir écrire la condition d'entropie maximale qui gouverne l'équilibre final, il nous faut connaître l'entro-

---

1. e pour « équilibre ».

pie du système global $\mathcal{S}$ *pour chaque valeur de* U_I, les paramètres extérieurs (recensés à la fin de la section précédente) restant fixés aux valeurs qui leur ont été imposées. Pour clarifier l'argument, nous notons comme ci-dessus $\bar{S}$ cette entropie du système $\mathcal{S}$ lorsque la valeur de U_I est également fixée : ainsi, $\bar{S}$ est fonction de $U, n_1, V_1, x_1, n_2, V_2, x_2$, paramètres extérieurs, mais aussi de U_I. C'est cette fonction qui doit être maximale par rapport à la variable interne U_I (les paramètres extérieurs restant constants); la valeur U_{Ie} que prend cette variable dans l'état final est solution de la *condition d'équilibre* qui impose à la dérivée de $\bar{S}$ par rapport à U_I d'être nulle.

Si le couplage entre $\mathcal{S}_1$ et $\mathcal{S}_2$ est faible, l'hypothèse d'additivité du postulat fondamental (point (4)) donne l'entropie $\bar{S}$ du système global comme somme de celles, S_1 et S_2, des deux sous-systèmes. Ensuite, un exercice trivial de technique analytique donne la dérivée de $\bar{S}$ par rapport à U_I comme la différence des dérivées de S_1 par rapport à U_I et de S_2 par rapport à U_2. Mais ces dernières dérivées sont *directement reliées aux températures* T_1 et T_2 des deux sous-systèmes. La condition d'équilibre aboutit donc simplement à l'*égalité des températures* T_1 et T_2 des deux systèmes auxquels on a permis d'échanger de la chaleur.

Quelques autres exemples analogues

Revenons encore une fois aux deux systèmes $\mathcal{S}_1$ et $\mathcal{S}_2$ *initialement isolés*. On relâche ici des contraintes de façon que la cloison intermédiaire devienne *à la fois diatherme et mobile*. Le raisonnement est analogue à celui du paragraphe précédent, sauf qu'on doit traiter simultanément *deux variables internes* : l'énergie U_I et le volume V_I du système $\mathcal{S}_1$ (l'énergie U_2 et le volume V_2 du système $\mathcal{S}_2$ étant simplement $U - U_I$ et $V - V_I$, où U et V sont l'énergie et le volume du système $\mathcal{S}$ global). Le résultat en est que, dans l'état d'équilibre final, il y a *égalisation des températures et des pressions* des deux systèmes $\mathcal{S}_1$ et $\mathcal{S}_2$. On notera que ces grandeurs qui s'égalisent sont les grandeurs conjuguées [1] des variables énergie et volume, qui étaient ici les variables internes.

---

1. Voir *supra*, p. 92.

Autre possibilité, toujours en prenant comme point de départ les deux systèmes $\mathcal{S}_1$ et $\mathcal{S}_2$ isolés : on rend la cloison *diatherme et perméable aux particules* (nous supposons pour simplifier que $\mathcal{S}_1$ et $\mathcal{S}_2$ sont constitués d'un seul et même corps pur). C'est alors, parmi les variables initiales, U_1 et n_1 (nombre de moles de $\mathcal{S}_1$) qui deviennent variables internes. On trouve, par la même méthode, que les conditions d'équilibre imposent cette fois *l'égalité des températures T_1 et T_2 et celle des potentiels chimiques* μ_1 et μ_2.

Condition de stabilité

Nous avons jusqu'ici commis un abus de langage, ou plutôt une erreur par omission : nous avons *dit*, ce qui est exact, que l'entropie doit être maximale, et nous avons *écrit* que sa variation par rapport à la ou les variable(s) interne(s) était nulle. Or, il existe d'autres situations où la variation d'une fonction est nulle sans que celle-ci soit pour autant maximale (elle peut tout simplement être minimale, par exemple). Autrement dit, les *conditions d'équilibre* que nous avons posées sont nécessaires pour que l'entropie soit maximale, mais elles ne sont *pas suffisantes*.

Ménageons une transition humoristique en reprenant une métaphore amusante, mais pertinente, de Feynman [1]. Après un bain de mer, vous courez vers votre serviette qui vous attend sur la plage, et vous vous séchez. Explication : en passant de votre peau à la serviette, l'eau augmente l'entropie de la seconde plus qu'elle ne diminue celle de la première. Mais imaginez qu'il ait plu pendant votre bain ; la serviette imbibée d'eau de pluie refusera alors de vous éponger. Explication : l'entropie de la serviette déjà saturée d'eau ne peut plus augmenter.

Les conditions supplémentaires qu'il faut imposer aux propriétés d'un système à l'équilibre pour que son entropie soit vraiment maximale, et pas seulement « stationnaire » (selon le terme

---

1. Richard P. Feynman (1918-1988), prix Nobel de physique en 1965, a publié en 1963 un manuel s'adressant aux étudiants de première année d'Université ; ses trois tomes ont fortement marqué, et de façon durable, les enseignants de physique du monde entier.

consacré), expriment la *stabilité de l'équilibre* : on regroupe sous ce vocable l'ensemble des caractéristiques qui assurent que, si l'on écarte le système de son état d'équilibre (stable), il va y revenir parce que, ce faisant, il augmente son entropie.

Pour mieux percevoir la signification de cette notion importante – stabilité d'un équilibre –, nous allons utiliser une *analogie* empruntée à la mécanique. Réalisez l'expérience très simple suivante. Dans un bac d'eau, plongez un citron entier ; lorsque vous le lâchez, il se met à flotter, de telle sorte que la moitié de son volume (approximativement) est immergée, l'autre moitié émergeant ; naturellement – et c'est déjà une question de stabilité ! – le citron est en quelque sorte couché sur l'eau, chacune de ses deux pointes étant elles aussi à moitié dedans et à moitié dehors. Prenez alors une pièce de monnaie et efforcez-vous de la faire tenir en équilibre sur le citron, en la posant délicatement sur la partie renflée du fruit, en son point le plus haut. Vous avez alors le choix entre deux attitudes : soit vous vous fâchez – et les lois de la physique sont impuissantes à prédire le résultat final de l'expérience – soit vous comprenez ce qu'est une position d'équilibre *instable*.

Lorsqu'il s'agit d'un système thermodynamique, la condition de stabilité d'un équilibre a pour expression technique que la dérivée seconde de l'entropie $\underline{S}$ par rapport à la variable interne est *négative*. Cela au point où la dérivée première est nulle : c'est ce qu'exige la condition d'équilibre, et nous analysons la stabilité d'un *équilibre*. On démontre ainsi, par exemple, que dans tout système thermodynamique stable, *la température T est nécessairement une fonction toujours croissante de l'énergie interne U*. Cela signifie concrètement que si l'on fournit de l'énergie à un système – stable –, sa température augmente.

À nouveau évident, penseront peut-être certains. Voici pourtant un contre-exemple à méditer. La thermodynamique ne démontre pas que le *coefficient de dilatation* α, qui donne l'accroissement de volume consécutif à un accroissement de température, soit toujours positif. Pourtant, intuitivement, on serait enclin à penser que les corps se dilatent quand on les chauffe. Alors ? Existe-t-il néanmoins des cas où le coefficient α est négatif, c'est-à-dire où une augmentation de température provoque une diminution de volume ? Eh bien, oui ! Il en est ainsi par exemple pour l'eau juste au-dessus de zéro degré Celsius.

Dans quel sens se transmet la chaleur?

À partir de cette propriété remarquable de la température on peut prouver, par des manipulations techniques sans véritable difficulté, les résultats suivants. Tout d'abord, l'égalité des températures (entre deux systèmes pouvant échanger de la chaleur) ne peut avoir qu'une solution : il existe au plus une valeur U_{1e} de l'énergie du système $\mathscr{S}_1$ qui assure l'équilibre thermique entre $\mathscr{S}_1$ et $\mathscr{S}_2$. Ensuite, l'établissement de cet équilibre thermique obéit à deux règles simples mais fondamentales :

(1) le système qui a *gagné de l'énergie* dans le contact thermique est celui dont la température initiale était *la plus faible*. Inversement, bien sûr, le système dont la température initiale était la plus élevée a cédé de l'énergie à l'autre;

(ii) dans l'état d'équilibre final, la *valeur commune T_e des deux températures est intermédiaire entre les valeurs initiales* de T_1 et T_2, températures des deux systèmes $\mathscr{S}_1$ et $\mathscr{S}_2$.

Ces deux dernières propriétés, qui découlent de la définition formelle que nous avons donnée *a priori*, sont bien celles que l'on attend d'une température dans la vie quotidienne : la chaleur passe spontanément d'un corps chaud vers un corps froid jusqu'à ce que leurs températures s'égalisent, à une valeur intermédiaire entre les températures initiales.

Mais *attention* : c'est la *différence de température* entre les deux systèmes $\mathscr{S}_1$ et $\mathscr{S}_2$, et *non la plus ou moins grande quantité d'énergie* contenue dans chacun d'eux, qui fixe le sens de l'échange de chaleur; ce n'est pas nécessairement le système qui a le plus d'énergie qui en cède à l'autre.

Retour critique sur le postulat fondamental

Les développements qui ont suivi le chapitre iii auront suffi probablement à faire apparaître l'extraordinaire richesse, en même temps que la rigueur, du postulat fondamental de la thermodynamique. Comme promis au chapitre III, nous allons à nouveau examiner et contempler ce merveilleux outil, cette sorte de Durandal et de lanterne magique tout à la fois, que les physiciens tiennent entre leurs mains depuis si longtemps et qui brille encore de tous ses feux.

Reprenons pas à pas les affirmations, lois transcendantes et pourtant prêtes à plonger dans le réel, qu'énumère le postulat fondamental. La première (la connaissance de l'entropie comme fonction des variables d'état primitives donne *toutes* les propriétés macroscopiques d'un corps) est quasiment cosmique : comment pourrions-nous, êtres chétifs et presque aveugles, espérer *voir le tout* en face ? Heureusement, d'un certain point de vue, ce tout nous est en réalité caché, puisque la « relation fondamentale » est inconnue (sauf dans quelques exemples, au demeurant assez pauvres). Il nous faut donc biaiser, faire semblant de connaître alors que nous savons seulement ; mais quelle joie nous attend lorsque, en circonvenant cette relation fondamentale que nous ne voyons pas vraiment mais dont nous sentons la présence, nous découvrons des lois physiques sonnantes et trébuchantes : deux corps qui échangent de la chaleur ont même température à l'équilibre, la chaleur va de ce qui est chaud vers ce qui est froid...

Dans cette ronde quasi féérique, c'est la *condition d'entropie maximale* qui fait tourner le manège. Le fait que S soit fonction croissante de U place simplement une borne naturelle à la température (le zéro absolu) et permet de passer de façon biunivoque (« bijective », dit-on depuis quelque temps) de S comme fonction des variables primitives à U comme fonction de S et des autres variables primitives. L'additivité de l'entropie pour les systèmes à couplage macroscopique faible (dernier point du postulat) est extrêmement utile dans les raisonnements et les calculs ; elle n'en est pas moins une caractéristique secondaire, à validité d'ailleurs limitée. Quant à la condition d'entropie maximale, elle est le centre, le noyau du dispositif : admise l'existence d'une fonction, même inconnue, qui rassemble toutes les propriétés macroscopiques d'un système (et c'est déjà, nous l'avons dit, une espèce de mystère), c'est la condition d'entropie maximale qui joue le rôle crucial.

Il n'est probablement pas sans intérêt de signaler que plusieurs théories physiques peuvent ainsi être fondées sur un *prin-*

cipe variationnel, c'est-à-dire sur un postulat qui se contente d'exiger que telle fonction soit extrémale (maximale ou minimale, selon les cas). L'optique géométrique, par exemple, peut être déduite du principe de Fermat (1601-1665) : entre deux points fixés par avance, la lumière suit le trajet qui correspond au temps de parcours minimum. Si l'on a, en électrostatique, un ensemble de conducteurs immobiles dont les potentiels électriques sont fixés, la fonction potentiel qu'ils réalisent dans l'espace vide qui les sépare est, parmi toutes celles qui vérifient les « conditions aux limites [1] », la fonction qui minimise l'énergie du système. La mécanique classique elle-même, que nous avons présentée dans la première partie sous sa forme la plus simple et la plus ancienne historiquement, peut être reformulée selon un principe de moindre action que nous n'expliciterons pas mais qui revient encore à minimiser une grandeur.

---

1. C'est-à-dire qui prennent sur chaque conducteur la valeur du potentiel qu'on lui a attribuée.

Chapitre VI

SECOND VOLET DE LA THERMODYNAMIQUE :
LES TRANSFORMATIONS

Lloraba la niña
(Y tenía razón)
La prolija ausencia
De su ingrato amor. [...]
Llorando la ausencia
Del galán traidor,
La halla la luna
Y la deja el sol,
Añadiendo siempre
Pasión a pasión,
Memoria a memoria,
Dolor a dolor.

Pleurait la fillette
(elle avait raison)
la trop longue absence
d'un amour ingrat. [...]
À pleurer l'absence
du traître galant,
la trouve la lune,
le soleil la quitte ;
toujours elle ajoute
passion à passion,
mémoire à mémoire,
douleur à douleur.

Luis de GÓNGORA,
Romances.
(Traduction de
Pierre Darmangeat.)

Los caballos negros son.
Las herraduras son negras. [...]
Tienen, por eso no lloran,
de plomo las calaveras. [...]
Jorobados y nocturnos,
por donde animan ordenan
silencios de goma oscura
y miedos de fina arena.
Pasan, si quieren pasar,
y ocultan en la cabeza

Les chevaux sont noirs.
Les fers sont noirs. [...]
Ils ont des crânes de plomb,
c'est pour cela qu'ils ne pleurent pas.
[...] Bossus et nocturnes,
où ils passent, ils ordonnent
des silences de gomme obscure
et des peurs de sable fin.
Ils passent, s'ils veulent passer,
et cachent dans leur tête

una vaga astronomía
de pistolas inconcretas.

une vague astronomie
de pistolets irréels.

Federico García Lorca,
Romance de la
guardia civil española,
Romancero gitano.
(Traduction d'Yves Véquaud.)

Nous avons présenté au chapitre III de cette partie le postulat fondamental de la thermodynamique, et les chapitres suivants ont développé les premières conséquences que l'on peut en tirer. Nous allons maintenant montrer comment se déduisent de ce postulat les « *principes* » de la thermodynamique qui étaient jadis, et sont parfois encore, exhibés comme les hypothèses de base de cette théorie.

Pour ce faire, il nous faut auparavant introduire le cadre général dans lequel s'inscrivent les principes, cadre fourni par la notion de « *transformation* » d'un système thermodynamique.

Définition générale d'une transformation

Voici un système thermodynamique. Il se trouve dans un état d'équilibre que nous qualifions, vu la suite, d'*initial*. Agissons maintenant, de l'extérieur, sur ce système. Cela rompt en général son équilibre. Cette action peut durer un certain temps. Lorsqu'on y met fin, le système évolue encore le plus souvent sur sa lancée. Cela l'amène à un nouvel état d'équilibre : c'est son état d'équilibre *final*. On dit alors qu'on a fait subir au système une « *transformation* », qui l'a fait passer de l'état initial à l'état final par un « *chemin* » que caractérise la manière dont, de l'extérieur, on est intervenu sur le système à chaque instant. Une transformation n'est bien définie que si elle commence à un *état d'équilibre initial* pour aboutir à un *état d'équilibre final*. Entre deux états, initial et final, donnés par avance, il existe en général une infinité de chemins menant de l'un à l'autre ; chacun de ces chemins caractérise une transformation particulière, différente des autres. Le système se trouve en général *hors d'équilibre* aux stades intermédiaires de la transformation ; cela implique notamment que les grandeurs thermodynamiques telles que l'entropie, la température, la pression, etc., y ont perdu leur signification (car nous ne savons les définir que pour des systèmes à l'équilibre).

On appelle « *milieu extérieur* », ou plus simplement « *l'extérieur* », l'ensemble des autres systèmes avec lesquels le nôtre est en contact au cours d'une transformation déterminée. Mais ce qui, tout à la fois, permet à la thermodynamique d'exister et lui donne la possibilité d'analyser un système individualisé et restreint réside dans une caractéristique fondamentale du milieu extérieur : son comportement détaillé n'est pas à prendre en compte ; *seuls importent* les *actions* qu'il exerce à chaque instant sur le système et les *échanges* (d'énergie, de particules, de volume, etc.) qu'il opère avec lui. Dit autrement, si des milieux extérieurs différents exercent à chaque instant les mêmes actions sur le système et opèrent avec lui les mêmes échanges, ces milieux extérieurs sont équivalents pour ce qui concerne la transformation que nous examinons.

Un mot sur la notion subtile de réversibilité

Depuis Clausius (1850), qui reprenait en réalité une intuition lumineuse de Sadi Carnot (1824), la thermodynamique fait un usage fréquent de la notion de *transformation réversible*. Il s'agit d'un concept fondamental mais délicat et abstrait, même si sa formulation paraît concrète, qu'il importe de définir avec précision et d'appliquer avec discernement. Dans la suite nous éviterons, pour ne pas alourdir exagérément la lecture, de faire un usage explicite de transformations réversibles. Ce n'est pas sans regret : la dichotomie réversible/irréversible, que Clausius fut le premier à percevoir avec netteté, occupe jusqu'à l'obsession l'esprit des physiciens qui s'adonnent à la thermodynamique ; quant aux étudiants, ce n'est qu'après plusieurs tentatives partiellement inefficaces qu'ils parviennent enfin à maîtriser cette pierre angulaire de la physique. Nous reportons à un appendice, à la fin de ce chapitre, des explications plus précises sur les transformations réversibles ; il en sera question aussi dans la section consacrée à Clausius. Qu'il nous suffise pour l'instant de souligner que ce sont des limites idéales (« idéales », c'est justement ainsi que les nommait Carnot) de transformations réelles.

Diverses formes d'énergie échangée au cours d'une transformation

Lorsqu'un système n'est pas isolé et qu'il subit une transformation, son énergie en est le plus souvent affectée. Comme l'énergie est une grandeur toujours conservée en physique, globalement, l'énergie du système ne peut varier que grâce à des échanges avec l'extérieur. Mais ceux-ci peuvent prendre plusieurs formes, que nous allons passer en revue.

ÉCHANGE DE TRAVAIL

Lorsque l'extérieur exerce sur le système des forces dont les points d'application se déplacent à l'échelle macroscopique, il échange avec lui de l'énergie, sous forme de *travail* ; plus précisément, on dit que *le système reçoit du travail*.

Attention ! Ce qui se passe dans le système n'est pas descriptible au cours de la transformation [1] ; les phénomènes qui s'y déroulent interdisent, par exemple, d'exploiter les seules caractéristiques intérieures au système pour évaluer les forces qu'il exerce sur l'extérieur. Donc – et ce sera vrai aussi pour les autres formes d'énergie échangée – il convient de *se placer à l'extérieur* si l'on veut comprendre ce qui se passe. C'est bien ce que nous avons fait dans la définition précédente [2]. Il est donc essentiel de commencer par bien délimiter le système et l'extérieur. Quand on utilise un piston, par exemple, est-il inclus dans le système ou fait-il partie de l'extérieur ? On calculera alors le travail, au cours de la transformation

---

1. Sauf dans le cas particulier où cette transformation est quasi statique (voir appendice).

2. Dans le cas de transformations réversibles (appendice), le travail des forces extérieures peut être exprimé à l'aide des seules caractéristiques du système lui-même (pression p, constamment définie, et variation de volume, par exemple, pour ce qui est du travail des forces de pression).

considérée, de toutes les forces appliquées par l'extérieur sur le système, mais pas de celles qu'exerce une partie du système sur une autre, car ces dernières sont des forces internes.

Le *travail reçu* par le système est une quantité *algébrique* : si les forces extérieures fournissent effectivement au système du travail (on dit alors qu'il est « moteur »), celui-ci est compté positivement car il est vraiment reçu par le système. Dans le cas inverse, où c'est en réalité le système qui a fourni du travail à l'extérieur, le travail des forces extérieures est résistant ; le travail reçu par le système est alors négatif.

Pour établir l'expression du travail reçu par le système au cours d'une transformation déterminée, la thermodynamique en soi ne peut nous être d'aucun secours, puisqu'il s'agit d'évaluer des forces puis leur travail. Il nous faudra faire appel à des connaissances – indispensables – de mécanique, ou d'électricité, ou de quelque autre domaine de la physique.

Quelques exemples. Remarquons tout d'abord, de façon générale, que toute transformation *vue de l'extérieur* peut être découpée en un grand nombre de petites parties qui, mises bout à bout, recomposent la transformation envisagée. Ces petits bouts ne sont pas de petites transformations, car le système n'est pas en équilibre à leur début ni à leur fin.

Prenons en premier lieu un fluide (gaz ou liquide) contenu dans un cylindre fermé par un piston coulissant. La pression à laquelle est soumis ce piston de la part de l'extérieur est p^{ex}. Si le piston se déplace, de façon à peine perceptible, de sorte que le volume du fluide s'accroisse d'une quantité minuscule dV, le travail fourni par l'extérieur au système est $- p^{ex}\, dV$. Examinons maintenant le système constitué par un ressort dont la longueur l peut varier. L'une des extrémités du ressort étant fixée, nous (l'extérieur) exerçons sur l'autre la force F^{ex}. Le travail de cette force lors d'un déplacement minuscule dl de l'extrémité libre du ressort est [1] $F^{ex}\, dl$.

Le travail reçu par le système au cours d'une transformation finie (je veux dire « non infinitésimale ») se calcule simplement en sommant tous les travaux très petits qu'ont effectués les forces extérieures à chaque stade de la transformation, et que nous venons d'expliciter dans quelques cas simples.

---

1. Il faudrait préciser les conventions algébriques.

ÉCHANGE D'ÉNERGIE CHIMIQUE

Il arrive que la quantité de matière (c'est-à-dire le nombre de particules) contenue dans un système ne reste pas constante durant la transformation. On dit alors que le système est *ouvert*. Il n'est pas difficile de trouver un exemple de système ouvert : l'air qui se trouve à l'intérieur d'une pièce en est un ; en effet, ni la porte ni les fenêtres n'étant complètement étanches, de l'air extérieur entre et de l'air intérieur sort, si bien que la quantité de gaz qui se trouve dans le système peut ne pas rester constante. Quand la portion de matière constituant le système varie, il va sans dire que l'énergie du système varie elle aussi. On raisonne alors de façon analogue à ce que nous avons fait pour les forces de pression. Si, dans de tels échanges de matière entre le système et l'extérieur, ce dernier a pour potentiel chimique μ^{ex} et si le nombre de moles du système s'accroît de la quantité infinitésimale dn, le système reçoit un apport d'énergie, dite « *chimique* », égal à $\mu^{ex} \, dn$.

ÉCHANGE DE CHALEUR

Nous l'avons déjà indiqué[1] : le système et le milieu extérieur peuvent échanger de l'énergie même si tous les paramètres extérieurs (volume, charge, nombre de moles, etc.) restent constants. Il suffit pour cela qu'ils soient en *contact thermique*, par exemple à travers une cloison diatherme. Cette énergie échangée qui n'est ni du travail ni de l'énergie chimique est par définition de la *chaleur*. Bien entendu, durant une transformation complètement générale s'échangent *à la fois* du travail, de l'énergie chimique et de la chaleur : ayant évalué, par les méthodes exposées ci-dessus, le travail et l'énergie chimique reçus par le système, on obtient la chaleur reçue par différence entre l'énergie totale reçue et l'ensemble des deux premiers apports que l'on sait calculer.

Il est parfois possible de déterminer la chaleur reçue par le système en analysant les *modifications du milieu extérieur* qu'a produites la transformation. Plus concrètement, on peut mesurer des quantités de chaleur par *calorimétrie*. Par exemple, on dis-

---

1. *Cf. supra*, p. 104.

pose de matériaux (c'est le cas de l'eau) dont on connaît la capacité calorifique, c'est-à-dire la façon dont leur énergie dépend de la température. Il suffit alors de mesurer la variation, d'un bout à l'autre de la transformation, de la température d'un tel corps de référence pour en déduire la chaleur reçue par le système.

Soulignons – nous y reviendrons à propos du *premier principe* – que travail, énergie chimique et chaleur sont des *manières différentes d'échanger de l'énergie*. Mais, si elle peut être ainsi modifiée de diverses façons, *l'énergie d'un système est une grandeur unique* : des expressions comme « la chaleur du système » ou « le travail du système » sont totalement dépourvues de sens.

Appendice

CONSIDÉRATIONS PLUS PRÉCISES
SUR LES TRANSFORMATIONS RÉVERSIBLES

Il est commode de commencer par définir les transformations quasi statiques.

Définition préliminaire : les transformations quasi statiques

Lors d'une transformation quelconque, le système étudié n'est à l'équilibre que dans son état initial et dans son état final ; au cours de la transformation, il passe par des états intermédiaires où il est hors d'équilibre et que nous ne savons donc pas décrire (notre sujet est de toute façon restreint à la thermodynamique d'équilibre). Il existe toutefois un type particulier de transformations, que nous qualifierons de « *quasi statiques* », au cours desquelles le système reste constamment (presque) à l'équilibre : une transformation quasi statique progresse, entre l'état initial et l'état final, par une *succession quasi continue d'états d'équilibre*. Plus précisément, nous *définissons* comme quasi statique une transformation constituée *d'une suite de transformations très petites* mises bout à bout : dans une transformation très petite, l'état initial et l'état final sont, comme pour toute autre transformation, des états d'équilibre ; mais ils sont en outre extrêmement proches l'un de l'autre, ce qui permet de construire une transformation finie

(i. e. non infinitésimale) par une sorte de chaîne de transformations minuscules ; une telle chaîne est une transformation quasi statique [1]. Ainsi, dans une transformation quasi statique, le système revient à l'équilibre un nombre quasi infini de fois, et ces états d'équilibre intermédiaires se répartissent de manière dense tout le long du chemin conduisant de l'état initial à l'état final.

Lorsqu'on a affaire à une transformation non quasi statique, les variables choisies pour caractériser les états d'équilibre du système prennent des valeurs précises dans l'état initial et final, mais pas aux stades intermédiaires du cheminement qu'on lui fait parcourir. Si, au contraire, la transformation est quasi statique, ces variables sont définies tout le long de la transformation ; en outre, le système se trouve à chaque instant dans l'état d'équilibre caractérisé par ces valeurs (ou dans un état différant infiniment peu de celui-ci). Par conséquent, au cours d'une telle transformation, toutes les grandeurs thermodynamiques sont constamment définies dans le système : entre autres la température T, la pression p et le potentiel chimique μ, ainsi que toutes les grandeurs conjuguées des autres variables primitives. Cependant, les valeurs de ces grandeurs varient d'un instant à l'autre.

Pour réaliser concrètement une transformation quasi statique, il faut programmer la variation des paramètres extérieurs assez lentement pour que le système ait le temps d'atteindre un nouvel état d'équilibre avant qu'ils n'aient changé de façon appréciable. En d'autres termes, le processus – imposé – de variation des paramètres doit être lent devant le processus – spontané – de retour du système à l'équilibre. Illustrons cette condition par un exemple. Imaginons un gaz enfermé dans un cylindre à parois fixes et clos d'un côté par un piston mobile. La position de celui-ci délimite donc le volume V offert au gaz. Supposons que nous enfoncions le piston sur une certaine longueur avant de l'arrêter à nouveau. Le gaz a subi une certaine transformation, dont l'état final est obtenu par son retour à l'équilibre après immobilisation du piston. Pendant l'avancée du piston, le gaz passe par des états transitoires hors d'équilibre, où sa densité

---

1. Selon cette définition, une transformation minuscule, prise isolément, est *toujours quasi statique* : le système dans son ensemble y demeure infiniment proche d'un état d'équilibre.

est plus forte au voisinage du piston qu'au fond du cylindre. Quand le piston s'arrête, l'égalisation des densités – retour du gaz à l'équilibre – demande un certain temps : les ondes sonores provoquées par le mouvement du piston parcourent le cylindre dans les deux sens, car elles se réfléchissent aux deux extrémités ; mais elles s'amortissent assez rapidement, cédant par frottement leur énergie au gaz. On comprendra sur cet exemple qu'on a le choix entre deux manières de procéder pour mener une transformation quasi statique : si l'on veut déplacer le piston de façon continue, on limitera sa vitesse à des valeurs négligeables devant celle du son dans le gaz [1] ; mais on peut aussi l'avancer par petits à-coups, en arrêtant son mouvement, après chacun d'eux, pour laisser au gaz le temps d'atteindre l'équilibre correspondant aux nouvelles conditions extérieures, qui sont d'ailleurs infiniment proches des précédentes.

Signalons cependant que le rétablissement de l'équilibre thermique dans un système macroscopique, c'est-à-dire l'uniformisation de la température en son sein, est – sauf exceptions – beaucoup plus lent que celui de l'équilibre mécanique, c'est-à-dire que l'uniformisation de la pression prise pour exemple. Le processus de diffusion des molécules, qui uniformise le potentiel chimique, est – en général – encore plus lent.

Définition des transformations réversibles

Une transformation est dite *réversible* si elle vérifie les *deux conditions* suivantes : d'une part, elle est *quasi statique* ; en outre, le système y est constamment *à l'équilibre avec le milieu extérieur.* Explicitons cette définition.

La transformation étant quasi statique, *toutes les grandeurs conjuguées* des variables d'état primitives *sont bien définies à l'intérieur du système* lui-même, à n'importe quel stade de la transformation : on peut à chaque instant parler à bon droit de la température T, de la pression p, du potentiel chimique μ du sys-

---

1. Cette exigence n'est pas très contraignante, puisque la vitesse du son dans l'air, sous la pression atmosphérique, est supérieure à trois cents mètres par seconde.

tème, ainsi que des grandeurs conjuguées d'autres variables primitives éventuelles. La deuxième condition définissant la *réversibilité* de la transformation s'exprime alors par *l'égalité entre chacune des grandeurs intensives liées au système et la grandeur correspondante associée au milieu extérieur* (pourvu évidemment que la variable primitive dont elles dérivent soit effectivement échangée dans la transformation [1]). C'est ainsi que la température du système doit être à tout instant égale à celle du milieu extérieur (si tous deux échangent de la chaleur), et que son potentiel chimique doit à tout instant être égal à celui du milieu extérieur (s'il y a échange de particules).

En réalité, si toutes ces conditions étaient exactement vérifiées, le système serait en équilibre avec l'extérieur [2] et aucune transformation ne s'y développerait. C'est pourquoi on établit en fait une situation de *quasi équilibre* : pour que la transformation puisse progresser, il faut qu'existe entre le système et l'extérieur un *très léger déséquilibre* ; dans l'une au moins des égalités système-extérieur que nous avons mentionnées, l'un des deux membres est, si l'on y regarde de près, un peu supérieur à l'autre. Les expressions que nous employons (« très léger », « un peu supérieur ») sont choisies pour qu'il apparaisse clairement que, concrètement, le déséquilibre entre le système et l'extérieur doit rester quantitativement négligeable. Or, s'il en est ainsi, *une modification très faible des conditions extérieures* (pression, température, potentiel chimique, etc.) *suffira à inverser le sens de la transformation* ; d'où l'adjectif « *réversible* » que l'on applique à une telle transformation.

Pour clarifier la définition précédente, prenons un exemple simple. Un corps de température T est plongé dans un bain (l'extérieur) de température T^{ex} que nous supposerons invariable. Nous savons que de l'énergie, sous forme de chaleur, passe de l'extérieur au système si T^{ex} est supérieure à T, et dans l'autre sens si T est supérieure à T^{ex}. Si nous voulons que cela se traduise pour le corps par une transformation réversible, il faudra d'abord (condition quasi statique) que la température T du système soit bien déterminée tout au long de l'échange de chaleur.

---

1. Si les échanges de telle variable primitive sont bloqués, l'égalité entre les grandeurs conjuguées se rapportant au système et à l'extérieur n'a évidemment pas de raison d'être.
2. Voir *supra*, p. 107.

On peut le réaliser en ralentissant suffisamment cet échange, à l'aide par exemple d'une enveloppe mauvaise conductrice de la chaleur dont on entoure le corps. Ainsi, celui-ci a le temps de rétablir un nouvel équilibre lorsqu'il reçoit (ou fournit) les petites quantités de chaleur qui s'échangent à chaque stade de la transformation. Pour que celle-ci soit en outre réversible, il faut que la température T du corps (définie par conséquent à tout instant) soit égale à la température T^{ex} du bain (condition de réversibilité). Mais il n'y aurait pas transformation si cette égalité était véritablement stricte. On s'arrange donc pour que la température extérieure – c'est elle que l'on contrôle le plus aisément – dépasse légèrement celle du système ou lui soit au contraire à peine inférieure. Le sens de la transformation (c'est-à-dire ici celui de l'échange de chaleur) s'inverse lorsqu'on passe de l'une à l'autre des deux situations ; il suffit pour cela de changer de façon quasi imperceptible la température du bain extérieur.

Examinons un autre exemple, qui va nous permettre d'approfondir la question. Son point de départ est le même que celui que nous avons décrit plus haut : un gaz est contenu dans un cylindre fermé par un piston mobile. Pour comprimer le gaz (notre système), il faut exercer sur la face externe du piston une pression p^{ex} supérieure à celle p du gaz. Supposons que nous opérions de façon quasi statique, en sorte que la pression p du gaz soit toujours définie (quoique pas nécessairement constante dans le temps). Si les frottements du piston, lors de ses déplacements le long des parois du cylindre, sont négligeables, la compression du gaz pourra s'effectuer de façon réversible : on choisira pour cela une pression extérieure p^{ex} tout juste supérieure, à chaque instant de la transformation, à la pression p qui s'est alors établie à l'intérieur du cylindre [1]. Il suffira de réduire très légèrement p^{ex} pour qu'elle devienne inférieure à p et que le piston se déplace en sens inverse : la transformation, tout en restant réversible, sera devenue pour le gaz une détente, alors que nous avions tout d'abord envisagé une compression. Mais penchons-nous maintenant sur le cas où le coulissage du piston sur les parois du cylindre donne lieu à des *frottements solides* (ce sont ceux qui interviennent lorsque vous poussez un meuble sur

---

1. Plus le gaz est comprimé, plus sa pression est élevée. Il faut donc ajuster p^{ex}, à chaque stade de la transformation, pour qu'elle dépasse à peine la pression p qui règne à ce moment-là dans le système.

le parquet, ou lorsque vous faites glisser votre main sur un mur lisse). Lorsque ces frottements ne sont pas négligeables, le piston ne se mettra en mouvement que si la différence des pressions de part et d'autre est supérieure à un certain seuil non nul. Donc, même si l'on opère de façon quasi statique, la transformation ne pourra pas être réversible : pour inverser son sens, il faudrait modifier p^{ex} d'un montant fini, au moins égal au double [1] du seuil de mise en mouvement.

Indiquons qu'une transformation non réversible est tout simplement qualifiée d'*irréversible*. Il est clair, d'après ce qui précède, que les transformations concrètement réalisables sont en règle générale irréversibles, les transformations réversibles en étant seulement un cas limite idéal.

La définition d'une transformation réversible exige en premier lieu qu'elle soit quasi statique. Mais les exemples que nous avons donnés – et que l'on pourrait multiplier – montrent qu'une transformation quasi statique n'est pas nécessairement réversible : un système peut rester en équilibre interne tout au long d'une transformation sans que celle-ci soit pour autant réversible. Il n'en reste pas moins que, en thermodynamique, *l'important est seulement de savoir si une transformation est réversible ou irréversible* ; nous verrons, au chapitre suivant, que cette distinction est notamment essentielle pour le second principe.

---

1. Pourquoi le double ? Le piston s'enfoncera si la pression extérieure p_1^{ex} que nous imposons est au moins égale à la somme de la pression p du gaz augmentée du seuil q_0. Pour inverser le mouvement du piston, il faut abaisser la pression extérieure jusqu'à une valeur p_2^{ex} telle que la pression p du gaz soit au moins égale à la somme de p_2^{ex} et du même q_0. Cela s'écrit mathématiquement $p_1^{ex} > p + q_0$ et $p > p_2^{ex} + q_0$; une manipulation simple sur ces inégalités aboutit effectivement à $p_1^{ex} - p_2^{ex} > 2q_0$.

Chapitre VII

LES PRINCIPES

Mais vienne maintenant l'heureuse délivrance de ma pénible veille,
Et ce feu avant-coureur de joie
Qui apparaît enfanté par la Nuit.
Sois béni flambeau !
Lumière du jour dans la nuit !

Eschyle,
Agamemnon.
(Traduction d'Ariane Mnouchkine.)

Sur l'onde calme et noire où dorment les étoiles,
La blanche Ophélia flotte comme un grand lys [...]
Voici plus de mille ans que la triste Ophélie
Passe, fantôme blanc, sur le long fleuve noir.

Arthur Rimbaud,
« Ophélie »,
Poésies.

Les principes ont longtemps constitué les hypothèses de base de la thermodynamique. Du point de vue que nous avons adopté, ils apparaissent comme *conséquences du postulat fondamental* énoncé au chapitre III de cette deuxième partie.

Le premier principe

Pour caractériser en quelques mots le *premier principe* de la thermodynamique, on dit souvent, à juste titre, qu'il affirme l'*équivalence entre la chaleur et le travail*. Nous allons expliciter et préciser cette affirmation.

Une *transformation* thermodynamique conduit le système d'un état d'équilibre initial à un état d'équilibre final par un certain chemin. *Le (ou les) nombre(s) de moles reste(nt) inchangé(s)* ; donc, pas d'énergie chimique échangée. Au cours de cette transformation, en revanche, le milieu extérieur fournit de l'énergie au système, sous forme d'un certain travail W et d'une quantité de chaleur Q. Le *premier principe* exprime alors la *conservation de l'énergie* : si U_i est l'énergie interne du système dans l'état initial de la transformation et U_f son énergie interne dans l'état final, l'énergie qu'a gagnée le système dans la transformation – différence entre U_f et U_i – provient du travail W et de la chaleur Q que lui a fournis l'extérieur.

Rappelons que nous manipulons là des quantités *algébriques*, de sorte que, par exemple, recevoir une quantité négative de chaleur (ou de travail) signifie perdre de la chaleur (ou du travail). L'interprétation physique de ce comportement est claire : la différence entre U_f et U_i est *positive* si le système a effectivement *gagné* de l'énergie au cours de la transformation, *négative* s'il en a *perdu*. Quant à W et Q, définis comme le travail et la chaleur *reçus par le système* pendant la transformation, ils obéissent aux mêmes règles : W est *positif* si l'extérieur a bien *fourni du travail au système*, *négatif* si c'est inversement le système qui a *fourni du travail à l'extérieur* ; les conventions sont les *mêmes pour la chaleur Q*, mais les signes de W et Q sont à déterminer *séparément l'un de l'autre*.

Il existe en général plusieurs transformations qui conduisent le système envisagé *du même état initial au même état final*. Le travail W et la chaleur Q reçus par le système *dépendent de la transformation*, c'est-à-dire du chemin que l'on fait suivre au système entre l'état initial et l'état final que l'on se fixe. En revanche, ni U_i ni U_f ni leur différence ne dépendent du chemin qu'emprunte la transformation, puisque U_i est l'énergie interne dans l'état initial, qu'on ne change pas, et U_f celle de l'état final, qui reste aussi le même. On aboutit ainsi à une formulation assez différente, quoique équivalente, du premier principe : pour un état initial et un état final fixés, le travail W et la chaleur Q reçus par le système au cours d'une transformation dépendent du chemin suivi, mais *leur somme en est indépendante*, puisque U_f et U_i sont fixés dès que l'état initial et final le sont.

L'égalité donnant $U_f - U_i$ comme somme de W et Q peut paraître aujourd'hui « évidente » : d'une part, nous avons été éduqués, et nous éduquons nos étudiants, dans le culte de la *conservation de l'énergie*; d'autre part, et à cause de cela, nous avons *défini la chaleur* comme ce qui manque pour équilibrer le bilan d'énergie. Rappelons pourtant que, au début du siècle dernier, un effort considérable a été nécessaire pour établir que la chaleur – souvenez-vous du « fluide calorique » – est une forme d'énergie échangée.

Autre formulation, toujours équivalente, du premier principe, un peu plus abstraite mais aussi plus profonde : le *premier principe* constate l'existence d'une *fonction d'état*, c'est-à-dire d'une grandeur qui dépend seulement de l'état du système, et non point du chemin qui l'a conduit dans cet état. Cette fonction d'état est l'*énergie interne*. Or il existe deux façons, apparemment très différentes [1], de modifier l'énergie interne d'un système : on peut lui fournir de la chaleur, ou bien du travail. Elles sont, *du point de vue du système, équivalentes*, car elles conduisent toujours, quelle que soit leur importance relative, très diverse, au même accroissement de l'énergie interne du système, si tant est que son état initial aussi bien que final est choisi d'avance.

Ce qui, en fin de compte, reste aujourd'hui encore stupéfiant et quasiment incompréhensible, c'est que l'énergie totale d'un système macroscopique en équilibre – somme des énergies cinétiques et potentielles d'une myriade de constituants microscopiques – puisse s'exprimer comme une *fonction d'un petit nombre de variables d'état*. C'est ainsi que le premier principe de la thermodynamique peut être formulé, comme nous venons de le faire, en disant que l'énergie interne est une fonction d'état. Soulignons cependant à nouveau que cette réduction drastique

---

1. Trois si l'on permettait au nombre de moles de varier.

dans le nombre de paramètres n'est possible que grâce à l'introduction, parmi le petit nombre de variables d'état, de grandeurs nouvelles, sans équivalent en mécanique ; on les nomme génériquement les *variables thermiques*, et ce sont essentiellement l'entropie et la température.

Beaucoup plus délicat, le second principe

Alors que le premier principe affirme l'équivalence entre chaleur et travail, le second constate que ces deux formes d'énergie échangée se comportent de façon *dissymétrique*. Il indique principalement *dans quel sens* se développent les transformations thermodynamiques ; il existe en effet, à cause de cette dissymétrie entre chaleur et travail, *des transformations que permettrait la conservation de l'énergie* (c'est-à-dire le premier principe) *et qui ne se produisent jamais parce que le second principe les interdit*. Pour que cette affirmation ne paraisse pas trop abstraite voire magique, donnons-en un exemple très simple et connu de tous – mais tous ne savent pas qu'il s'agit d'une application du second principe, c'est-à-dire en dernier ressort du postulat fondamental de la thermodynamique : si deux corps sont mis en contact thermique, ce n'est jamais le corps le plus froid qui cède de la chaleur au corps le plus chaud, mais toujours l'inverse [1].

De même que le premier principe était fondé sur le comportement de l'énergie interne, de même le second l'est sur celui de *l'entropie*. Notons d'emblée que, comme l'énergie interne, l'entropie est une *fonction d'état* : sa valeur dépend de celles des variables qui caractérisent l'état du système, et seulement d'elles.

ÉNONCÉ DU SECOND PRINCIPE POUR UN SYSTÈME ISOLÉ

Envisageons pour commencer les transformations qui peuvent se produire dans un *système isolé* : elles ne s'accompagnent *d'aucun échange de travail, ni d'énergie chimique, ni de*

---

1. Voir *supra*, p. 110.

chaleur entre l'extérieur et le système considéré ; elles se font donc, pour ce dernier, à énergie constante, nombre(s) de moles constant(s), volume constant, etc. De telles transformations existent : elles prennent naissance lorsqu'on relâche une contrainte dans un système isolé.

Mais c'est précisément dans ce cas que s'applique la *condition d'entropie maximale* du postulat fondamental [1]. Celle-ci nous donne donc la réponse générale à la question : que devient l'entropie du système ? Elle ne peut que croître, ou exceptionnellement rester constante. La variation d'entropie dans la transformation, c'est-à-dire par définition l'entropie de l'état final moins l'entropie de l'état initial, est nécessairement positive (ou nulle). Je ne résiste pas au plaisir d'écrire la formule correspondante, tellement elle est simple et belle :

$$\Delta S \geq 0 \text{ dans un système isolé}$$

(ΔS est une façon commode – et universellement admise – de désigner la variation de l'entropie S, que nous venons de définir).

En dépensant un peu de matière grise et de finesse, on arrive à compléter l'énoncé précédent par l'affirmation supplémentaire que la variation d'entropie est nulle si et seulement si la transformation envisagée est réversible. À partir de cet énoncé fondamental, qui s'applique seulement aux systèmes isolés, on peut déduire le comportement de l'entropie lors de transformations quelconques, pour des systèmes en contact avec l'extérieur. Nous sauterons les démonstrations et donnerons simplement les résultats. Il n'est peut-être pas sans intérêt d'indiquer la méthode générale que suivent ces démonstrations. Lorsqu'un système est en contact avec un milieu extérieur, on imagine que sont réunis en un seul grand ensemble et le système qui nous intéresse et tous les éléments extérieurs avec lesquels il interagit. L'ensemble ainsi composé se présente alors comme un système isolé : toutes les actions et tous les échanges qui se réalisaient dans la situation première se retrouvent maintenant comme des processus internes à l'ensemble global. On peut donc lui appliquer les considérations que nous venons de

---

1. Voir *supra*, p. 80.

développer et analyser, ce faisant, le comportement du système originel.

L'analyse théorique, dans le cadre du deuxième principe, des situations dans lesquelles le système choisi et l'extérieur échangent de la *chaleur* pose un problème particulier. Elle est considérablement facilitée si l'on introduit la notion de *thermostat*.

LA NOTION THÉORIQUE DE THERMOSTAT [1]

On appelle « *thermostat* » tout système $\mathcal{T}$ dont *la température reste invariable* quels que soient les échanges de chaleur qu'il peut avoir avec d'autres systèmes. Soyons plus précis. Nous nous intéressons à un système $\mathcal{S}$; il est en contact thermique avec un thermostat $\mathcal{T}$. Alors, la température T^{ex} du thermostat $\mathcal{T}$ reste immuable, indifférente aux vicissitudes que traverse le système $\mathcal{S}$. Par exemple, celui-ci peut être le siège d'une transformation, au cours de laquelle il échange de la chaleur avec $\mathcal{T}$; quelle que soit la quantité de cette chaleur, la température T^{ex} reste parfaitement définie et inchangée. Bien entendu, lorsque le système est à l'équilibre thermique avec le thermostat, sa température T est égale à T^{ex}. Mais si le système n'est pas à l'équilibre, sa température n'est pas définie; le thermostat $\mathcal{T}$ n'en est pas moins, pour ce qui le concerne, toujours à l'équilibre, et sa température T^{ex} n'a pas varié. Dans une telle situation, $\mathcal{T}$ est effectivement un thermostat vis-à-vis de $\mathcal{S}$. Physiquement, cela provient de ce que l'énergie interne du thermostat est beaucoup plus grande que les variations que peut lui faire subir le comportement de $\mathcal{S}$, suffisamment pour que la modification de la température T^{ex} qu'elles induisent reste inappréciable.

Ces propriétés simples du thermostat permettent de calculer exactement la variation de son entropie lorsqu'il fournit au système $\mathcal{S}$ la chaleur Q. Lorsqu'on réunit en un seul grand système celui qui nous intéresse et le thermostat avec lequel il échange de

---

1. Tout appareil de chauffage tant soit peu élaboré comporte un dispositif de régulation thermique : un thermostat. La notion théorique qui emprunte ce nom en est, de certaine manière, l'idéalisation ; mais c'est véritablement l'économie de la théorie qui requiert cette idéalisation-là, au lieu de n'importe quelle autre.

la chaleur, la variation ΔS de l'entropie globale, qui vérifie l'iné-galité (ou égalité) que nous avons contemplée dans le paragraphe précédent, est la somme de la variation d'entropie du thermostat, que nous savons calculer, et de la variation d'entropie du système. Cette dernière se trouve donc vérifier une inégalité (ou éga-lité) qui s'écrit $\Delta S \geq \dfrac{Q}{T^{ex}}$, où l'égalité a lieu si et seulement si la transformation est réversible.

Le raisonnement se généralise aisément aux transformations dans lesquelles le système $\mathscr{S}$ reçoit de la chaleur de *plusieurs thermostats* : dans l'inégalité (ou égalité) que nous venons d'écrire, le premier membre reste inchangé et le second devient la somme de termes tous analogues : au numérateur la quantité de chaleur (algébrique, ne l'oublions pas !) que fournit l'un des thermostats au système, au dénominateur la température de ce thermostat (toujours positive).

EXPRESSION GÉNÉRALE DU SECOND PRINCIPE

Mais, demanderez-vous, que dire lorsque notre système échange de la chaleur avec un milieu extérieur quelconque ? Le thermostat est un outil théorique fort commode, mais on doit en rencontrer assez peu dans la réalité. Comment l'adapter au cas général où le milieu extérieur, avec lequel le système étudié est en contact thermique, présente une température T^{ex} variable au cours de la transformation que nous voulons analyser ? En pre-mier lieu, cette analyse n'est possible que si la température exté-rieure T^{ex} est constamment définie. Supposons qu'elle le soit. Il nous suffit alors de nous souvenir de la remarque générale que nous avons formulée dès le chapitre VI : deux milieux extérieurs, avons-nous dit, qui agissent de la même façon sur le système et ont avec lui les mêmes échanges sont équivalents. Dans le cas auquel nous sommes confrontés, on peut *imaginer* que, à chaque stade de la transformation, c'est un *thermostat*, dont la tempéra-ture est précisément égale à la valeur de T^{ex} à cet instant, qui fournit au système exactement la chaleur qu'il reçoit à ce stade du milieu extérieur. Comme la température extérieure T^{ex} varie en général le long de la transformation, il faut supposer que l'on dispose de toute une batterie de thermostats de températures différentes couvrant l'intervalle de variation de T^{ex}. Le système est mis en contact, successivement, dans l'ordre imposé par la véritable variation de la température extérieure, avec ces différents thermostats. Bien entendu, il faut s'assurer que chacun d'eux délivre exactement la même quantité de chaleur que le fait réellement le milieu extérieur.

L'expression générale du second principe est donc tout à fait analogue, dans sa forme inégalité-égalité, à celle que nous avons écrite dans le cas d'un seul thermostat : le second membre est la somme de termes tous semblables, qui doivent suivre le comportement de la température extérieure et celui des quantités de chaleur fournies au système. La formule ainsi obtenue est appelée « *inégalité de Clausius* ». Nul besoin d'insister pour faire remarquer que travail et chaleur jouent des rôles dissymétriques : c'est la chaleur Q, et jamais le travail W, qui figure au second membre de l'inégalité (ou de l'égalité) exprimant le second principe. Rappelons que, dans cette expression, l'*égalité* a lieu si et seulement si la transformation est *réversible*.

Le second principe est beaucoup plus subtil, beaucoup plus délicat à manier, que le premier. Il donne lieu en tout cas à d'innombrables erreurs, de nature extrêmement variée. La *seule façon* d'éviter ces erreurs, pour le physicien, est de s'astreindre dans les applications à une règle de conduite inflexible, quasi monacale : il faut *toujours* partir de l'inégalité de Clausius, prise sous l'avatar adéquat, et l'appliquer à un système clairement identifié et délimité.

Quelques mots sur le principe zéro

Le premier et le second principe ont été historiquement, et restent encore dans la pratique, les piliers sur lesquels s'appuie et s'échafaude la thermodynamique, même s'ils peuvent, comme nous l'avons fait ici, être déduits d'un postulat plus général. Pourtant, le développement et l'approfondissement de la théorie, ainsi que des avancées expérimentales et techniques, ont amené les physiciens à introduire *deux nouveaux principes* qu'ils ont, pour des raisons qui paraîtront bientôt naturelles, baptisés le « principe zéro » et le « troisième principe ».

Le *principe zéro* s'énonce comme suit : si deux systèmes sont en équilibre thermique avec un même troisième, alors ils sont en équilibre thermique entre eux. On comprendra que ce principe était destiné à fonder en droit la notion de température. Plus précisément, la température est à l'origine une grandeur associée à chaque système séparément. D'après la définition qui en a été donnée au chapitre IV, la température d'un échantillon d'eau et celle d'un bloc de cuivre n'ont *a priori* rien à voir l'une avec l'autre, car l'énergie et l'entropie de ces deux systèmes se construisent de façon totalement différente et suivent des lois très diverses. Pourtant, cette propriété, qu'on croyait intrinsèque à chaque système, va être – est expérimentalement – partagée par différents systèmes. Il fallait bien un principe pour prendre acte de ce fait ! Le principe zéro fait de la température une grandeur universelle : même si les systèmes qui se trouvent en équilibre thermique sont de nature totalement différente, leurs températures sont égales.

Du point de vue de notre postulat fondamental (chap. III), le principe zéro est une évidence. On *définit* la température (voir chap. IV). On *démontre* ensuite (chap. V) que deux systèmes ayant atteint l'équilibre thermique ont des températures égales. Par conséquent, si deux systèmes $\mathscr{S}_1$ et $\mathscr{S}_2$, de températures respectives T_1 et T_2, sont séparément en équilibre thermique avec un même système $\mathscr{S}_3$, de température T_3, alors notre postulat implique que T_1 et T_3 sont égales, de même que T_2 et T_3. On en déduit aussitôt que T_1 et T_2 doivent être égales, ce qui signifie que les systèmes $\mathscr{S}_1$ et $\mathscr{S}_2$ sont en équilibre thermique, pourvu du moins qu'on les mette en contact.

Le principe zéro est donc une conséquence du postulat fondamental, comme l'étaient le premier et le second principe.

Le troisième principe et ses apports insoupçonnés

Le *troisième principe* est beaucoup plus intéressant et important. Le besoin s'en fit sentir lorsqu'eut été engagée la course aux basses températures.

LA COURSE AUX BASSES TEMPÉRATURES

Parmi les grands défis que devait affronter la physique du XIXe siècle finissant, l'un des plus obsédants concernait la *liquéfaction des gaz*. Le problème était controversé. Pour certains, il devait exister des « gaz permanents » qui, comme l'indique l'expression, ne pourraient jamais être observés qu'à l'état gazeux ; pour ces corps, pas de liquéfaction, et encore moins de solidification. Les gaz permanents comprenaient en tout cas les composants de l'air, oxygène et azote, aussi bien que l'hydrogène, et peut-être quelques autres encore. À ce courant de pensée s'opposaient d'autres physiciens : qu'est-ce qui pourrait distinguer l'hydrogène, l'azote et l'oxygène d'une part, et la vapeur d'eau d'autre part, pour que celle-ci puisse être liquéfiée – très facilement, du reste, puisque voilà un phénomène qui se rencontre couramment dans la vie de tous les jours – tandis que ceux-là résistent obstinément à toute tentative pour en faire un liquide ?

Il faut dire qu'était intervenu, quelque temps auparavant, un événement fortuit dont la portée paraissait décisive aux adversaires des gaz permanents. En 1823, Michael Faraday – qui serait bientôt célèbre pour ses découvertes fondamentales en électromagnétisme – avait, par hasard, mis en route l'entreprise de liquéfaction des gaz. Il electrolysait une solution aqueuse de sel marin (chlorure de sodium), obtenant du chlore à l'une des bornes (anode) et à l'autre (cathode) de l'hydrogène accompagné de soude qui restait en solution. Pour quelque raison, il faisait cela en chauffant la solution dans un tube de verre scellé. Il remarqua alors que s'y accumulait une sorte d'huile verdâtre. Pour en avoir le cœur net, il voulut ouvrir le tube, qui lui explosa entre les mains (la physique et la chimie sont des sports dangereux !). Nullement rebuté, il comprit rapidement que l'huile qu'il produisait dans cette expérience était du chlore liquide. Le hasard l'avait servi, alors que d'autres s'échinaient depuis des mois pour obtenir cette liquéfaction. Son génie expérimental allait lui permettre de comprendre et d'exploiter ce coup du sort : il parvint à liquéfier d'autres gaz en les produisant dans des tubes scellés, à haute pression. Il vit même clairement la signification du point critique [1], qui venait d'être mis en évidence sur l'éther : un gaz ne peut être liquéfié par compression que s'il a préalablement été porté à une température inférieure à sa température critique. Lorsqu'un procédé de refroidissement, fondé sur la neige carbonique [2], eut été inventé, il construisit (en 1844) un appareil dans lequel il pouvait comprimer un gaz jusqu'à quarante atmosphères et le refroidir jusqu'à moins cent degrés Celsius, environ. Seuls six gaz résisteront à ce traitement : l'oxygène et l'azote – c'est-à-dire l'air dans son ensemble –, l'hydrogène, l'oxyde de carbone, l'oxyde d'azote et le méthane. Les tenants des gaz permanents campaient résolument sur les trois premiers (oxygène, azote et hydrogène), des éléments qui pouvaient avoir des raisons physiques, et même métaphysiques, de refuser la liquéfaction ; les trois autres, des composés chimiques, pouvaient difficilement être taxés d'autre chose que de caprice particulariste.

C'est une contribution théorique, *cinquante ans après les premiers succès de Faraday*, qui permit de trancher le nœud gordien. En 1873, en effet, un théoricien hollandais, Johannes Diderik van der Waals, donna à connaître l'équation d'état qui porte son nom [3]. Cette équation relie la pression p, la température T, le volume V et le nombre de moles n d'un gaz donné mais *quelconque* ; elle fait apparaître deux paramètres, notés a et b, dont elle ne spécifie pas la valeur. Mais précisément, on peut en quelque sorte retourner l'argument : à supposer que le gaz auquel on s'intéresse obéisse effectivement à une équation d'état du type de van der Waals, on pourra, en effectuant des mesures pour diverses valeurs des grandeurs physiques énumérées ci-dessus, déterminer les constantes a et b qui décrivent ce gaz. Une chose est curieuse : bien que théorique, l'équation de van der Waals est seulement *approchée* ; malgré cela, c'est elle qui servit d'emblème et de guide à ceux qui pensaient que tout devait se liquéfier. Effectivement, elle a la *même forme pour tous les gaz* ; seuls changent, de l'un à l'autre, les paramètres a et b. Par conséquent, si quelques gaz peuvent être liquéfiés, tous peuvent l'être. Seulement voilà : il est strictement impossible d'observer un fluide sous forme liquide si l'on n'a pas abaissé sa température au-

---

1. Voir *infra*, p. 190.
2. Voir *infra*, p. 140.
3. Nous y avons déjà fait allusion *supra*, p. 96.

dessous d'une température caractéristique, qu'on appelle sa *température critique* [1]. Comme celle-ci dépend évidemment du fluide considéré, certains gaz sont plus difficiles à liquéfier que d'autres. Mais la connaissance des paramètres *a* et *b* de l'équation de van der Waals fournit la température critique. Or, souvenez-vous : on peut déterminer ces paramètres en analysant *le comportement du gaz seul*. Ainsi l'équation de van der Waals, appliquée à chaque fluide particulier, permet de connaître sa température critique au prix de mesures effectuées au-dessus de cette température, c'est-à-dire sur le gaz.

Le verrou avait sauté. Effectivement, il s'écoula à peine quatre ans avant que, en 1877, de fins brouillards d'azote et d'oxygène liquides fussent obtenus pour la première fois, presque simultanément, par Raoul Pictet à Genève et Louis Cailletet à Paris [2]. Ce dernier construisit même un appareil qui permettait de réaliser « la continuité des états liquide et gazeux » que prédisait l'équation de van der Waals [3]. Vers 1883 Olszewski avait pu rassembler en Pologne quelques centimètres cubes d'azote et d'oxygène liquides ; cela lui permettait de réfrigérer d'autres substances, pour les étudier aux basses températures qu'il atteignait ainsi ; un nouveau et vaste domaine de recherches s'ouvrait à la physique.

Mais l'hydrogène résistait encore à la liquéfaction. L'équation de van der Waals prédisait pour lui une température critique vertigineusement basse. Sir James Dewar, successeur de Faraday à l'Institution royale de Londres, et Kamerlingh Onnes à Leyde (Pays-Bas) décidèrent de relever le gant et se lancèrent dans cette folle entreprise. Naturellement – les physiciens sont souvent des hommes de passion – le terme de « course » était particulièrement adapté à cette recherche parallèle dans deux laboratoires différents. La compétition mit aussitôt en jeu d'intenses orgueils personnels et nationaux. Le passé fut aussi sollicité : Dewar se réclamait de son prédécesseur Faraday – dont il occupait la chaire à l'Institution royale –, le premier selon lui à avoir liquéfié un gaz ; Kamerlingh Onnes rétorquait que le Hollandais van

---

1. Bien entendu, dans le cas des gaz aisément liquéfiables, la température critique est assez élevée pour ne pas mettre d'obstacle à la transition gaz-liquide : pour l'eau par exemple, la température critique est de 374 °C.
2. La température était de 90 kelvins (– 183 °C) pour l'oxygène et de 77 kelvins (– 196 °C) pour l'azote.
3. Voir *infra*, p. 191.

Marum avait rapporté, en pleine connaissance de cause, la liquéfaction de l'ammoniac, qui s'était produite – sans qu'il l'ait prévue – au cours d'expériences sur ce gaz qu'il menait... au
xvıII^e siècle, plusieurs dizaines d'années avant Faraday.

Il devint évident, dans les années 1890, que Dewar allait
gagner. Un de ses atouts majeurs était le vase qu'il venait d'inventer : comme dans une bouteille Thermos de nos jours, les parois
de ce vase consistaient en deux couches de verre entre lesquelles
on avait fait le vide, ce qui réduisait de manière spectaculaire les
pertes thermiques, c'est-à-dire l'entrée de chaleur venant du
milieu ambiant, et permettait de conserver beaucoup plus longtemps les échantillons de gaz liquéfié qu'on avait pu obtenir.
L'avantage que cela donnait à Dewar était d'autant plus radical
que Kamerlingh Onnes refusa catégoriquement d'utiliser dans
son laboratoire des récipients copiés sur celui de son rival. Mais
les règles du jeu changèrent tout à coup, en 1895, lorsque le
chimiste britannique William Ramsay annonça la découverte
d'*hélium* dans l'air ; cet élément avait été observé, par spectro-
scopie – c'est-à-dire détection des raies lumineuses caractéristiques qu'il émet – dans le Soleil (d'où son nom), mais il n'avait
jamais été vu jusqu'alors sur Terre. Sa présence comme « gaz
rare » dans l'air promettait l'obtention d'échantillons suffisamment abondants. Kamerlingh Onnes renonça à son refus borné
d'utiliser les vases Dewar, abandonna sa course – désormais perdue – à l'hydrogène liquide, et se lança à corps perdu sur
l'hélium. Dewar put savourer pleinement sa victoire : le 10 mai
1898, il réussit à produire de l'hydrogène liquide ; il était « des-
cendu » pour cela à – 253 °C, soit 20 kelvins !

QUELQUES IDÉES SIMPLES SUR LES MÉTHODES

Revenons en arrière pour comprendre les prouesses qu'avait
demandées cette réussite. Les tentatives pour liquéfier l'hydrogène – et il apparut bientôt que l'hélium serait pire encore –
posaient des problèmes qualitativement plus ardus que ceux qu'il
avait fallu résoudre pour les autres gaz. Plus la température à
atteindre était basse, plus malaisées devenaient les techniques
d'isolement thermique qu'il fallait mettre en œuvre pour éviter
que l'air ambiant, à une vingtaine de degrés Celsius, ne réchauffe

les échantillons que l'on manipulait vers les − 200 °C, et maintenant nettement au-dessous de ces températures. Bien sûr ! Mais c'est surtout dans la méthode de liquéfaction elle-même qu'il fallait innover.

Prenons un cas ordinaire, celui de l'oxygène. Sa liquéfaction était obtenue par un processus en cascade, pour ainsi dire. On partait du gaz carbonique, ou dioxyde de carbone. Sa température critique (304 kelvins, soit 31 °C) est supérieure aux températures habituelles. Il est donc possible, sans refroidir, d'obtenir du dioxyde de carbone liquide. Il suffit pour cela de comprimer suffisamment le gaz, à température constante : il faut atteindre environ 55 atmosphères à 20 °C. (Les bouteilles de dioxyde de carbone, que l'on utilise notamment comme extincteurs, contiennent à la fois du liquide et du gaz sous pression [1].) Ensuite, on isolait thermiquement le récipient, et on détendait la pression. Pour un assemblage de gaz et de liquide, tel que celui qu'on traite ici, la température et la pression sont nécessairement liées [2], de sorte que la première s'abaisse nécessairement si la seconde diminue. On atteignait ainsi, grâce au gaz carbonique et son liquide – l'argument n'est valable que si les deux phases coexistent – une température inférieure au point critique d'un autre gaz ; différentes possibilités s'offraient, entre lesquelles pouvaient choisir les divers laboratoires suivant les disponibilités et suivant les préférences. Cet autre gaz était à son tour liquéfié par compression, puisqu'on l'avait amené au-dessous de sa température critique. Et le procédé reprenait alors à l'identique, quoique à chaque fois plus rude à cause des fuites thermiques plus insidieuses qu'il fallait colmater. Ainsi de suite, jusqu'à parvenir aux alentours de la température critique de l'oxygène (155 K). Comme nous l'avons déjà dit, c'est l'équation d'état de van der Waals qui fournissait cette température critique et qui guidait le choix des gaz à utiliser dans la cascade.

De façon plus précise, Émile-Hilaire Amagat publia en 1880 une série de résultats expérimentaux [3] concernant divers gaz, qui

---

1. Si pourtant on ouvre le robinet, c'est de la neige carbonique, et non pas du liquide, qui en sort avec le gaz : le liquide ne peut pas exister à la pression atmosphérique.

2. Voir *infra*, p. 180.

3. Il donnait la variation de la pression p en fonction du volume V à température T constante, mais dans toute une gamme de températures (le nombre de moles n avait été fixé une fois pour toutes).

comprenaient en particulier l'azote, l'oxygène, l'éthylène et l'hydrogène. Deux ans plus tard, Sarran avait analysé ces données au moyen de l'équation de van der Waals ; il avait trouvé a et b pour les divers gaz ; il était donc en mesure de prédire sous quelles conditions pouvait se produire leur liquéfaction. S'appuyant sur ces résultats, Olszewski introduisit l'éthylène dans la cascade qu'initiait le gaz carbonique, ce qui lui permit de produire les liquides cryogéniques en quantités non négligeables. Il put atteindre environ 125 kelvins avec l'éthylène, c'est-à-dire – 148 °C. Là, il appliqua à de l'oxygène une pression de 20 à 30 atmosphères, puis provoqua une brusque détente ; cela lui fournit de l'oxygène liquide à son point d'ébullition sous la pression atmosphérique.

Pour en venir à l'hydrogène, il fallait en premier lieu réussir un énorme saut en température, depuis celles qui pouvaient être atteintes à cette époque (70 à 80 K [1]) jusqu'à celles auxquelles il fallait parvenir (moins de 33 K d'après les analyses de Sarran). En outre, on ne pouvait envisager, pour réussir ce saut, d'utiliser aucun autre gaz : toutes les cascades se brisaient bien avant le but à atteindre. Restait un seul procédé possible, fondé sur ce qu'on appelle la « détente de Joule-Thomson » : on force un gaz à passer, dans un tube, à travers un bouchon de bourre de coton ; la pression du gaz est évidemment plus forte en amont qu'en aval (d'où le nom de détente) ; dans un certain domaine de conditions expérimentales – que l'on sait délimiter à partir de l'équation de van der Waals –, la température du gaz décroît au cours de la détente. Il fallait donc se résigner à utiliser la force brute (expression qu'affectionnent les Américains) : première détente de Joule-Thomson, échange de chaleur avec un autre échantillon de gaz qu'on a préalablement comprimé pour qu'il puisse être injecté en amont de la bourre de coton, nouvelle détente de Joule-Thomson de ce deuxième échantillon, et ainsi de suite. Pour sûr, la température baisse à chaque « cycle », puisque le gaz subissant la $(n + 1)^{\text{ième}}$ détente est plus froid que celui qui a subi la $n^{\text{ième}}$: il a bénéficié, par échange de chaleur, du refroidissement qu'a produit cette $n^{\text{ième}}$ détente. Mais que c'est pénible et long ! En outre, il y faut un savoir-faire qu'on n'acquiert que lentement et à la sueur de son front. Par exemple, Kamerlingh

---

1. Rappelons que pour exprimer une température en degrés Celsius, il faut retrancher 273 à sa valeur en kelvins.

Onnes voulut utiliser le procédé en cascade qu'avait mis au point Olszewski, en 1884, pour produire de l'azote liquide ; il lui fallut dix ans pour maîtriser ce procédé !

PREMIÈRE LIQUÉFACTION DE L'HÉLIUM, ACTE FONDATEUR

À l'hélium, maintenant ! Kamerlingh Onnes avait pris une certaine avance sur Dewar, et il avait en outre l'avantage de s'entendre avec Ramsay, qui était le seul à pouvoir fournir de l'hélium gazeux en quantité utilisable, et qui s'était brouillé avec Dewar. Kamerlingh Onnes effectuait lui-même, sur ce gaz qu'on ne pouvait manipuler que depuis peu, les mesures nécessaires pour déterminer les constantes a et b, qui indiqueraient la température critique à atteindre et même à franchir. Il apparut rapidement que cette température serait très basse. C'est pourquoi Kamerlingh Onnes effectuait les mesures, pour qu'elles soient significatives, à la température de l'hydrogène liquide. Cela ne fut possible que lorsque furent accessibles des quantités suffisantes et d'hélium gazeux et d'hydrogène liquide. Le résultat déduit de ces mesures fut atterrant : la température critique de l'hélium se situait vers 5 kelvins ! Kamerlingh Onnes ne se laissa pourtant pas abattre, et il mit en route pour l'hélium la succession de détentes de Joule-Thomson et d'échanges de chaleur qui vient d'être décrite. C'était d'autant plus difficile que la quantité d'hélium gazeux était limitée.

Le 10 juillet 1908, à six heures moins le quart du matin, Kamerlingh Onnes et ses étudiants commencèrent à liquéfier les vingt litres d'hydrogène qui leur seraient nécessaires d'après les estimations qu'ils avaient établies les jours précédents. Or ce fut seulement à six heures et demie de l'après-midi que la température dans le circuit où évoluait l'hélium – détentes de Joule-Thomson, échanges de chaleur – tomba pour la première fois au-dessous de celle de l'hydrogène. Peu après, il fallut brancher la dernière bouteille d'hydrogène liquide qui était encore disponible. Ils s'aperçurent alors que la détente produisait maintenant un réchauffement au lieu du refroidissement attendu [1]. Ils

---

1. Selon les conditions (température, pression) dans lesquelles elle a lieu, la détente de Joule-Thomson peut se traduire soit par une augmentation, soit par une diminution de température.

essayèrent donc d'abaisser la pression de l'hélium en circulation, de cent à soixante-quinze atmosphères. À cette dernière valeur, les thermomètres placés dans le réservoir qui avait été préparé pour l'hélium liquide se stabilisèrent au-dessous de 5 kelvins. Cependant aucun liquide ne s'y montrait, et la dernière bouteille d'hydrogène se vidait... Tout à coup, la présence du liquide se manifesta. Elle ne l'avait pas fait jusque-là parce que le ménisque séparant liquide et gaz était caché derrière les thermomètres ! Mais là, aucun doute possible. Citons Kamerlingh Onnes lui-même dans son compte rendu à l'université de Leyde : « La surface du liquide fut bientôt rendue clairement visible par la réflexion de la lumière venant du dessous, et aucun doute n'était possible car cette surface était percée nettement par les deux fils du thermoélément. Il était sept heures trente du soir. Une fois la surface identifiée, on ne la perdit plus de vue. Elle se détachait, définie de façon tranchante comme une lame de couteau sur le mur de verre. » Voilà : l'hélium liquide était devenu accessible [1], et on avait atteint la température de 4 kelvins. Quant à la notion de « gaz permanent », elle était à rayer du dictionnaire des physiciens.

LES FABULEUSES CONTRÉES DES BASSES TEMPÉRATURES

La liquéfaction de l'hélium, que maîtrisait maintenant le laboratoire de Leyde, ouvrait un domaine de recherches entièrement nouveau : celui des très basses températures. Il se trouve – mais, *a posteriori*, on sait bien qu'il ne pouvait en être autrement – que ce domaine s'est avéré très riche, et en phénomènes extrêmement curieux. Nous en donnerons les deux principaux exemples.

Le premier sera celui de la *supraconductivité* de certains métaux. Au seuil de ces terres vierges qu'il avait la possibilité d'explorer, Kamerlingh Onnes n'avait que l'embarras du choix. Il décida de commencer par étudier la résistance électrique des métaux à très basse température. Pourquoi ? Dieu seul le sait. Diverses conjectures ont été avancées : on a dit par exemple que,

---

1. *Cf.* D. L. Goodstein, *States of Matter*, Prentice Hall, 1975.

dans le modèle de Drude [1], la conduction des métaux était due à un nuage d'électrons libres ; Kamerlingh Onnes aurait pensé que ce nuage allait geler à basse température, transformant le conducteur en isolant... Peut-être ! Mais, en réalité, Dieu seul connaît les raisons de son choix, nous l'avons déjà dit. Et Dieu avait bien fait les choses, comme nous allons le voir.

Le premier métal choisi fut le mercure, car il pouvait être aisément purifié par distillation. Bien entendu, il était depuis longtemps devenu solide quand on atteignait les très basses températures (température de solidification : – 39 °C). La résistance électrique d'un métal décroît lentement quand la température décroît. Pour le mercure (et quelques autres métaux), leur résistance tombe brutalement à zéro lorsqu'on atteint une certaine température critique (4,15 kelvins pour le mercure) et s'y maintient pour toute température inférieure. C'est Gilles Holst, élève de Kamerlingh Onnes, qui découvrit le phénomène en 1911, c'est-à-dire qui observa le premier la chute à zéro de la résistance d'un fil de mercure refroidi aux environs de 4 kelvins. Mais le « Patron » confisqua la découverte pour lui seul, ce qui lui vaudra le prix Nobel en 1913. Comme quoi un grand physicien peut être un petit homme... Il faut cependant dire à sa décharge que c'est lui qui avait dirigé le laboratoire de Leyde, y compris dans les moments noirs où tout semblait perdu ; c'est lui aussi qui avait décidé, après le succès de 1908, d'orienter les recherches vers l'étude de la conductivité à très basse température [2].

Revenons à la supraconductivité elle-même. Que veut dire une *valeur nulle de la résistance* ? Tout bêtement, pour commencer, qu'une intensité électrique appréciable peut parcourir un circuit incluant l'échantillon étudié, alors qu'un voltmètre branché aux bornes de cet échantillon marque zéro. On a aussi essayé

---

1. C'est le physicien allemand Paul Drude (1863-1906) qui avança le premier, en 1902, la théorie électronique de la conduction par les métaux : il comprit que leur conductivité et leur éclat provenaient de la présence d'électrons libres.

2. En 1917, Gilles Holst demanda à Kamerlingh Onnes de le recommander pour qu'il puisse entrer dans une entreprise privée, à un poste de responsabilité. Après mûre réflexion, le patron accepta de le faire. C'est ainsi que Gilles Holst devint l'un des dirigeants de la Philips Corporation, à Eindhoven. Cette anecdote édifiante m'a été contée par Jean Klein, auteur, avec Sven Ortoli, d'un livre sur la supraconductivité, *Histoire et Légendes de la supraconduction*, Calmann-Lévy, 1989. On pourra aussi consulter *La Guerre du froid*, par Jean Matricon et Georges Waysand, Seuil, 1994.

de lancer (par induction) un courant électrique dans une boucle supraconductrice dépourvue de toute pile, batterie ou autre générateur. Peut-être commencerons-nous par donner un élément de comparaison : dans une boucle analogue qui serait simplement conductrice – bonne conductrice, certes, mais pas supraconductrice – un courant lancé de la même manière s'amortirait en une fraction de seconde, par « effet Joule » lié à la résistance du circuit. Dans le cas de la boucle supraconductrice, le courant se présente d'emblée sous un jour différent, puisqu'il se maintient, imperturbablement inchangé, pendant plusieurs secondes, bientôt plusieurs minutes, puis des heures... À la fin de la journée, quand l'expérimentateur doit quitter son laboratoire pour aller prendre quelque repos chez lui, le courant circule toujours dans la boucle, aussi intense qu'au début. Et le lendemain matin, quand l'expérimentateur vient reprendre son travail, le courant l'attend, sans s'être modifié. Au bout de quelque temps, l'expérimentateur s'octroie quelques vacances. À son retour, fidèle comme Pénélope, le courant perdure, imperturbable. Et cela durant des années, jusqu'à ce qu'enfin l'expérimentateur, ayant besoin de place pour une autre expérience, se résolve à démonter l'appareillage [1]. Il faut bien dire aussi que le maintien d'une boucle à très basse température [2] occasionne des coûts qui ne sont pas négligeables [3].

Supposons maintenant que nous cherchions à créer un fort champ magnétique. C'est indispensable, voire crucial, pour diverses expériences. L'un des exemples les plus significatifs concerne la construction et le fonctionnement des grands accélérateurs de particules ; pour citer seulement les plus perfor-

---

1. Dans la réalité, c'est une grève qui mit fin à l'expérience, au bout de deux ans et demi !

2. 3,7 kelvins dans le cas de l'étain, 7,2 pour le plomb, 0,85 pour le zinc.

3. On a beaucoup parlé, ces dernières années, de *supraconducteurs haute température* ; on se réfère alors à des matériaux qui deviennent supraconducteurs lorsqu'on les plonge dans l'azote liquide, disons – 196 °C, ou même à des températures moins basses (le record, il me semble, est de 90 kelvins, c'est-à-dire – 183 °C). Les enjeux économiques sont colossaux : imaginez seulement les gains que réaliserait la compagnie d'électricité si le transport du courant le long des lignes à haute tension, par exemple, n'occasionnait plus aucune perte ! Mais les problèmes techniques sont redoutables : les matériaux dont il est question, sortes de céramiques, refusent de se laisser filer et agencer en circuits.

mants, nous mentionnerons celui du CERN (Centre européen pour la recherche nucléaire), laboratoire européen situé dans la banlieue de Genève, et celui du Fermilab (abréviation de « laboratoire Fermi »), dont le site se trouve près de Chicago. On y fait appel à des électro-aimants, constitués essentiellement d'un enroulement de fil électrique autour d'une culasse cylindrique de fer doux. Le Tévatron [1] de Chicago fonctionne grâce à 774 électro-aimants. S'il s'agissait d'aimants conventionnels – on désigne ainsi les électro-aimants qui ne font pas appel à la supraconductivité –, l'ensemble consommerait environ 400 mégawatts d'électricité. Rendez-vous compte : un ménage ordinaire dépense de l'ordre de 2 000 kilowatts-heure par an. L'énergie nécessaire au fonctionnement de l'accélérateur *pendant une heure*, à savoir 400 mégawatts-heure, équivaudrait alors à celle qui fait vivre deux cents foyers *pendant un an* ! Il est peut-être encore plus parlant d'exprimer cette comparaison de la façon suivante : la consommation de l'accélérateur, s'il était conventionnel, serait celle de un million sept cent cinquante mille foyers, c'est-à-dire d'une ville de quatre ou cinq millions d'habitants [2], un peu moins sans doute, car nous n'avons pas pris en compte dans notre évaluation la consommation publique d'électricité. Heureusement, le Tévatron qu'exploite le Fermilab a été d'emblée conçu et directement construit avec des aimants supraconducteurs, puisqu'on appelle ainsi, abusivement, les électro-aimants dont l'enroulement électrique est supraconducteur. Alors, pas de dépense électrique dans les bobinages qui créent le champ magnétique. Mais en contrepartie – on n'a rien pour rien – dissipation d'énergie

---

1. Ce nom de Tévatron rappelle que l'énergie atteinte par cette machine – énergie qu'elle communique à des protons – est de l'ordre de 1 TeV, c'est-à-dire 10^{12} électrons-Volts (l'électron-Volt eV donne l'ordre de grandeur des énergies qui se manifestent dans un atome ou un solide : 1 eV = 1,6 × 10^{-19} joule). Le TeV est l'énergie la plus élevée jamais atteinte dans un accélérateur de particules.

2. Il fut un temps, avant la mise au point technique des supraconducteurs, où l'accélérateur du CERN, bien que ses performances fussent alors beaucoup plus réduites qu'actuellement, occasionnait une dépense d'énergie électrique équivalente à celle de la ville de Genève tout entière. On est parvenu depuis à maîtriser la technologie des supraconducteurs, mais on a aussi construit une centrale électrique chargée plus spécialement de couvrir les besoins du CERN !

dans les réfrigérateurs et cryostats[1] chargés d'amener et de maintenir les conducteurs au-dessous de la température critique à laquelle ils deviennent supraconducteurs (au Fermilab, la température de fonctionnement est de 4,2 kelvins). Ce système de réfrigération exige 7 mégawatts électriques; c'est encore énorme, mais le gain réalisé par rapport aux aimants conventionnels avoisine un facteur 60. La confrontation économique et scientifique du « tout supraconducteur » avec le conventionnel est pourtant moins simple que ne l'indiquent ces nombres bruts et globaux. Citons en vrac : les champs magnétiques que peuvent créer les aimants supraconducteurs sont, en pratique, significativement plus élevés que ceux que l'on sait réaliser à l'aide d'aimants conventionnels; le fonctionnement de ceux-ci, puisqu'il s'accompagne du dégagement d'une énorme quantité de chaleur, nécessite en permanence un refroidissement qui met en jeu des mètres cubes et des mètres cubes d'eau circulant continûment autour des bobinages; le coût de fabrication d'un aimant supraconducteur représente un investissement considérablement plus élevé que celui d'un aimant conventionnel, parce que le métal est plus cher (alliage spécial au lieu de cuivre) et parce qu'il faut prévoir un système réfrigérant au lieu d'un circuit de refroidissement.

Nous voudrions donner un deuxième exemple des phénomènes qui apparaissent aux très basses températures : il concerne le comportement de l'hélium lui-même, que nous décrirons succinctement. Il faut savoir en premier lieu que l'hélium est *le seul corps* qui, sous la pression atmosphérique, *ne se solidifie pas*, même à très basse température. Nous y reviendrons au chapitre IX de façon plus précise. Mais un corps quelconque – autre que l'hélium – se présente sous forme gazeuse à haute température, sous forme liquide aux températures intermédiaires, puis sous forme solide à basse température[2]. L'hélium, qui est un gaz à température ordinaire, se liquéfie, nous l'avons vu, à condition d'y mettre le prix. Mais, sous la pression atmosphérique, l'hélium ne

---

1. On appelle « cryostat » une enceinte, calorifugée avec un soin particulier, qui permet de conserver pendant quelque temps (de l'ordre de la dizaine de minutes) un échantillon – *a priori* quelconque – à une (basse) température où l'on souhaite l'étudier ou, comme ici, l'utiliser.

2. Ce schéma idyllique ne se présente pas tel quel pour un bon nombre de corps, mais il indique les tendances générales. Voir *infra*, p. 187.

devient jamais solide [1]. On arrive cependant à solidifier l'hélium si on lui applique une pression supérieure à 25 atmosphères.

Revenons à la pression atmosphérique et liquéfions l'hélium, vers 4 kelvins. Si l'on abaisse encore la température, toujours sous la pression atmosphérique, on constate que, à 2,2 kelvins, ses propriétés changent de façon dramatique, alors qu'il reste liquide : au-dessous de cette température critique, on a affaire à un liquide d'un type inconnu jusque-là, que l'on qualifie de « *superfluide* ». Son comportement est extraordinaire, dans tous les sens du terme. On appelle « *transition λ* » le passage du liquide normal au superfluide. Cette transition est facile à détecter, bien qu'elle relie un liquide transparent et incolore à un autre liquide transparent et incolore. De l'hélium liquide normal que l'on refroidit en pompant sa vapeur [2] bout vigoureusement et donc de façon très visible. À la transition λ, l'ébullition cesse soudainement ; le superfluide, bien qu'on continue à pomper sa vapeur, reste parfaitement tranquille comme une eau dormante. Il peut d'autre part s'écouler sans frottement (sans viscosité) à travers un capillaire. Ou encore quand il se trouve dans un vase Dewar (bien sûr !), il grimpe le long des parois en y formant un film très mince, puis en profite, en utilisant ce film comme siphon, pour s'écouler hors du vase : il monte sur la face intérieure des parois puis descend en glissant sur la face extérieure dont le fond goutte sans arrêt, jusqu'à épuisement du superfluide contenu dans le vase.

Un autre phénomène spectaculaire est celui que l'on appelle l'« *effet fontaine* ». Vous avez de l'hélium superfluide dans un vase Dewar. Vous enfoncez dedans une espèce de bouteille sans fond, de manière que le goulot, très étroit (un capillaire, à nouveau) dépasse la surface du liquide (voir figure) ; le corps de la bouteille a été rempli de poudre émeri, bien tassée, qui n'offre à l'hélium que des passages étroits et labyrinthiques. On éclaire alors la poudre émeri avec une lumière assez intense, ce qui a pour effet de faire jaillir l'hélium superfluide par le goulot de la bouteille ; il n'est pas rare d'observer des jets de 30 centimètres de haut.

---

1. Avec les techniques modernes, on a pu atteindre la température d'un millionième de kelvin.

2. Voir *infra*, p. 185.

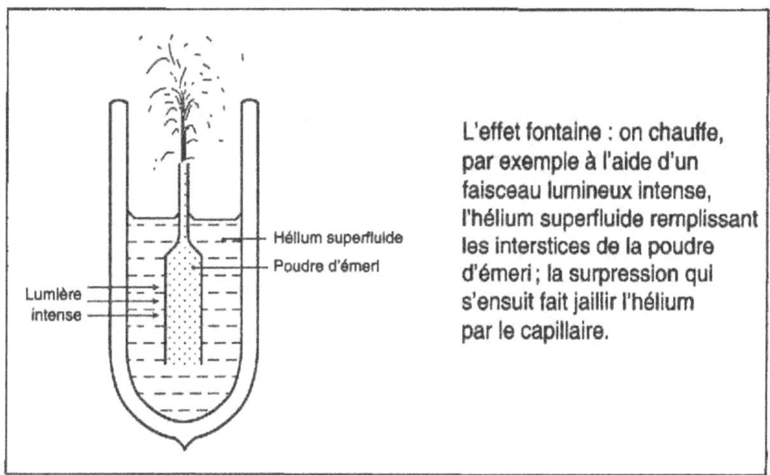

L'effet fontaine : on chauffe, par exemple à l'aide d'un faisceau lumineux intense, l'hélium superfluide remplissant les interstices de la poudre d'émeri ; la surpression qui s'ensuit fait jaillir l'hélium par le capillaire.

Nous n'analyserons pas théoriquement ces effets : ils relèvent plutôt de la mécanique statistique que de la thermodynamique « pure », et nous en reprendrons sans doute quelques-uns dans la troisième partie de ce livre.

ÉNONCÉ DU TROISIÈME PRINCIPE

Les expériences que nous avons décrites ont au moins un point commun, qu'elles partagent avec toutes les manipulations et tentatives menées dans le domaine des basses températures : plus la température d'un corps est basse, plus redoutables s'avèrent les difficultés à vaincre pour abaisser encore cette température. Ce comportement paraît suffisamment systématique pour qu'on en prenne acte en l'exprimant sous forme d'un énoncé, encore empirique mais général : *pour quelque système que ce soit, il est impossible d'atteindre la température nulle,* qu'on dénomme couramment « *le zéro absolu* ». La température T dont il est question ici est celle qui a été définie, pour un système quelconque, au chapitre IV, et que le postulat fondamental a expressément supposée positive (chap. III, point (2)). Le présent énoncé affirme que la borne inférieure de l'intervalle permis (c'est-à-dire le zéro absolu) ne peut pas être atteinte : on parle, de façon un peu barbare, d'« inatteignabilité du zéro absolu ». Rien là de paradoxal, ni de singulier du point de vue mathématique. D'ailleurs, si le développement historique nous avait conduits à définir et utiliser directement l'inverse de la température – appelons-le β – nous trouverions sans doute plus naturel qu'il soit impossible d'atteindre pour β une valeur infinie.

Sur le plan théorique, le *troisième principe* a connu divers avatars. Sous sa forme finale, on s'y réfère le plus souvent comme « *principe de Nernst* » (du nom d'un des physiciens qui ont le plus œuvré à sa découverte). C'est pourtant à Planck qu'est due cette formulation, la plus systématique : *l'entropie de tout système tend vers zéro lorsque la température tend vers zéro*. En réalité l'important, en thermodynamique, c'est que l'entropie tende vers *la même valeur pour tous les systèmes*, quels qu'ils soient. Fixer à zéro cette valeur commune résulte d'un choix, naturel certes, mais arbitraire : on peut montrer que la thermodynamique ne définit sans ambiguïté que les *différences d'entropie* entre les divers états d'un système ; le troisième principe vient donc en quelque sorte « caler » cette échelle jusque-là flottante.

Il doit ressortir de façon évidente que *le troisième principe ne se déduit pas du postulat fondamental* tel que nous l'avons exposé au chapitre III de cette deuxième partie. Évidemment, l'énoncé de Planck que nous avons formulé il y a quelques instants pourrait être inséré, quasiment tel quel, dans le postulat fondamental : il ne ferait qu'affirmer une caractéristique supplémentaire de la fonction entropie. Si nous n'avons pas retenu cette présentation globale et inattaquable, c'est d'une part parce qu'elle nécessiterait une définition préalable de la température et, d'autre part, que le troisième principe y perdrait de sa substance et de son impact, coupé qu'il serait du monde bouillonnant des expériences de basse température.

Chapitre VIII

LES MACHINES THERMIQUES, ALPHA ET OMÉGA DE LA THERMODYNAMIQUE

Écoutez la chanson bien douce
Qui ne pleure que pour vous plaire,
Elle est discrète, elle est légère :
Un frisson d'eau sur de la mousse !

Paul VERLAINE,
Sagesse.

Nous partîmes cinq cents ; mais par un prompt renfort
Nous nous vîmes trois mille en arrivant au port,
Tant, à nous voir marcher avec un tel visage,
Les plus épouvantés reprenaient de courage !

Pierre CORNEILLE,
Le Cid.

Nous allons exposer ici une application simple et directe des notions et des méthodes générales que nous avons introduites, ce qui aura pour vertu première de concrétiser les relations qui expriment le premier et le deuxième principe. En outre, la théorie des machines thermiques présente un *intérêt historique de premier plan*, puisque c'est à travers elle que s'est constituée la thermodynamique dans la première moitié du XIXe siècle ; c'était déjà le sujet du mémoire pionnier de Sadi Carnot, en 1824.

La notion de machine. Quelques exemples

Imaginons un système thermodynamique $\mathscr{S}$ qui effectue une *transformation cyclique* : il revient, après des contacts et des échanges avec le milieu extérieur, à un état final (f) identique à son état initial (i) :

(f) $\equiv$ (i) $\Leftrightarrow$ cycle.

Si les caractéristiques du milieu extérieur sont rétablies à l'identique par l'opérateur, ce processus cyclique peut recommencer, puis se poursuivre indéfiniment, toujours semblable à lui-même. On dit alors que le système $\mathscr{S}$ constitue une *machine*.

Lorsqu'une machine n'échange avec l'extérieur que du travail et de la chaleur, on la qualifie de *thermique*. En particulier, si le travail reçu de l'extérieur par une telle machine est négatif (c'est-à-dire si c'est elle qui fournit véritablement à l'extérieur un travail positif), elle s'appelera « *moteur thermique* ».

Une centrale nucléaire fonctionne comme une machine thermique – nouvelle manifestation de l'universalité d'une théorie physique, car Sadi Carnot n'avait certes pas prévu cet exemple ! –, plus précisément comme un moteur thermique ; pour des raisons de sécurité évidentes, on s'efforce de limiter les échanges avec l'environnement à du travail et de la chaleur. Plus précisément, la machine proprement dite est constituée par un échantillon de fluide qui fonctionne véritablement en circuit fermé ; ce peut être de l'eau, mais aussi parfois du sodium fondu. La partie nucléaire joue simplement le rôle d'une chaudière, le combustible étant de l'uranium au lieu de bois ou de charbon ; le chargement de ce combustible et l'évacuation des cendres (déchets nucléaires) sont évidemment soumis à des règles de sécurité que ne connaissaient pas le bois ni le charbon. La machine – le fluide – reçoit donc de la chaleur de la chaudière nucléaire (qui fait par conséquent partie de l'extérieur, bien qu'elle soit au cœur du périmètre de sécurité) et fournit du travail en faisant tourner des turbines, le plus souvent.

Les machines plus classiques, en revanche, échangent souvent aussi de la matière avec l'extérieur : une centrale thermique produisant de l'électricité [1] laisse échapper de la vapeur à l'extérieur au cours de certaines portions du cycle ; dans un moteur à explosion (voiture automobile), un mélange d'air et de carburant est admis dans les cylindres pendant une première phase du cycle, puis les gaz brûlés et l'air restant sont rejetés à l'extérieur durant la phase d'échappement. On classe tout de même ces appareils parmi les machines thermiques. En effet, les fuites d'une machine à vapeur ne concernent que des quantités négligeables de fluide. La situation est un peu plus complexe pour les moteurs à explosion, mais une analyse un peu plus serrée de leur fonctionnement permet de les faire rentrer dans le rang eux aussi. Mais, penseront certains, on voit aussi de la vapeur au-dessus des centrales nucléaires. C'est certain. Toutefois celle-ci ne vient pas du fluide-machine, peut-être radioactif de par la proximité des réactions nucléaires, mais de l'eau de refroidissement, complètement externe, qu'on est amené à utiliser et qui s'évapore par les tours de forme caractéristique qui signalent la centrale.

En revanche un moteur électrique, en soi, n'est pas une machine thermique : quand on le branche sur le secteur pour lui faire produire du travail mécanique, il est constamment parcouru par un courant ; il échange donc avec l'extérieur autre chose que de la chaleur et du travail (de la charge électrique en l'occurrence).

Lois générales régissant les machines thermiques

UNE MACHINE, NOUS L'AVONS VU, FONCTIONNE EN UNE SÉRIE DE CYCLES IDENTIQUES. IL NOUS SUFFIRA DONC DE RAISONNER SUR UN CYCLE UNIQUE. PUISQUE LA MACHINE DÉCRIT UNE TRANSFORMATION CYCLIQUE, SON ÉNERGIE INTERNE FINALE EST ÉGALE À SON ÉNERGIE INTERNE INITIALE,

---

1. L'électricité, distribuée dans les usines et les foyers, peut y fournir du travail de façon très commode et souple : on peut l'utiliser pour actionner une machine-outil ou un rasoir électrique.

et de même pour l'entropie ; autrement dit, les variations ΔU de l'énergie interne et ΔS de l'entropie au cours d'un cycle sont toutes deux nulles :

cycle $\Rightarrow \Delta U = 0$; $\Delta S = 0$.

Si W et Q désignent le travail total et la chaleur totale reçus au cours d'un cycle par la machine $\mathcal{S}$, ils doivent nécessairement s'équilibrer :

$W + Q = \Delta U = 0$ (premier principe).

Pour écrire le second principe, il faut connaître les valeurs que prend la température extérieure T^{ex} au cours de la transformation. Nous n'aurons à considérer que *deux cas très simples* : ou bien la machine ne sera en contact qu'avec une source de chaleur[1] unique et l'on dit alors qu'il s'agit d'un cycle *monotherme* ; ou bien interviendront deux sources de chaleur seulement, de températures T_1^{ex} et T_2^{ex} différentes (cycle *ditherme*).

Pour un cycle monotherme, le second principe s'écrira, avec les notations introduites il y a un instant auxquelles on adjoint T_0^{ex}, température de la source de chaleur unique qui entre en jeu :

$$0 = \Delta S \geq \frac{Q}{T_0^{ex}},$$ avec l'égalité si et seulement si la transformation est réversible (cycle monotherme).

Pour un cycle ditherme, il faudra distinguer la chaleur Q_1 reçue par la machine de la source numérotée (1) (température T_1^{ex}) et la chaleur Q_2 fournie de même par la source (2) (température T_2^{ex}). Bien entendu, ces deux quantités de chaleur se somment à Q ; le premier principe s'exprime donc comme suit :

$W + Q_1 + Q_2 = \Delta U = 0$ (premier principe – cycle ditherme).

Quant au deuxième principe, nous savons comment l'expliciter :

$$0 = \Delta S \geq \frac{Q_1}{T_1^{ex}} + \frac{Q_2}{T_2^{ex}},$$ avec l'égalité si et seulement si la transformation est réversible (second principe – cycle ditherme).

Souvenons-nous – c'est essentiel ici – que ce sont des grandeurs *algébriques* qui figurent dans ces formules. Lorsque nous les expliciterons dans différentes situations concrètes, nous veillerons minutieusement à mettre en valeur les quantités positives

---

1. S'agissant des machines thermiques il est d'usage, depuis S. Carnot lui-même (1824), d'appeler « source de chaleur » ce que nous avons défini comme un « thermostat » (*supra*, p. 132).

et les quantités négatives, pour que les conclusions physiques apparaissent plus clairement.

Soulignons aussi que ce sont là *les seules conditions* que nous aurons à prendre en compte. Nous verrons pourtant la richesse de conclusions qu'elles renferment.

Le mouvement perpétuel de première espèce

Analysons en premier lieu la signification de l'égalité qui exprime le premier principe. Si la machine reçoit effectivement du travail (W est positif), elle restitue de la chaleur au milieu extérieur (Q est négative) ; le fait que la somme $W + Q$ doit être nulle indique que la totalité du travail W est transformée en chaleur :

chaleur fournie à l'extérieur : $(- Q) = W$.

Inversement, si la machine reçoit de la chaleur (Q est positive), elle applique à l'extérieur un véritable travail (W est négatif), que détermine aussi le premier principe :

travail fourni à l'extérieur : $(- W) = Q$.

Ces deux dernières égalités ne sont rien d'autre que des conséquences directes du principe universel de *conservation de l'énergie* dont il a déjà été question. Il a, en l'occurrence, pour corollaire l'*impossibilité du mouvement perpétuel de première espèce* : il est impossible de réaliser une machine qui délivrerait constamment de l'énergie à l'extérieur (que ce soit sous forme de travail ou de chaleur) sans qu'on lui en fournisse par ailleurs une quantité égale (sous l'une ou l'autre forme). « On n'a rien sans rien », dit la sagesse populaire.

Le mouvement perpétuel, le *perpetuum mobile* de l'Antiquité et surtout du Moyen Âge, est un très vieux rêve de l'humanité, aussi délirant et fascinant que la pierre philosophale des alchimistes : réaliser une machine qui se mouvrait éternellement sans rien consommer en échange, ou bien inventer un processus qui se poursuivrait indéfiniment, dans un dispositif réel, sans qu'il soit nécessaire de l'alimenter ; voilà le défi que des hommes lancent depuis des siècles aux lois de la Nature, si ce n'est à Dieu Lui-même. Des propositions en ce sens, multiples et variées, ont vu le jour et continuent de le faire, folles pour la plupart et défiant le bon sens, mais dont quelques-unes se parent des traits sages de la véritable science. Aucune d'elles n'a franchi le cap de la réalisation, strictement aucune n'a jamais pu être concrètement mise en œuvre. Le mouvement perpétuel reste donc un fantasme, un mirage toujours poursuivi et qui s'échappe toujours. Comme si l'humanité ne pouvait progresser sans faire à chaque stade sa part à une douce démence. Mais Dieu, s'Il est là, se défend efficacement; en toute éventualité, la science et la raison veillent.

Les propositions de mouvement perpétuel sont donc toutes, sans exception, contraires aux lois de la physique. La thermodynamique, science des processus macroscopiques [1], se devait de mettre ordre dans cette jungle de tentatives échevelées et disparates. Elle classe les essais qui ont été ou seront envisagés en deux catégories. On appelle mouvement perpétuel de première espèce un projet dont la réalisation violerait le premier principe, c'est-à-dire la loi de conservation de l'énergie; un mouvement perpétuel de deuxième espèce est un processus qu'interdit le second principe. Nous venons d'évoquer le mouvement perpétuel de première espèce. Le mouvement perpétuel de deuxième espèce, plus subtil et ingénieux que le premier, à l'image du second principe, est aussi moins facile à débusquer; il nous occupera plus loin.

Il y a une vingtaine d'années, deux étudiants en physique à l'université Paris-VII demandèrent aux enseignants de les aider à tenter la réalisation d'une de ces propositions. Je n'expliquerai pas en détail le contenu du projet, car il se fondait sur les lois de l'électromagnétisme, que nous avons à peine mentionnées. Mais je puis témoigner que ces deux jeunes gens, qui sont d'ailleurs devenus par la suite des physiciens, n'ont pas ménagé leur peine, six mois durant. L'auteur de cette proposition multipliait, partout en France, les conférences et les interventions, dans lesquelles il se plaignait notamment que la « science officielle » fît peu de cas de ses affirmations. Pourtant, lorsque nos deux étudiants allèrent lui soumettre leur plan de travail, pour l'exécuter en contact et en accord avec lui, il se contenta de quelques vagues encouragements et se désintéressa aussitôt de leur tentative. Au bout du semestre le résultat fut, bien

---

1. Voir *supra*, p. 59.

entendu, que l'effet décrit, et soutenu de façon tonitruante *urbi et orbi*, n'avait aucune réalité. Les deux jeunes expliquèrent leurs efforts et leur échec final dans une revue scientifique. Cela n'empêcha point l'« inventeur » de continuer imperturbablement sa propagande.

Conversion de travail en chaleur

CONSIDÉRATIONS THÉORIQUES

Commençons par nous intéresser au processus inverse de celui que l'on veut mettre en œuvre dans un moteur thermique (et qui occupait principalement les pionniers du XIXe siècle) : nous cherchons dans quelles conditions on peut transformer du travail en chaleur.

Nous voulons analyser les situations dans lesquelles la machine $\mathcal{S}$ reçoit du travail (W est donc positif) et le transforme en chaleur, c'est-à-dire rejette à l'extérieur une quantité de chaleur $(-Q)$ (Q est ici négative). Nous savons d'après le paragraphe précédent que cette transformation doit être intégrale : la chaleur $(-Q)$ que la machine fournit à l'extérieur au cours d'un cycle est égale au travail W qu'elle a reçu durant ce même cycle.

Mais le second principe impose-t-il des conditions ? Nous allons nous restreindre au cas le plus simple où la machine $\mathcal{S}$ est en contact avec une source de chaleur unique, de température T_0^{ex} (il serait d'ailleurs facile de généraliser, au prix de complications mineures). Nous prenons donc l'inégalité pour un cycle monotherme, et nous constatons que (T_0^{ex} étant toujours positive) elle est toujours vérifiée pour Q négative, ce qui est notre cas (chaleur fournie par la machine à l'extérieur). Par conséquent, le second principe n'ajoute *aucune condition* à celle que nous a fournie le premier principe.

QUELQUES EXEMPLES PRATIQUES

La conversion intégrale de travail en chaleur est une des conséquences principales de leur *équivalence* que nous avons déjà énoncée [1]. Cette équivalence a été démontrée pour la première fois par la célèbre *expérience de Joule* (1842).

Des palettes brassant un liquide visqueux sont entraînées par la descente d'un corps de masse connue (figure ci-dessous); on s'arrange pour que le mouvement de ce corps soit suffisamment lent afin que son énergie cinétique soit toujours négligeable. Dans ces conditions, le travail reçu par le système est celui de la force de pesanteur agissant sur le corps extérieur; il est facilement calculable si l'on connaît la masse du corps et qu'on mesure la hauteur de laquelle il descend. Précisons que ce que nous appelons le système est constitué ici par le fluide visqueux et les pales. Pour contrôler ses échanges de chaleur avec l'extérieur, on commence par l'isoler thermiquement [2] : on connaît donc le travail que lui a fourni l'extérieur, et l'on constate que sa température s'est élevée au cours de l'opération.

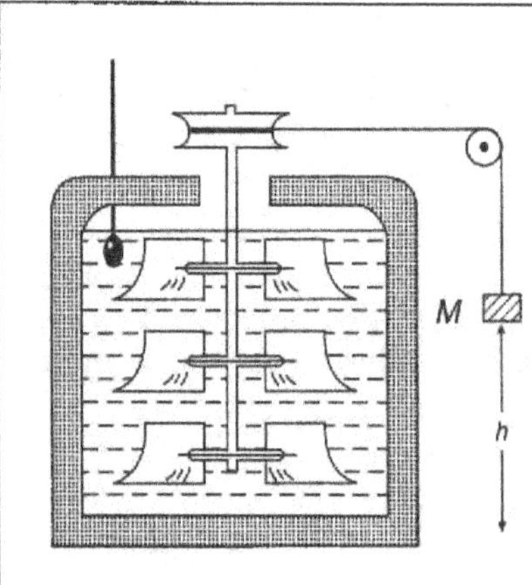

Schéma de l'expérience de Joule (1842). Le système est constitué par un liquide enfermé dans un récipient calorifugé de volume invariable. On lui fournit le travail effectué par la force de pesanteur s'exerçant sur une masse M qui descend d'une hauteur h. Ce travail Mgh est transmis à des pales pouvant tourner dans le liquide. Il provoque une augmentation de température du liquide comme le ferait un apport direct de chaleur.

Pour rentrer dans le cadre théorique général que nous avons tracé au paragraphe précédent, il faut que nous complétions la transformation cyclique en ramenant le liquide (le système) à l'état où il se trouvait avant le début de l'expérience. Rien de plus aisé : il suffit de retirer l'isolant thermique dont nous avions

---

1. Voir *supra*, p. 128.

2. Une quantité connue d'un liquide déterminé (de l'eau, par exemple), enfermée dans une enceinte calorifugée, et dont on peut mesurer la température, forme ce qu'on appelle un « calorimètre ».

entouré, au premier stade, le récipient; le liquide se refroidit alors jusqu'à revenir à la température ambiante, qui était sa température initiale. Or on sait aussi calculer la chaleur cédée à l'air ambiant – qui joue le rôle de source de chaleur unique – par un liquide dont on connaît la masse et la nature (c'est plus précisément sa chaleur spécifique qui importe) et dont on sait de combien va décroître sa température, puisqu'on a mesuré la température maximale qu'il a atteinte à la fin de la première étape, après absorption du travail fourni par la descente du corps extérieur. On peut donc vérifier l'égalité entre le travail reçu et la chaleur restituée.

On aura compris que la seconde phase de l'expérience, telle que nous l'avons décrite (refroidissement du liquide au contact de l'air ambiant), n'a pas besoin d'être réalisée concrètement : il suffit de connaître le liquide et la température à laquelle l'a porté la première phase (qui a fourni du travail au système) pour qu'on sache en déduire la quantité de chaleur que perdrait le système au cours de la deuxième étape, si on la mettait en œuvre.

On peut, bien entendu, convertir intégralement en chaleur d'autres formes d'énergie que du pur travail mécanique. Par exemple, un véhicule en mouvement possède ce qu'on appelle de l'*énergie cinétique*. Supposons que, à l'aide d'un dispositif de freinage approprié, on l'arrête. Schématiquement, cela se traduit par la transformation en chaleur de l'énergie cinétique initiale. De même l'*effet Joule*, bien connu en électricité, transforme en chaleur une partie de l'énergie électrique qu'un générateur fournit à un circuit.

De façon générale, on appelle *phénomènes dissipatifs* les effets physiques ou les mécanismes qui transforment du travail, ou une énergie analogue, en chaleur. Ces phénomènes dissipatifs mettent en jeu des forces du type de celles des *frottements* : freinage, viscosité... Le terme « phénomènes dissipatifs » provient de la mécanique. Voici en effet quelle situation prévaut en mécanique classique. Nous prendrons pour simplifier un mobile unique, ce qu'on appelle de façon imagée un point matériel. Il possède à chaque instant une *énergie cinétique* : elle est proportionnelle à sa masse et au carré de sa vitesse. Maintenant des forces s'exercent en général sur le mobile. Elles se classent en deux catégories : les forces *conservatives* sont celles qui peuvent être déduites d'une *énergie potentielle* ; les autres, pour qui l'on ne peut pas trouver d'énergie potentielle, sont qualifiées de *dissipatives*. Pourquoi cette façon de parler? Si le mobile n'est soumis qu'à des forces conservatives, son *énergie mécanique*, somme de l'énergie cinétique et de l'énergie potentielle, est conservée, c'est-à-dire que sa valeur reste inchangée tout au long du mouvement. En revanche, si certaines forces non conservatives se manifestent, elles ont pour effet de consommer peu à peu de l'énergie mécanique, c'est-à-dire de la dissiper; d'où leur nom de forces dissipatives. L'énergie dissipée se retrouve nécessairement sous forme de chaleur, car la loi de conservation de l'énergie, qu'exprime le premier principe, est universelle.

Un moteur thermique monotherme est irréalisable

Nous entreprenons maintenant la recherche des conditions dans lesquelles peut fonctionner un *moteur thermique*, c'est-à-dire un dispositif *transformant de la chaleur*, qu'on lui fournit de l'extérieur, *en travail* délivré à l'extérieur. Comme dans la section précédente, nous envisageons que c'est une *machine* qui reçoit la chaleur et restitue du travail, autrement dit un système $\mathscr{S}$ qui opère des *transformations cycliques*.

Le plus simple serait, cela va sans dire, qu'on puisse inverser le processus envisagé dans la section précédente : une source fournirait une certaine quantité de chaleur à la machine, qui la transformerait en travail dépensé à l'extérieur. Seulement voilà : sous sa forme inverse, le processus est interdit, et donc impossible à réaliser. Interdit par qui ou par quoi? demandez-vous. Mais par le second principe, évidemment!

Imaginons en effet une machine $\mathscr{S}$ qui ne peut être en contact thermique qu'avec une source de chaleur, de température invariable T_0^{ex}. Nous voudrions voir cette machine fonctionner comme un *moteur* : la chaleur Q fournie à $\mathscr{S}$ sera donc *positive*. En revanche, si nous voulons récupérer du travail à l'extérieur, il faut que le travail W reçu par $\mathscr{S}$ soit négatif.

Le premier principe s'accommoderait sans difficulté de ces conditions, comme il l'a fait des conditions inverses. Mais *le second principe interdit que la chaleur reçue soit positive* comme on le voudrait ici : son expression, écrite plus haut dans cette situation simple d'une seule source de chaleur, impose à la chaleur reçue Q d'être *négative*. D'où l'impossibilité du processus envisagé.

Ce résultat fondamental peut être exprimé sous la forme de l'*énoncé de Kelvin-Planck* : il est *impossible* de réaliser un processus dont *le seul résultat* serait *la transformation intégrale en travail* d'une quantité de chaleur fournie par un *thermostat unique*. Arrêtons-nous quelques instants pour souligner un aspect inattendu de l'énoncé du second principe de la thermodynamique. Nous l'avons introduit plus haut sous la forme d'une inégalité portant sur la variation d'entropie dans une transformation (nous avons d'ailleurs *démontré* cette inégalité à partir du postulat fondamental que nous avions posé au chapitre III). Il est remarquable que le second principe puisse également être exprimé sous forme d'énoncés d'apparence qualitative (pas d'équation ni d'inégalité), comme celui de Kelvin-Planck que nous venons de donner ou celui de Clausius que nous rencontrerons plus loin. À noter aussi que ces énoncés qualitatifs ne mentionnent pas l'entropie. Cette grandeur, pourtant, joue actuellement pour nous un rôle central; elle s'introduit dès le postulat fondamental. Il est néanmoins possible de démontrer l'*équivalence logique* de ces divers énoncés entre eux et avec l'*inégalité de Clausius* que nous considérons en l'occurrence comme l'expression générale du second principe [1]. Nous ne développerons pas les démonstrations qui seraient nécessaires pour établir ces équivalences, mais il est intéressant de savoir qu'elles existent.

LE MOUVEMENT PERPÉTUEL DE SECONDE ESPÈCE

Le mouvement perpétuel de seconde espèce battrait en brèche les raisonnements précédents, et contredirait donc le second principe. Le premier principe – conservation de l'énergie – est entré dans les mœurs. Le second est plus retors, il se laisse plus difficilement apprivoiser : il résiste, peut-on dire, à toute assimilation intuitive. Il en résulte une floraison de propositions,

---

1. Voir *supra*, p. 133.

extrêmement variées et souvent complexes, pour réaliser un mouvement perpétuel, dont il n'est pas toujours aisé d'établir l'incompatibilité avec le second principe. Certaines de ces propositions ressemblent à ce dessin de M. C. Escher où l'on voit de l'eau se déverser dans un premier bassin, puis de là dans un second bassin perpendiculaire au premier, puis du second dans un troisième encore perpendiculaire... finalement, dans le bassin d'où elle était partie! On sait bien qu'« il y a un défaut », mais on ne saurait dire où est la tricherie : tous les jets d'eau entre les bassins paraissent clairement descendants, et pourtant... Les propositions de moteurs perpétuels de seconde espèce se présentent souvent ainsi. Donnons quelques exemples simples, qui permettront de comprendre le genre de problèmes auxquels on peut être confronté.

Mais avant, me direz-vous, *pourquoi être si sûr de la validité du second principe*, au point de rejeter tout processus ou phénomène qui lui serait contraire? Admettons que ce second principe ait une certaine validité, puisque ses prédictions sont vérifiées par l'expérience dans de très nombreuses situations. Mais faut-il pour autant prendre pour argent comptant *toutes* ses prédictions et conséquences? La réponse est affirmative, et ceci parce que nous parlons d'une *théorie physique* : dans son domaine d'application, elle régit *tous* les phénomènes, sans exception [1]. Il faut donc, ici, « rester ferme sur les principes », comme l'on dit, tant sur le second que sur le premier.

Le cycle monotherme que nous avons décrit ci-dessus est au cœur même de ce genre de questions. Qu'est-ce qui empêche d'obtenir indéfiniment du travail en fournissant de la chaleur? Le second principe, évidemment, qui exige que la conversion fonctionne dans l'autre sens si une seule source de chaleur est mise en jeu. Pourtant, dans un sens comme dans l'autre, la conservation de l'énergie est assurée (premier principe). Voilà donc, déjà, un problème de mouvement perpétuel de seconde espèce : bien que vérifiant le premier principe, un processus qui fournirait du travail à partir de chaleur provenant d'une source unique est interdit par le second principe, et par conséquent impossible à réaliser.

On pourrait de même envisager de faire fonctionner un bateau sur les bases suivantes : on puise de l'eau de mer; on la

---

1. Voir la première partie de ce livre.

transforme en glace, ce qui libère de la chaleur; on utilise l'énergie ainsi récupérée pour propulser le bateau; on rejette enfin la glace à la mer et on recommence le processus. Mais cela se ramène en fait à un cycle monotherme (la seule source de chaleur est la mer), et le second principe interdit par conséquent qu'il soit moteur. De même, il est impossible de produire de l'électricité dans une centrale qui utiliserait uniquement l'atmosphère, refroidissant l'air qu'elle y puiserait avant de le rejeter à l'extérieur.

Un moteur thermique ditherme est réalisable

Est-ce à dire qu'il est impossible de concevoir et de construire des moteurs thermiques, c'est-à-dire des machines auxquelles on fournit de la chaleur et qui restituent du travail? Évidemment, non.

En analysant le contenu de la section précédente, on est conduit à formuler les deux contraintes qualitatives suivantes sur les moteurs thermiques (nous supposons toujours qu'ils fonctionnent selon des transformations cycliques) :

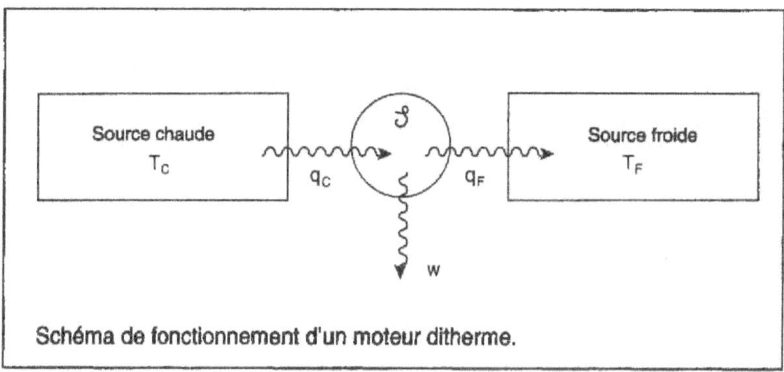

Schéma de fonctionnement d'un moteur ditherme.

(1) un moteur thermique doit être en contact, au cours de son cycle, avec *au moins deux thermostats de températures différentes*; s'il y en a seulement deux, ce qui est courant (moteurs dithermes), on les appelle « *source chaude* » et « *source froide* »;

(2) le moteur reçoit, à chaque cycle, une certaine quantité de chaleur de la source chaude; il en transforme une partie en travail qu'il fournit à l'extérieur, mais *il est nécessaire qu'une autre partie de cette chaleur soit reversée à la source froide.*

On exprime souvent ce résultat sous une forme légèrement différente. Si l'on a accès, dit-on, à une source de chaleur de température T_0^{ex}, on ne peut utiliser l'énergie emmagasinée dans cette source que si l'on a également *accès à une source de température inférieure* à T_0^{ex}. Sinon, il est impossible de produire du travail à partir de la première source. Il est d'ailleurs impossible aussi d'en tirer de la chaleur, puisque celle-ci s'écoule naturellement d'un corps chaud à un corps froid, mais jamais l'inverse.

Nous résumerons ce fonctionnement par le schéma précédent : les flèches indiquent dans quel sens se font les échanges ; les quantités notées par des petites lettres, q_c, q_F et w, sont par convention arithmétiques, c'est-à-dire *intrinsèquement positives*[1]. Nous allons montrer que ce schéma peut effectivement être rendu compatible avec les deux principes.

On comprend que, si q_F était nulle, ce processus contredirait de façon évidente le second principe : le cycle deviendrait monotherme, puisque la source froide serait alors déconnectée, en quelque sorte ; il ne pourrait donc pas transformer intégralement la chaleur q_c en travail w. Mais, après tout, le moteur ne pourrait-il pas absorber aussi de la chaleur venant de la source froide et la transformer en travail comme il le fait déjà pour q_c ? On aurait dans ce cas un fonctionnement suivant le schéma que voici. Nous l'avons barré d'emblée car nous allons constater qu'il violerait le second principe : il est en conséquence interdit, c'est-à-dire impossible à réaliser. Remarquons en passant que le premier principe (conservation de l'énergie) s'en accommode fort bien : la quantité totale de chaleur qui entre dans la machine, c'est-à-dire la somme de q_c (chaleur fournie par la source chaude) et q_F (chaleur fournie par la source froide) est égale au travail w qui en sort.

---

1. Nous indiquerons bien sûr, dans chaque cas particulier, comment ces conventions se relient aux notations *algébriques* que nous avons utilisées jusqu'ici, et que nous continuerons à utiliser pour exprimer les principes.

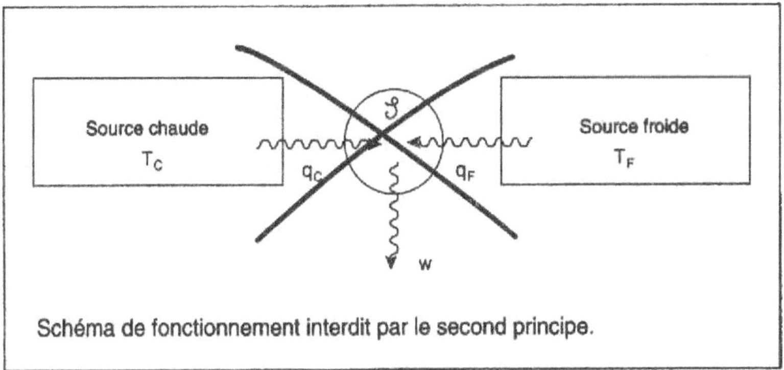

Schéma de fonctionnement interdit par le second principe.

Mais analysons le deuxième principe. Comme toujours, la variation ΔS de l'entropie du système $\mathscr{S}$ – la machine – est nulle, parce que celui-ci décrit une transformation cyclique. Par ailleurs, la chaleur *reçue par le système* de chacune des deux sources est positive, de sorte que les grandeurs algébriques Q_c et Q_F – qui interviennent dans l'expression du second principe – s'identifient tout simplement à q_c et q_F, respectivement. Soulignons au passage l'importance de ces déterminations détaillées des signes : l'expression même du second principe, avec son inégalité de sens bien déterminé, exige que l'on explicite, dans chaque situation particulière, le signe des quantités de chaleur algébriques Q_c et Q_F, éventuellement celui de ΔS dans les cas où il n'est pas nul. Pour en revenir à notre schéma barré, l'inégalité liée au second principe y prétendrait que zéro (ΔS) est supérieur à $q_c/T_c + q_F/T_F$. Or q_c et q_F sont intrinsèquement positives, de même que T_c et T_F d'après le postulat fondamental (point (2)); il est donc impossible que la somme $q_c/T_c + q_F/T_F$ soit inférieure à zéro, c'est-à-dire négative. Nous concluons que le schéma de fonctionnement que nous envisageons depuis quelques instants n'est *pas réalisable, car il irait à l'encontre du second principe*; c'est pourquoi nous l'avons, par avance, biffé.

Appliquons maintenant les deux principes au moteur dont le schéma n'a pas été barré, parce qu'il est viable. Compte tenu des flèches, il est facile de relier les grandeurs algébriques Q_c, Q_F et W aux grandeurs arithmétiques q_c, q_F et w : lorsque la flèche se dirige vers la machine $\mathscr{S}$, la grandeur algébrique correspondante est positive (grandeur reçue par le système $\mathscr{S}$) et donc égale à la grandeur arithmétique correspondante; la grandeur algébrique est au contraire l'opposé de la grandeur arithmétique si la flèche s'éloigne de $\mathscr{S}$. On obtient ainsi, à partir du premier principe :

$$W + Q_c + Q_F = \Delta U = 0 \Rightarrow w = q_c - q_F.$$

Est ainsi transformée en travail w la partie de la chaleur q_c qui n'est pas rejetée dans la source froide, où se perd q_F. Quant au second principe [1], il se transcrit :

$$0 \geq \frac{q_c}{T_c} - \frac{q_F}{T_F}.$$

Les températures T_F et T_c sont toujours positives ; q_F est inférieure à q_c (puisque leur différence est égale à w), mais T_F est aussi inférieure à T_c, ce qui entraîne que $1/T_F$ est *supérieur* à $1/T_c$. Dans cet imbroglio de signes et de valeurs, il faut que q_c/T_c soit inférieur à q_F/T_F pour satisfaire le second principe ; cette condition peut être vérifiée, ou au contraire violée, suivant les valeurs que, T_c et T_F étant par exemple fixées, on donne à q_c et q_F. Nous y reviendrons dans un instant, de façon plus « lisible », à propos du rendement du moteur.

Le théorème de Sadi Carnot (1824)

L'intuition géniale de Sadi Carnot, développée dans ses *Réflexions sur la puissance motrice du feu* qui restèrent confidentielles, à une époque (1824) où la nature physique de la chaleur demeurait incertaine, où le concept d'entropie n'était pas encore né – il s'en fallait d'un quart de siècle –, où, en un mot, la thermodynamique n'existait pas, ne pouvait pas encore exister, cette intuition géniale, donc, a traversé, immuable et pérenne, les décennies (plus d'un siècle et demi) et continue à nous éclairer et à nous guider, sous le nom plus moderne de « théorème de Carnot ».

---

1. Voir *supra*, p. 133.

PRÉCISIONS SUR LE RENDEMENT D'UN MOTEUR

On définit le *rendement* d'un moteur thermique, tout naturellement, comme le *rapport du travail effectué* pendant un cycle *à la chaleur qu'il a fallu fournir* pendant ce cycle. Je dis « tout naturellement » parce que le rendement est par essence le rapport de ce qu'on a obtenu à ce qu'on a dû investir. Travail et chaleur ayant mêmes dimensions physiques (ce sont tous deux des énergies), le rendement est un nombre pur, évidemment inférieur ou au plus égal à 1. Nous noterons τ ce rendement et écrirons donc, par définition :

$$\tau = \frac{w}{q_c}.$$

Si nous utilisons l'expression du premier principe, écrite au paragraphe précédent, nous pourrons remplacer w par la différence entre q_c et q_F, et trouver :

$$\tau = 1 - \frac{q_F}{q_c}.$$

Souvenons-nous : la quantité de chaleur q_F rejetée dans la source froide ne peut pas être nulle. C'est cette contrainte qui limite le rendement du moteur à une valeur strictement inférieure à 1.

ÉNONCÉ DU THÉORÈME DE CARNOT

Le second principe de la thermodynamique, nous le verrons au paragraphe suivant, implique les deux conséquences suivantes, qui constituent le *théorème de Carnot* :

(1) de tous les moteurs pouvant fonctionner entre deux sources de températures données T_c et T_F, ce sont ceux qui opèrent suivant un cycle *réversible* qui atteignent *le plus grand rendement* ;

(2) ce rendement maximum est *indépendant de la nature de l'agent* (c'est-à-dire de la nature du système $\mathcal{S}$) et *ne dépend que des températures T_c et T_F des deux sources.*

Avant d'en donner la démonstration (qui, avec les outils dont nous nous sommes dotés, est très simple et très brève), arrêtons-nous un instant pour nous imprégner de l'importance cruciale de ce théorème. Les deux assertions en sont plus que complémentaires, elles s'épaulent l'une l'autre. Pour rechercher un rendement aussi grand que possible, point n'est besoin de remplacer l'eau par de l'huile ou quelque autre agent : ce sont les températures des sources, et non pas l'agent, qui fixent le rendement maximum. En outre, c'est en se rapprochant du cycle réversible (limite idéale) que l'on parviendra à augmenter le rendement. Ce théorème figure déjà, au moins ébauché, dans le mémoire écrit en 1824 par Sadi Carnot. Quelle intuition et quelle découverte révolutionnaire c'était à l'époque – ça l'est encore, à vrai dire – que de fonder théoriquement le rendement maximum d'un moteur thermique sur les seules températures des sources et sur le mode de fonctionnement du cycle, en rejetant comme non pertinentes les caractéristiques qu'on aurait pu croire essentielles, à savoir la nature de l'agent et la constitution des sources!

PREUVE

Reprenons l'expression du rendement τ du moteur en fonction de q_F et q_c. Reprenons aussi l'énoncé, en fonction de q_F, q_c, T_F et T_c, du second principe [1]. L'inégalité qui le traduit peut se transformer en :

$$\frac{q_F}{q_c} \geq \frac{T_F}{T_c},$$

car tous les symboles y représentent des quantités positives. On peut alors combiner l'égalité donnant le rendement τ avec cette inégalité venant du second principe pour obtenir :

$$\tau \leq 1 - \frac{T_F}{T_c}.$$

Cela démontre d'un coup les deux affirmations qui constituent le théorème de Carnot. En effet, nous n'avons pas oublié que, dans toutes ces inégalités exprimant le second principe, *l'égalité a lieu si et seulement si la transformation est réversible*. Par conséquent, le maximum du rendement τ du moteur est atteint si le cycle de la machine est réversible; en outre, ce maximum ne dépend que des température T_F et T_c des sources.

---

1. Voir *supra*, p. 166.

Réfrigérateurs et pompes à chaleur

Revenons au schéma de fonctionnement d'un moteur ditherme, et inversons simplement toutes les flèches. Nous obtenons ainsi un schéma de machine viable. En effet, le premier principe s'y applique sous la forme

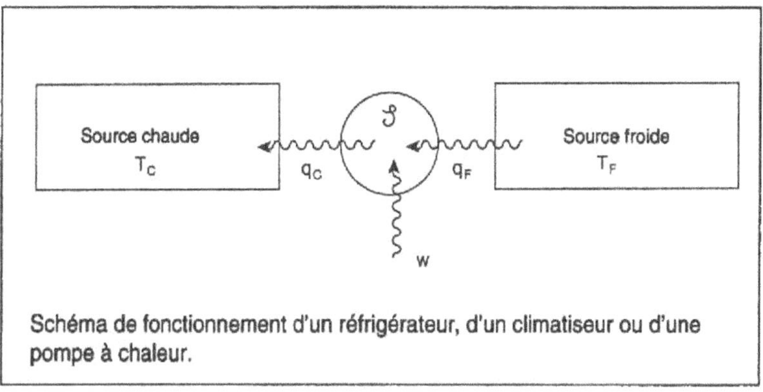

Schéma de fonctionnement d'un réfrigérateur, d'un climatiseur ou d'une pompe à chaleur.

$$q_c = w + q_F$$
(ce qui entre dans le système $\mathcal{S}$ doit être égal à ce qui en sort, par conservation de l'énergie). Quant au second principe, on voit sans peine qu'il s'écrit

$$\Delta S = 0 \geq -\frac{q_c}{T_c} + \frac{q_F}{T_F}.$$
Comme dans le cas du moteur, on peut montrer que cette inégalité n'est pas systématiquement satisfaite, mais qu'elle peut l'être par certains choix de q_c et q_F.

On peut aussi reprendre ici, comme dans le cas du moteur, des raisonnements apparemment qualitatifs portant sur le sens des flèches. On pourrait s'arranger, dans le processus que nous venons d'introduire, pour que q_F soit nulle : la source froide serait alors déconnectée, et le schéma montre aussitôt que le rôle de la machine se bornerait à convertir le travail w en chaleur q_c (égale à w) déversée dans la source chaude. Nous savons qu'une telle conversion est toujours possible, intégralement : on chauffe la source chaude, par un procédé tel qu'un radiateur électrique (on lui fournit l'énergie électrique w, prise au secteur, et il la dissipe en chaleur). On pourrait d'ailleurs chauffer de cette façon les deux sources à la fois [1], ce qui reviendrait à inverser, dans le schéma, le sens de l'échange de chaleur entre $\mathcal{S}$ et la source froide, c'est-à-dire le sens de la flèche correspondante, sans que le processus cesse d'être permis et possible.

Ce n'est donc pas sur q_F que porte ici la contrainte cruciale, mais évidemment sur w : on ne peut pas l'annuler (ni d'ailleurs l'échanger en sens inverse). Cette interdiction fait l'objet de l'*énoncé de Clausius* du second principe : il est *impossible* de réaliser un processus dont le *seul résultat* serait de *transférer de la chaleur d'un corps froid à un corps chaud*. Il a déjà été question plus haut [2] de ces énoncés qualitatifs du second principe, et de leur équivalence avec l'inégalité (dite aussi « de Clausius ») qui nous sert ici à l'exprimer.

Le schéma que nous étudions depuis quelque temps, sous sa forme initiale (sans nullités ni inversions de flèches), peut décrire le fonctionnement d'un *réfrigérateur*, ou celui d'un *appareil de climatisation* : la source froide est, en l'occurrence, l'intérieur de l'armoire frigorifique, ou l'appartement à défendre, l'été, contre la chaleur extérieure; la source chaude s'identifie à l'air (et aux murs) de la pièce où est placé le réfrigérateur, ou bien à l'air ambiant extérieur pour l'appareil de climatisation. Suivons alors le schéma. À chaque cycle, la machine $\mathcal{S}$ prend de la chaleur à la source froide [3], ce qui est sa fonction. Mais le schéma indique qu'il faut fournir à la machine du travail, ce qui se fait commodément en branchant l'appareil au secteur électrique; l'engin *consomme alors de l'énergie électrique*, ce que tout un chacun sait pour un réfrigérateur comme pour un climatiseur. Il rejette dans la source chaude une chaleur supérieure à celle qu'il a retirée de la source froide (voir l'égalité impliquée par le premier principe). On sait effectivement qu'un réfrigérateur, par exemple, chauffe la pièce où il se trouve, pendant ses séquences de fonctionnement.

---

1. Un radiateur situé au-dessous d'une fenêtre entr'ouverte chauffe ainsi et la pièce (source chaude, l'hiver) et l'air extérieur (source froide).

2. Voir *supra*, p. 161.

3. J'entends qu'on se demande comment on peut retirer de la chaleur à une source qui est déjà *froide*. Nous verrons au chapitre suivant que l'évaporation d'un liquide exige de la chaleur (chaleur latente). Si ce liquide n'est en contact qu'avec la source froide lorsqu'il s'évapore...

Ce même schéma donne aussi le principe des *pompes à chaleur*. C'est l'hiver ; on veut chauffer une pièce, ou un appartement dont la température est supérieure à celle de l'air ambiant extérieur : celui-ci est la source froide, l'intérieur de la pièce la source chaude. On s'intéresse au premier chef à *la chaleur cédée par la machine à la source chaude*. Celle-ci provient du travail reçu par la machine (sous forme d'énergie électrique) augmentée de la chaleur tirée de la source froide. Une installation de pompe à chaleur soulève un certain nombre de problèmes techniques ; c'est pourquoi ce type d'appareil de chauffage est relativement rare, à l'heure actuelle. Pourtant, il est intéressant de noter que le second principe y permet une économie d'énergie (au sens usuel de l'expression). En effet, on se contente habituellement de convertir directement, « bêtement » pourrait-on dire, l'énergie w en chaleur (à l'aide d'un radiateur électrique, par exemple). Il apparaît clairement ici que la pompe à chaleur, pour la même dépense w, permet de mieux chauffer la source chaude, en ajoutant à w une certaine quantité de chaleur tirée de la source froide.

Mais évidemment, de même que le réfrigérateur ou le climatiseur, dont le but essentiel est tout autre, chauffent cependant la source chaude (l'appartement pour ce qui concerne le réfrigérateur, l'air extérieur pour un climatiseur), de même la pompe à chaleur refroidit l'air extérieur pour chauffer l'appartement : elle tire de la chaleur de la source froide. Bien entendu, ce refroidissement de l'air ambiant reste généralement négligeable, eu égard à la disproportion de taille entre l'appartement, d'une part, et l'atmosphère d'autre part : la température extérieure n'est pas affectée par le pompage de chaleur que subit l'extérieur. L'effet ne s'en ferait sentir que si, par exemple, la pompe à chaleur était unanimement choisie, comme moyen de chauffage, dans une agglomération assez importante. Mais il n'y a là rien de surprenant puisque, nous le savons déjà, l'effet inverse existe : étant donné le nombre de voitures automobiles et d'appareils de chauffage concentrés à Paris, la température ambiante qu'on y mesure l'hiver est systématiquement et significativement supérieure à celles que l'on relève en banlieue.

Chapitre IX

TRANSITIONS DE PHASE

Voici une nouvelle application, parmi tant d'autres, de la théorie thermodynamique que nous avons développée : nous allons établir les lois qui régissent les changements de phase des corps purs. On disait naguère « changements d'état ». On parlait – on parle encore parfois – d'« état solide », « état liquide » et « état gazeux ». Pour éviter la confusion avec les états d'un système thermodynamique, on préfère aujourd'hui se servir du mot « phase » : phase solide, phase liquide, phase gazeuse.

Comment observer une transition?

SCÈNES DE LA VIE COURANTE

On observe couramment des transitions de phase de corps purs familiers, et tout particulièrement de l'eau : qui ne connaît la phase liquide de l'eau? Mais on rencontre aussi quotidiennement sa phase gazeuse, la vapeur d'eau ; et dans des conditions à peine moins courantes apparaît la glace, phase solide de l'eau. Les transitions entre ces trois phases sont également connues en tant que telles (passage d'une phase à une autre). La transition du liquide au gaz [1] est appelée « *évaporation* », ou parfois, dans d'autres circonstances, « *ébullition* » ; dans l'autre sens (du gaz vers le liquide), on dit que le gaz « *se condense* » ou « *se liquéfie* ». La transition solide-liquide est *fusion* lorsque le solide devient liquide, *solidification* en sens inverse. Il existe aussi une transition solide-gaz *directe*, quoiqu'elle soit moins couramment perçue. On aura pourtant constaté que le linge sèche (lentement, certes, mais indéniablement) lorsque la température ambiante est inférieure au zéro Celsius et que l'eau qui imprègne les tissus est gelée. Inversement, les branches des arbres sont parfois, en hiver, couvertes de givre (spectacle véritablement féérique) ; c'est la vapeur d'eau présente dans l'air qui s'est condensée en glace au contact des branches. Un autre exemple, bien connu, est fourni par les antimites de nos armoires : la naphtaline, ou plutôt maintenant le paradichlorobenzène, se présente sous forme solide, et ce sont les vapeurs qu'il dégage (sans avoir à passer par la phase liquide) qui repoussent les mites. On appelle *sublimation* ce passage immédiat de la phase solide à la phase gazeuse ; il n'existe pas de terme spécifique pour la transition gaz-solide directe (dans ce sens), car elle est rarement observée dans la vie de tous les jours : on peut utiliser par exemple « condensation », comme pour la transition gaz-liquide.

Nous avons choisi l'eau comme exemple de corps pur subissant des transitions de phase, parce que celles-ci se produisent à

---

1. Lorsqu'elle est ainsi proche du liquide, la phase gazeuse est parfois dénommée « vapeur ».

des températures et pressions qui sont souvent atteintes dans des conditions météorologiques courantes, du moins dans les pays tempérés ou froids. Mais d'autres corps purs subissent des transitions de phase à des températures peut-être moins accessibles, mais tout de même pas excessives : beaucoup de métaux (le plomb, l'or, le cuivre...), solides aux températures ordinaires, peuvent être fondus assez aisément par des moyens artisanaux. On peut aussi citer le cas du miel : il apparaît suivant les circonstances comme un solide (miel cristallisé) ou un liquide très visqueux ; pour transformer le miel solide en miel liquide, il suffit de laisser pendant quelque temps le pot qui le contient sur un radiateur de chauffage.

TRANSITIONS LES PLUS USUELLES

Dans la vie courante, les transitions de phase de l'eau se produisent en atmosphère ouverte. Cela implique trois types de conséquences : la pression est fixée (c'est la pression atmosphérique) ; il y a présence de corps purs étrangers (l'air, essentiellement) ; la quantité d'eau varie au cours du processus (la vapeur qui se forme s'échappe dans l'atmosphère et disparaît donc). L'étude physique des transitions de phase s'attache au contraire à une *quantité déterminée* de corps pur (c'est-à-dire un nombre de moles fixé de ce corps pur), *en l'absence de tout corps étranger* et pour *diverses valeurs de la pression*. En outre, ce sont les *états d'équilibre* d'un tel échantillon que l'on analysera.

Lorsqu'on aura compris le comportement d'un corps pur tel que l'eau dans ces conditions expérimentales, on pourra revenir sur la vaporisation ou l'ébullition de l'eau dans l'air.

De façon générale, on dit qu'un corps pur subit une transition de phase lorsque, dans certaines conditions, c'est-à-dire *pour certaines valeurs des paramètres fixés de l'extérieur*, le corps se présente sous forme *hétérogène*, c'est-à-dire séparé en *deux phases aux propriétés différentes*. Dans un certain domaine de variation des paramètres extérieurs, dit « *domaine de transition* », *les deux phases coexistent à l'équilibre* [1].

---

1. Il existe un autre type de changements de phase, dits « *transitions d'ordre supérieur* », dont nous donnerons ci-dessous quelques exemples, sans toutefois les analyser en détail. Dans ce cas, jamais les deux phases qui

La vaporisation, la sublimation et la fusion existent pour tous les corps purs, mais dans des conditions qui varient considérablement de l'un à l'autre. Ce ne sont toutefois pas les seules transitions de phase. Certains corps purs peuvent se présenter sous deux ou plusieurs formes solides cristallines. On observe alors entre ces solides des *transitions de polymorphisme* : passage du même corps pur d'une configuration cristalline à une autre (transition solide-solide directe, sans détour par la phase liquide), avec équilibre entre elles dans un certain domaine. Par exemple, on connaît au moins deux variétés polymorphiques du soufre solide, que l'on désigne par soufre α (système cristallin orthorhombique) et soufre β (système monoclinique). Même situation pour le carbone, qui se présente soit sous forme de graphite, solide gris-noir laissant une trace sur le papier (cristallisé en lamelles dans lesquelles les atomes dessinent des hexagones), soit sous forme de diamant, le plus brillant, le plus pur, le plus limpide des minéraux (cristallisé dans le système cubique); nul ne me contredira si j'affirme que voilà deux apparences fort différentes du même corps pur! Mêmes circonstances lorsqu'il s'agit de l'étain, dont les deux principales variétés polymorphiques sont l'étain blanc et l'étain gris. Cette dualité fut cause, durant la campagne de Russie de l'armée napoléonienne, d'un phénomène curieux et impressionnant connu sous le nom de « *peste de l'étain* ». La vaisselle des soldats, les boutons de leur uniforme, étaient faits d'étain. Sous l'influence du froid rigoureux [1], ustensiles de vaisselle et boutons se mirent à tomber en poussière l'un après l'autre, comme victimes d'une épidémie.

Voici, en quelques mots, l'explication physique du phénomène. Deux variétés d'étain, donc. Aux températures ordinaires, seul l'étain gris est stable; c'est avec lui, par conséquent, que l'on façonne les objets. À 13 °C, l'étain gris devrait se transformer en étain blanc, seule variété vraiment stable aux températures inférieures à 13 °C. Mais on observe dans ce cas un comportement particulier, assez courant dans les transitions de

---

communiquent lors de la transition ne coexistent à l'équilibre; le système reste constamment homogène, mais ses propriétés physiques changent à la transition. Nous nous limiterons dans ce qui suit aux transitions du premier ordre, bien que celles d'ordre supérieur soient extrêmement intéressantes.

1. « Il neigeait, il neigeait toujours! la froide bise / Sifflait... ». Victor Hugo, « La retraite de Russie », *Les Châtiments*.

phase, tout spécialement dans les transitions de polymorphisme (solide-solide) comme celle que nous étudions : un *retard à la transition*. Cela signifie, en l'occurrence, que l'étain gris peut perdurer lorsque la température s'établit au-dessous de 13 °C : l'état véritablement stable au-dessous de 13 °C, qui est l'étain blanc, n'apparaît pas provisoirement et laisse encore place à l'étain gris. On appelle « état d'équilibre *métastable* » une phase telle que l'étain gris au-dessous de 13 °C ; on l'observe seulement parce que l'état d'équilibre stable (étain blanc) ne se réalise pas. Rien de fâcheux n'arrive donc, dans nos hivers tempérés, aux ustensiles d'étain. Mais des froids intenses – ils furent particulièrement intenses durant la retraite de Russie – peuvent faire basculer un objet vers l'étain blanc. Par suite de la différence de masse volumique (densité) entre les deux variétés, la forme de l'objet ne survit pas à la transformation, et il tombe en poussière.

Mais il y a pire, bien pire ! Si un autre objet, resté à l'état d'étain gris, entre en contact ne serait-ce qu'avec un grain de poussière – un cristal – d'étain blanc, cela induit immédiatement sa transformation intégrale, et donc sa désagrégation : l'état métastable passe aussitôt à l'état stable s'il est mis en présence d'un *germe* de ce dernier. Et ainsi, de proche en proche, se propage la peste de l'étain... Il est question ici de physique, mais comment ne pas évoquer l'effet délétère produit par ce phénomène spectaculaire sur le moral des troupes...

Ce phénomène de retard à la transition est observé dans des cas moins dramatiques, celui du pain, par exemple. À haute température (dans le four où a lieu la cuisson), la variété stable est le pain frais. Vers 40 °C – cela dépend beaucoup de la panification – devrait se produire la transformation (transition) du pain frais en pain rassis. Fort heureusement pour nos palais gourmands, un retard à la transition a lieu ici aussi, de sorte que le pain reste frais quelque temps aux températures ordinaires. Mais il devient peu à peu, inéluctablement, rassis, c'est-à-dire qu'il quitte l'état métastable (pain frais) pour rejoindre l'état d'équilibre stable au-dessous de 40 °C (pain rassis). Vous savez cependant que, si vous chauffez du pain sec dans le four de votre cuisinière, il redevient frais. C'est que vous l'avez porté à une température supérieure à la température de transition, domaine où la variété stable est le pain frais. Le processus peut alors reprendre, sauf que – le savoir-faire d'un boulanger ne s'imite pas si facilement – le pain redevient rassis beaucoup plus vite que la première fois (et, il faut bien le dire, le pain ainsi récupéré n'atteint pas la valeur gustative d'un vrai pain frais).

Le même type de comportement est observé pour l'eau elle-même, quoiqu'il requière dans ce cas des précautions et un soin particulier (absence de poussière, manipulation sans heurt). On peut alors, par exemple, maintenir l'eau sous forme liquide au-dessous de 0 °C (où l'état véritablement stable est évidemment la glace) : on dit que l'on a obtenu de l'eau *surfondue*. Mais attention : si l'on donne alors un simple coup de pied dans le baquet contenant l'eau, on provoque sa prise en glace tout d'un bloc, quasi instantanée, qui se manifeste notamment par un claquement sec et sonore.

Pour revenir aux transitions polymorphiques, signalons qu'un corps aussi courant que l'eau, plus exactement la glace, révèle l'existence de nombreuses phases solides distinctes entre lesquelles se produisent des transitions du premier ordre, lorsqu'on la soumet à des pressions supérieures à la pression atmosphérique. Il faut pourtant dépasser deux mille fois la pression atmosphérique. La transition entre l'eau liquide et le solide s'effectue alors aux alentours de – 20 °C. On passe ainsi à un corps cristallin qu'on appelle « glace III » et qui diffère très sensiblement de la glace ordinaire ; la glace III devient à son tour de la glace II vers – 30 °C.

Donnons aussi, puisque nous n'y reviendrons plus, deux ou trois exemples de *transitions d'ordre supérieur*. Quelques métaux (fer, cobalt et nickel, essentiellement) possèdent des propriétés magnétiques singulières : ils sont *ferromagnétiques*, c'est-à-dire qu'ils peuvent former des aimants. Or, si l'on chauffe un aimant, il perd ses propriétés ferromagnétiques à une certaine température, dite « point de Curie [1] » [2]. Il s'agit ici aussi d'une transition de phase, mais la phase de basse tempé-

---

1. Pierre Curie (1859-1906) est connu de tous. Il est presque toujours, lorsqu'on le mentionne, associé à son épouse Marie. Leur mariage fut célébré l'année même où Pierre soutint sa thèse (1895) : « Propriétés magnétiques des corps à diverses températures », dont l'histoire a extrait le « point de Curie ». Il mourut à quarante-sept ans, renversé par un camion que tirait un attelage de chevaux.

2. Pour le fer, la température de Curie est de 770 °C, c'est-à-dire qu'elle est facilement accessible avec un bec Bunsen ordinaire.

rature, ferromagnétique, ne coexiste pas avec la phase de haute température (dont les caractéristiques sont dites « paramagnétiques »). Un autre exemple, que nous avons déjà évoqué [1], est celui de l'*hélium liquide* : la transition entre l'hélium liquide normal, stable à haute température, et l'hélium superfluide, stable à plus basse température, s'effectue à 2,18 kelvins, sans que l'une et l'autre phases ne se superposent. Citons pour terminer la transition que présentent certains métaux vers une *phase supraconductrice* dans laquelle un courant électrique peut circuler sans rencontrer aucune résistance [2] : elle est aussi d'ordre supérieur.

Description plus précise : la courbe de vaporisation

Pour être plus concret, nous nous intéressons ici spécifiquement à la *transition liquide-gaz*.

TRANSITION LIQUIDE-VAPEUR À PRESSION CONSTANTE

Supposons que nous partions d'une phase homogène, par exemple la phase gazeuse. L'état thermodynamique d'un gaz ordinaire peut être caractérisé par *trois variables* seulement. Les variables primitives seraient l'énergie interne U, le nombre de moles n et le volume V. Ici, nous choisissons plutôt, car cela nous facilitera les choses, la température T, le nombre de moles n et la pression p. Le nombre de moles n est fixé une fois pour toutes, car le récipient renfermant le système est étanche à la matière et le restera quoi qu'il arrive : nous avons décidé d'étudier le comportement d'une quantité déterminée du corps pur qui nous intéresse, et en l'absence de corps étrangers. L'état thermodynamique de notre gaz est défini, en fin de compte, par la température T et la pression p (son volume V est une fonction de T et p à travers l'équation d'état [3]).

---

1. Voir *supra*, p. 148.
2. Voir *supra*, p. 144.
3. Voir *supra*, p. 96.

Nous faisons maintenant décroître la température T, en maintenant constante la pression, égale à p_0. L'expérience montre que, lorsque la température atteint une certaine valeur T_l, le système devient *hétérogène* : dans la phase gazeuse apparaissent, en ce point, les premières gouttes de liquide. Si l'on continue à extraire de la chaleur du système, la phase liquide se développe, au détriment de la phase gazeuse ; mais *la température ne varie pas*, et reste égale à T_l, tant que tout le gaz ne s'est pas liquéfié. Lorsque le fluide est redevenu homogène, sous forme liquide cette fois, la température peut décroître à nouveau. Lorsque, sous la pression p_0, le système étudié se trouve à la température T_l, phase liquide et phase vapeur sont en équilibre entre elles, et en équilibre séparément si l'on ne chauffe ni ne retire de la chaleur. Notons que, pour p_0 donnée, T_l est *indépendante du nombre de moles n*, c'est-à-dire de la taille du système. Mieux : la température reste égale à T_l (la pression étant fixée à p_0) pour des *proportions relatives quelconques* des deux phases en présence ; cela signifie qu'on peut avoir tout aussi bien du liquide enfermant seulement quelques bulles de vapeur, ou du gaz comportant seulement quelques gouttes de liquide, ou n'importe quelles quantités de gaz et de liquide juxtaposées (toujours à la même température T_l et la même pression p_0).

On peut, bien entendu, revenir en arrière. Si l'on chauffe le liquide homogène à la pression p_0, les premières bulles de vapeur apparaissent lorsque la température atteint T_l. Si l'on continue à chauffer, la température reste constante et égale à T_l tant que tout le liquide n'est pas vaporisé. Si l'on arrête de chauffer à un quelconque stade intermédiaire, la vapeur déjà formée et le liquide encore présent sont en équilibre. La température ne recommence à croître que lorsque le fluide est à nouveau homogène (sous forme gazeuse, ici).

On constate sans surprise que la température de liquéfaction – ou, dans l'autre sens, de vaporisation – T_l varie avec la pression p_0 ; cependant, comme nous l'avons déjà dit, T_l ne dépend que de la pression, pas du nombre de moles [1].

---

1. Il est normal que la température T_l, grandeur intensive comme la pression p_0, ne dépende pas de la seule autre variable disponible, le nombre de moles n, qui est extensif (voir *supra*, p. 97).

DESSIN DE LA COURBE DE TRANSITION

Les comportements que nous avons décrits sont résumés et synthétisés dans le plan (T,p) : on porte sur l'axe des abscisses la température T, et sur l'axe des ordonnées la pression p. Un point de ce plan représente l'état du système caractérisé par – outre le nombre de moles n, fixé dès le début – la température T et la pression p que ce point particulier a pour coordonnées. Pour chaque pression, c'est-à-dire pour chaque horizontale tracée dans ce plan, il existe une et une seule abscisse T_l pour laquelle le point représentatif correspond à un état – des états, en fait, puisque la proportion des deux phases peut y être quelconque – dans lequel coexistent la phase liquide et la phase gazeuse, à l'équilibre. Ces points privilégiés, lorsqu'on change de façon continue la pression imposée, dessinent une courbe dans le plan

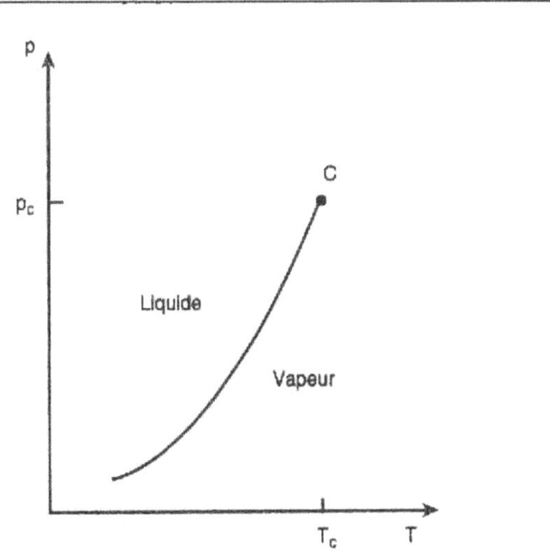

La courbe de vaporisation sépare le domaine du liquide homogène (au-dessus et à gauche) de celui du gaz homogène (au-dessous et à droite). Les deux phases ne coexistent à l'équilibre que sur la courbe de vaporisation. Elle est limitée vers le haut par le point critique C et vers le bas par le point triple (qui n'est pas représenté ici).

(T,p), la *courbe de vaporisation*. Cette courbe est donc l'ensemble des points représentant les états d'équilibre du système dans lesquels *coexistent une phase liquide et une phase vapeur* [1]. Par exemple, si le corps pur est maintenu à température T constante, il existe une valeur privilégiée p_s de la pression – dépendant de la température T – pour laquelle liquide et vapeur coexistent ; on l'appelle la *pression de vapeur saturante* [2] de ce corps pur à la température T.

Notons que la courbe de vaporisation est *limitée dans les deux sens*, vers le bas par le *point triple* [3] P, vers le haut par le *point critique* [4] C. On peut considérer que la courbe de vaporisation délimite deux domaines distincts dans le plan (T,p) : à sa droite se situent les points qui représentent la phase gazeuse homogène, à sa gauche ceux qui correspondent à une phase liquide homogène. Mais est-ce toujours vrai au voisinage des deux extrémités P et C de la courbe?

La chaleur latente de transition

Plaçons-nous en un point déterminé de la courbe de vaporisation : la température est T et la pression p. Nous avons insisté plus haut [5] sur le fait que les quantités relatives de liquide et de vapeur ne sont pas fixées, la quantité totale étant donnée par le nombre de moles n. Que va-t-il se passer si, sans changer la température T ni la pression p, nous voulons augmenter ou diminuer la quantité de vapeur au détriment ou au bénéfice du liquide?

Pour faire passer (de façon réversible), à température et pression inchangées, du liquide à l'état de vapeur, il faut fournir au système de la chaleur ; rapportée à une mole, c'est la *chaleur latente*. L'épithète « latente » rappelle qu'elle est absorbée ou émise par le système à *température* (et pression) *constante*.

------

1. La raison théorique de l'apparition d'une telle courbe est explicitée dans un appendice, à la fin de ce chapitre.

2. Un gaz pur en équilibre avec le liquide correspondant est parfois appelé une « vapeur saturante ».

3. Voir *infra*, p. 189.

4. Voir *infra*, p. 190.

5. Voir *supra*, p. 180.

Vaporisation de l'eau dans l'air

DÉDUCTION THÉORIQUE DES CONDITIONS D'ÉQUILIBRE

Examinons un échantillon d'eau liquide à l'air libre. Le gaz qui surmonte l'eau est un mélange de vapeur d'eau et d'air. La température de ce mélange est la même, à l'équilibre, que celle du liquide car les échanges de chaleur entre gaz et liquide sont libres ; de tels échanges se produisent aussi à l'intérieur du gaz, quelle que soit la composition du mélange, de sorte que la température ne peut qu'y être homogène comme elle l'est dans tout le système.

Le cas de la pression est plus complexe. Nous ferons l'hypothèse simple que *le mélange gazeux est idéal.* Cela signifie que chaque constituant garde les mêmes propriétés que s'il occupait seul le volume imparti à l'ensemble du gaz [1]. Dans ces conditions, l'air a une *pression partielle* p_a, qui est simplement celle qu'il aurait si l'on retirait la vapeur d'eau ; de façon analogue, la pression partielle p_e de la vapeur d'eau est celle qu'elle aurait si on la laissait seule, sans air. Pour un tel mélange idéal, la *pression totale p*, la seule que l'on puisse mesurer directement, est la *somme des deux pressions partielles* :

$$p = p_e + p_a.$$

Regardons maintenant la *phase liquide. Nous négligerons la solubilité de l'air dans l'eau* : elle n'est pas strictement nulle – il faut bien que les poissons puissent respirer – mais elle est très faible à l'échelle des phénomènes que nous examinons. Si donc on a pour liquide de l'eau pratiquement pure, sa température est celle du gaz et sa pression est égale à la pression totale p, puisque les échanges de volume ont lieu entre le liquide et l'ensemble du gaz. En outre, on peut montrer que, *à l'équilibre, la pression partielle de la vapeur d'eau* dans le mélange gazeux *est égale à la pression de vapeur saturante* à la même température ; rappelons que celle-ci est donnée par la courbe de vaporisation.

---

1. On suppose donc que les deux composants du gaz s'ignorent mutuellement. Ce n'est pas strictement vrai : ils interagissent quelque peu l'un avec l'autre. Mais l'approximation du mélange idéal est proche de la réalité.

LE PHÉNOMÈNE D'ÉVAPORATION

Versons de l'eau liquide dans un récipient ouvert, à la température ordinaire T_o et à la pression atmosphérique p_o. Généralement, au moins dans nos climats, la quantité de vapeur d'eau présente dans l'atmosphère est trop faible pour que sa pression partielle p_e atteigne la pression de vapeur saturante p_s correspondant à la température ambiante T_o.

Le système n'est donc pas à l'équilibre. L'eau liquide se vaporise alors – elle s'évapore – pour tenter de parvenir, dans la phase gazeuse, à cette pression de vapeur saturante p_s. En atmosphère confinée, il se peut que la pression partielle p_e de l'eau arrive à atteindre la pression de vapeur saturante p_s; cela se produit par exemple dans une salle de bains où l'on prend une douche. L'évaporation s'arrête alors. Sous certains climats, l'atmosphère libre elle-même parvient parfois à un degré d'humidité de 100 %, ce qui signifie que l'équilibre entre pression partielle et pression de vapeur saturante est atteint; on transpire alors « à grosses gouttes », comme l'on dit, la sueur, destinée à rafraîchir le corps [1], ne s'évaporant pas.

Mais la plupart du temps, lorsque la pression partielle de la vapeur d'eau dans l'atmosphère est inférieure à la pression de vapeur saturante correspondant à la température ambiante, l'eau liquide s'évapore, et cette évaporation se poursuit jusqu'à disparition totale du liquide, seul moyen de parvenir à un état d'équilibre stable : subsiste alors seulement un gaz homogène, mélange d'air et de vapeur d'eau, dans lequel la pression partielle de l'eau est restée inférieure à la pression de vapeur saturante p_s.

On comprendra qu'une élévation de température favorise l'évaporation : pour une température T_1 supérieure à T_o, la pression de vapeur saturante p_s est supérieure à ce qu'elle était à la température T_o (voir sur la figure précédente l'allure de la courbe de vaporisation); par conséquent, l'appel de vapeur d'eau vers la phase gazeuse est plus énergique. En outre, la vaporisation demande de la chaleur [2]; si donc on chauffe le liquide, la chaleur

---

1. Voir *supra*, p. 182.
2. *Ibid.*

qu'on lui fournit sert en partie à le vaporiser et en partie à élever la température.

Le phénomène d'évaporation est utilisé couramment pour le séchage, par exemple du linge. On aura remarqué que le linge sèche plus vite par temps de vent. C'est que, au cours de l'évaporation, la pression partielle de la vapeur d'eau est naturellement plus forte au voisinage immédiat du linge – d'où provient la vapeur d'eau – que dans l'atmosphère plus lointaine ; le vent, en balayant ce surplus de vapeur d'eau, rétablit des conditions plus favorables à la vaporisation de l'eau liquide emprisonnée dans le linge. De ce point de vue le sèche-cheveux, selon l'expression – humoristique – d'un de mes amis, est « le dernier cri de la technique moderne » : le violent courant d'air chaud qu'il produit combine les deux avantages d'une température élevée et d'une ventilation efficace.

LE PHÉNOMÈNE D'ÉBULLITION

L'ébullition d'un liquide est un phénomène relativement complexe : il résulte de la combinaison de deux facteurs, que nous allons nous efforcer de dégager. Mais indiquons tout d'abord comment est déterminée la *température d'ébullition* d'un corps : c'est la température pour laquelle la pression de vapeur saturante est égale à la pression atmosphérique : 100 °C pour l'eau. Insistons sur le fait que *le liquide ne peut pas exister*, sous la pression atmosphérique, *à une température supérieure à la température d'ébullition*. Dans l'égalité que nous avons écrite au paragraphe « Déduction théorique des conditions d'équilibre », le membre de gauche est égal à la pression atmosphérique, dans les conditions où nous nous sommes placés ; or chacun des deux termes du membre de droite est positif ; il est donc impossible que la pression partielle de l'eau dépasse la pression atmosphérique, c'est-à-dire – voir la courbe de vaporisation – que la température dépasse sa valeur pour laquelle p_e est, à l'équilibre, égale à cette même pression atmosphérique. Pas étonnant qu'il puisse se passer des événements pour ainsi dire « dramatiques » – l'ébullition – lorsque la température du liquide atteint sa température d'ébullition.

Examinons maintenant les choses plus en détail. Supposons

tout trivialement que nous ayons placé une casserole, contenant de l'eau liquide, sur un réchaud. Au début – avant même que l'on ne chauffe – l'eau se vaporise par sa surface supérieure, au contact de l'atmosphère [1]. L'allumage du réchaud accélère cette vaporisation et provoque en outre une élévation de la température du liquide; mais c'est encore par sa surface libre qu'il se vaporise.

Le facteur déterminant qui déclenche l'ébullition est la température, lorsqu'elle atteint la température d'ébullition (100 °C pour l'eau). Nous avons expliqué il y a un instant que, en ce point, elle ne peut plus croître. La chaleur que continue à dégager le réchaud ne peut plus servir dès lors qu'à vaporiser l'eau : cela demande en soi de la chaleur [2]. Si l'on chauffe plus fort, l'eau bout plus fort : les bulles grossissent et se font plus nombreuses, la quantité de vapeur produite augmente. Mais *la température de l'eau liquide ne dépasse pas 100 °C*. Tout un chacun sait que, s'il oublie sur le feu une préparation culinaire comprenant une sauce ou tout simplement un légume cuisant dans l'eau, l'oubli est réparable tant qu'il reste de la sauce, ou de l'eau, au fond de la casserole; le mets commence à brûler dès que toute l'eau s'est évaporée, parce que la température peut alors recommencer à croître.

Encore un mot de cuisine : on peut constater que la cuisson d'un œuf dur demande plus de temps en montagne qu'au fond d'une vallée. L'explication en est simple. En altitude, la pression ambiante est plus faible, comme l'est l'épaisseur de l'atmosphère; la température qui correspond à cette pression, selon la courbe de vaporisation, est elle aussi plus faible. Pour cuire un œuf dans l'eau, il faut le maintenir plus longtemps à cette température plus basse.

Le second facteur important dans le phénomène d'ébullition peut être compris si l'on examine le comportement des bulles de vapeur : elles naissent au fond du récipient posé sur le réchaud et montent vers la surface, où elles éclatent. Il n'est pas difficile de relier ces observations au fait que l'on chauffe la casserole par en dessous : sans doute la température du liquide est-elle légèrement supérieure au fond qu'en surface.

---

1. Voir *supra*, p. 184.
2. Voir *supra*, p. 182.

Effectivement, l'ébullition ne se produit que si apparaissent de légères *inhomogénéités de température*[1].

Encore faut-il, pour qu'il y ait une véritable ébullition, que ces différences de température permettent aux bulles de vapeur, formées dans les régions les plus chaudes, de traverser le liquide. On peut par exemple s'assurer facilement que de l'eau chauffée par sa surface supérieure, fût-ce à l'aide d'un chalumeau, *ne bout pas* : elle continue à se vaporiser par sa surface, même si cette vaporisation est considérablement accélérée par le chauffage. Notons encore que si c'est le volume, et non plus la pression, qui est imposé et maintenu constant, il n'y a pas non plus d'ébullition : la pression croît progressivement, en même temps que la température, selon la courbe de vaporisation. Comme la vapeur ne s'évacue pas, la pression totale du mélange gazeux (air plus vapeur) est, à la température T, constamment supérieure à la pression de vapeur saturante à cette même température : dans l'égalité du paragraphe « Déduction théorique des conditions d'équilibre », le premier membre n'est pas fixé et peut donc croître en même temps que p_e. C'est le principe de l'autocuiseur (dit « cocotte minute ») : la température de cuisson des aliments peut ainsi dépasser 100 °C ; il ne se passe d'ailleurs rien de particulier, dans un autocuiseur fermé, lorsque la température atteint 100 °C. Cependant, pour éviter que la « cocotte » n'explose (la pression y augmente très rapidement), on a prévu une soupape qui s'ouvre vers l'extérieur lorsque la pression atteint un certain seuil. Il s'établit alors un régime stationnaire, la soupape laissant échapper ce qu'il faut de gaz pour empêcher la pression – et donc la température – d'augmenter.

Construction du diagramme de phases d'un corps pur

Élargissons maintenant notre intérêt au-delà de la simple transition liquide-gaz.

---

1. Lorsque nous avons décrit succinctement la transition λ dans l'hélium liquide (p. 148), nous avons signalé que l'hélium superfluide ne bout pas. C'est qu'il est supraconducteur de la chaleur, de sorte que toute inhomogénéité de température est aussitôt effacée.

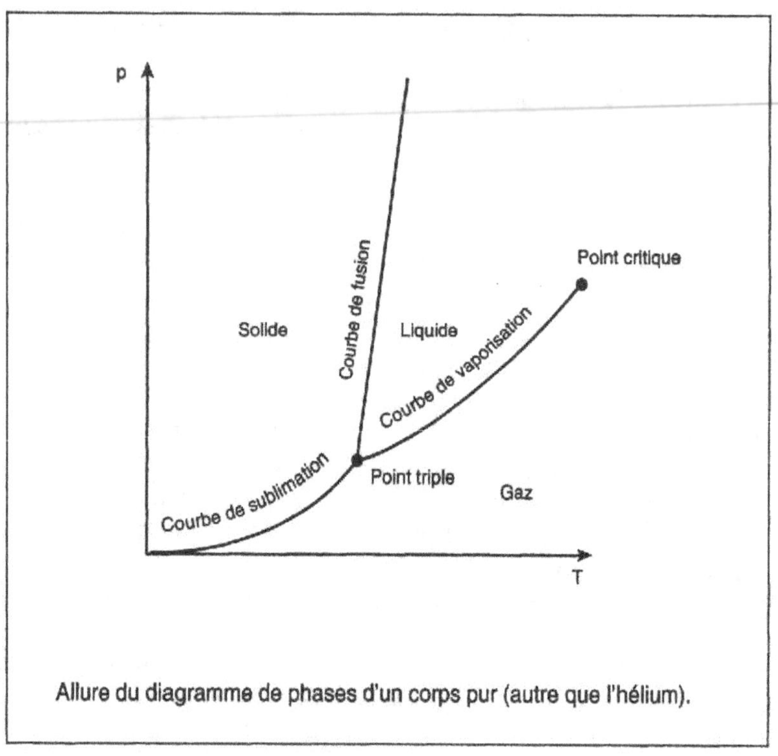

Allure du diagramme de phases d'un corps pur (autre que l'hélium).

TRACÉ DES COURBES DE TRANSITION

Reprenons les variables T (température) et p (pression) que nous avons sélectionnées plus haut [1]. La transition solide-liquide et la transition solide-gaz présentent des propriétés analogues à celles que nous avons décrites pour la transition liquide-gaz. Ainsi, l'ensemble des points du plan (T,p) qui représentent les états hétérogènes réunissant, à l'équilibre, les phases solide et liquide d'un même corps pur, construisent la *courbe de solidification* ou *de fusion* ; de même, l'ensemble des points représentant les états hétérogènes où coexistent, à l'équilibre, les phases solide et gazeuse de ce corps pur, tracent la *courbe de sublimation*. L'ensemble des courbes de transition associées à un corps pur donné est appelé son « *diagramme des phases* ». Nous avons

____

1. Voir *supra*, p. 179.

reproduit, sur la figure de la page précédente, le diagramme des phases le plus simple en même temps qu'universel. Nous y avons situé les phases liquide, solide et gazeuse dans les domaines où elles sont stables, prises isolément.

Si le corps examiné peut prendre plusieurs formes solides cristallines, on peut de même tracer, toujours dans le plan (T,p), des courbes sur lesquelles deux phases solides distinctes sont en équilibre. Bien entendu, ces courbes font elles aussi partie du *diagramme de phases* de ce corps pur.

APPARITION DE POINTS TRIPLES

Dans le cas d'une phase unique, le point représentatif du système peut être choisi dans tout un domaine du plan (T,p) : pour une phase unique, la température T et la pression p peuvent être fixées indépendamment, dans certaines limites, bien sûr. Lorsque deux phases sont en équilibre, le point représentatif doit se trouver sur une courbe bien précise : la pression p est déterminée dès que la température T est donnée, ou vice versa. On comprendra alors que, *si deux telles courbes se coupent*, leur point d'intersection représente un état dans lequel coexistent *trois phases distinctes à l'équilibre* ; pour cette raison, il est appelé *« point triple »*. Il est d'ailleurs triple aussi parce que, s'il se trouve à la fois sur deux courbes d'équilibre, il appartient forcément à une troisième. Pour le comprendre, regardons le diagramme de phases simple que nous avons représenté sur la figure précédente : disons que P est le point d'intersection des courbes de vaporisation et de solidification. Il représente donc un état du système qui réunit, à l'équilibre, une phase liquide et une phase gazeuse – puisqu'il est situé sur la courbe de vaporisation – mais aussi une phase solide en équilibre avec la phase liquide – puisqu'il se situe sur la courbe de solidification ; on y observe donc, en particulier, un équilibre entre les phases solide et gazeuse : le point P appartient aussi, de ce fait, à la courbe de sublimation. Dans un diagramme de phases plus compliqué, faisant intervenir des phases allotropiques, le principe reste le même : si deux courbes s'y coupent, une troisième aboutit nécessairement au point d'intersection, qui est donc un point triple.

Reprenons le raisonnement que nous avons interrompu : à

une phase unique correspond un domaine du plan (T,p), à une juxtaposition de deux phases une courbe dans ce plan, à une juxtaposition de trois phases un point de ce plan. Par conséquent, un point triple est caractérisé par *une valeur précise de la température comme de la pression.* Cette propriété permet des applications intéressantes. Par exemple, si l'on s'arrange pour faire subsister, dans un récipient, de la glace, de l'eau liquide et de la vapeur d'eau – et rien d'autre – en équilibre, alors la température qui y règne est celle du point triple de l'eau. La température du point triple de l'eau sert de *référence thermométrique* : on la pose égale, par définition, à 273,16 kelvins. « Définition de quoi ? » demanderez-vous. Définition du kelvin : dans des expériences de physique ou des applications industrielles précises, on a besoin de pouvoir se référer à des définitions exactes, reconnues par tout le monde, des unités que l'on utilise. L'avantage du point triple de l'eau est qu'il peut être obtenu assez facilement et n'importe où dans le monde [1] : point n'est besoin, ce qu'on faisait autrefois pour l'unité de longueur, d'aller comme en pèlerinage au sanctuaire du Pavillon de Breteuil à Sèvres.

Une curiosité passionnante : le point critique

Nous venons d'examiner l'une des extrémités de la courbe de vaporisation, le point triple P. Nous nous tournons maintenant vers l'autre extrémité, le point critique C.

POURQUOI « CRITIQUE » ?

Le point critique, nous allons le voir, est un point très particulier du diagramme des phases. Notons qu'il apparaît *seulement pour la transition liquide-vapeur* [2] : il n'a pas son analogue sur la

---

1. La pression correspondante (4,58 mm de mercure) est beaucoup plus faible que la pression atmosphérique (760 mm de mercure), alors que, curieusement, la température est très voisine du 0 °C (273,15 K). Ceci est dû au fait que la courbe de solidification est presque verticale, dans le plan (T,p).

2. Rappelons que gaz et vapeur sont pour nous synonymes.

courbe de solidification ni sur la courbe de sublimation ; de façon plus générale, aucune des courbes qui constituent le diagramme des phases ne s'arrête comme le fait la courbe de vaporisation. Le point critique, dans le plan (T,p), est repéré par la *température critique T_c* et la *pression critique p_c*.

Cette suspension de la courbe de vaporisation au point critique signifie qu'il n'y a plus de transition liquide-gaz au-delà de ce point : *au-dessus du point critique* [1], *la distinction entre liquide et gaz disparaît*. Lorsque, à pression constante supérieure à la pression critique, on refroidit par exemple ce que l'on croit être un gaz, il reste constamment homogène, et on arrrive sans accident dans la région du plan (T,p) où on l'aurait plutôt qualifié de liquide [2]. Au-dessous du point critique, sur la courbe de vaporisation dans le plan (T,p), les propriétés physiques du liquide et du gaz sont nettement différentes : par exemple, le liquide est plus dense que le gaz, ce qui les sépare dans le champ de pesanteur ; cela se traduit quantitativement par le fait que, pour un même nombre de moles n, le volume V_l du système, lorsqu'il est entièrement sous forme liquide, est inférieur au volume V_g qu'il a sous forme entièrement gazeuse. *Mais*, lorsqu'on s'approche du point critique, V_g et V_l deviennent progressivement moins différents l'un de l'autre ; à la limite, lorsqu'on atteint le point critique, les propriétés du liquide et du gaz deviennent identiques : V_l et V_g tendent l'un vers l'autre lorsque la température T tend vers T_c par valeurs inférieures. Au-dessus du point critique (disons pour T supérieure à T_c), on n'observe aucune transition liquide-gaz ; on a affaire à ce qu'on appelle le *fluide supercritique*, qui n'est ni liquide ni gaz, à moins qu'il ne soit les deux à la fois.

IL EST POSSIBLE DE CONTOURNER LE POINT CRITIQUE SANS LE VOIR

L'existence du point critique et sa signification apparaissent de façon frappante si l'on s'arrange pour amener le système à le contourner. Nous allons réaliser pour cela une transformation

---

1. C'est-à-dire pour p supérieure à la pression critique p_c si l'on travaille à pression constante, ou pour T supérieure à la température critique T_c si l'on travaille à température constante.
2. Nous préciserons ce comportement du fluide dans le paragraphe « Il est possible de contourner le point critique sans le voir ».

cyclique, que nous suivrons dans le plan (T,p) au fur et à mesure que nous la décrirons, sur la figure ci-dessous.

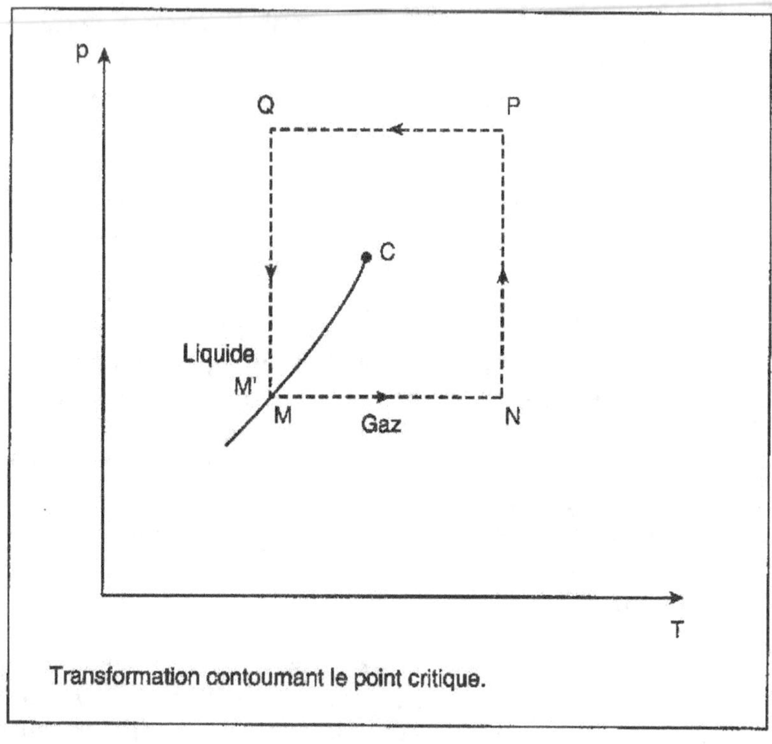

Transformation contournant le point critique.

Nous allons partir d'un état du système où les deux phases, liquide et gazeuse, sont en équilibre ; le point M représentatif de cet état se trouve nécessairement sur la courbe de vaporisation. Nous commençons par chauffer le système en maintenant sa pression constante. Ceci a d'abord pour effet de vaporiser le liquide sans changer sa température : le système se situe toujours au même point, dans le plan (T,p), mais la proportion relative de liquide diminue ; de façon concrète, on voit le niveau du liquide – phase la plus dense, donc située dans la partie inférieure du récipient – baisser progressivement. La surface de séparation entre liquide et gaz, qu'on appelle volontiers « ménisque », disparaîtra finalement *au bas du récipient*. À partir de ce moment-là, si l'on continue à chauffer à pression constante, le point représentatif du système quitte la courbe de vaporisation et se dirige vers ce que nous avons appelé plus haut « le domaine gazeux ». On peut ainsi atteindre le point N (voir figure p. 192).

Arrêtons alors de chauffer, mais augmentons la pression à température constante ; le point représentatif du système se déplace alors, dans le plan (T,p), sur une verticale (température constante) et on peut le faire parvenir au point P indiqué sur la figure. Puis on extrait de la chaleur du système, à pression constante, pour lui faire parcourir le segment PQ. On décomprime enfin à température constante pour le faire revenir en M'. Lorsqu'on revient ainsi sur la courbe de vaporisation, le système est encore, au début, homogène, comme il l'a été tout au long de la transformation, à partir de l'instant où il a véritablement quitté la courbe de vaporisation, en M. Si l'on continue alors à décomprimer, le système redevient hétérogène ; mais, comme il a abordé la courbe de vaporisation par en dessus, c'est *une phase gazeuse* que l'on voit se former, c'est-à-dire que le ménisque qui sépare les deux phases réapparaît *en haut du récipient* ! Ce qui était un gaz au début du segment MN est devenu un liquide à la fin du segment QM', sans qu'aucune discontinuité ne se soit produite au cours de la transformation NPQ. Il y a donc *continuité entre le gaz et le liquide* lorsqu'on passe par le fluide supercritique ; c'est pourquoi ce dernier, avons-nous dit plus haut, n'est ni liquide ni gaz mais bien plutôt liquide *et* gaz à la fois.

Il est conseillé au lecteur de prendre le contenu de ce paragraphe avec calme, avec « philosophie », comme disent les braves gens : l'expérience (pédagogique) montre que, malgré la simplicité de l'argument, le résultat soulève toujours des tollés dans les amphithéâtres où on l'enseigne ; certains étudiants viennent même assiéger le professeur à la fin du cours et le soumettent à un feu roulant de questions indignées. Donc, une personne sensée peut trouver ce qui précède paradoxal ou irritant. Elle devrait pourtant admettre que la physique n'a nullement l'obligation de se conformer à un quelconque bon sens ni de respecter une quelconque intuition. Mais ce qui suit va permettre de mieux comprendre la raison profonde de cette continuité liquide-gaz.

Il n'existe pas de point critique sur la courbe de fusion-solidification, nous l'avons déjà souligné. Mais c'est qu'*il ne peut pas exister* de tel point critique car solide et liquide diffèrent de façon fondamentale : le solide est ordonné, puisque c'est un cristal[1], et le liquide est désordonné. Il est donc indispensable qu'une transition de phase se produise pour qu'on puisse passer du solide au liquide ou vice versa. Même si on a seulement affaire à l'une des phases homogènes, sa structure décèle sans ambiguïté sa nature : solide si elle est ordonnée (cristal), liquide en l'absence d'ordre. Il est impensable de pouvoir envisager une transformation au cours de laquelle le solide se transforme en liquide, ou vice versa, sans qu'il y ait quelque part une véritable transition de phase.

Le liquide et le gaz ont au contraire même constitution, fondamentalement, et la même aussi que le fluide supercritique. C'est ce qui autorise un passage continu du liquide au gaz, ou vice versa, en contournant le point critique, c'est-à-dire en faisant le détour par le fluide supercritique. Rien de particulier ni d'important ne se passe dans le fluide en aucun point d'une transformation telle que celle que nous venons de décrire.

PEUT-ON VÉRITABLEMENT ATTEINDRE LE POINT CRITIQUE ?

On aimerait bien savoir ce qui se passe au point critique lui-même ! Encore faut-il réussir à l'atteindre. Le problème a été résolu pour la première fois par Johann Augustus Natterer (1821-1900), physicien (et médecin) autrichien.

Le but est de suivre, dans le plan (T,p), la courbe de vaporisation jusqu'à son extrémité C. Natterer fabriqua une série de tubes à parois de verre épaisses. Il remplit ces tubes d'eau et de vapeur d'eau – en éliminant soigneusement l'air – puis les scella. Ainsi, dans chacune des éprouvettes qu'il avait construites de cette manière, la présence des deux phases, liquide et vapeur, se manifestait par l'existence d'un ménisque de séparation, bien visible à travers les parois de verre. Le point représentatif du système contenu dans l'éprouvette se trouvait donc, au départ, sur la courbe de vaporisation. Imaginons ce qui se passe lorsqu'on chauffe cette éprouvette. Le ménisque va se déplacer, décelant ainsi l'augmentation ou la diminution de la proportion

---

1. Un cristal est un corps à forme géométrique, limité par des faces planes. Cela est dû à l'arrangement régulier de ses atomes ; d'où le terme « ordonné ».

de liquide et de gaz. Dans la plupart des tubes – c'est intuitif – le liquide va se vaporiser progressivement, ce qui se manifestera par la descente du ménisque. Mais tant qu'il reste et du liquide et du gaz, c'est-à-dire tant que le ménisque est visible, le point représentatif suit la courbe de vaporisation, la température et la pression internes augmentant conjointement sous l'effet du chauffage extérieur. Mais il arrive un moment où le ménisque disparaît (au bas du tube dans l'exemple que nous avons pris). Alors le point représentatif quitte la courbe de vaporisation (vers son versant gazeux, c'est-à-dire vers la droite, dans cet exemple). On comprend que Natterer essaya d'éviter ce décrochement, pour pouvoir continuer sa route – ou celle du tube – vers le point critique. Puisque le ménisque disparaît au bas du tube, il est naturel d'essayer des remplissages où la proportion de liquide initial est supérieure (le ménisque est plus haut dans l'éprouvette). Si cette proportion est suffisante, le ménisque monte dans le tube et disparaît en haut ; dans ce cas, le point représentatif du système quitte la courbe de vaporisation du côté liquide, c'est-à-dire vers la gauche. Par approximations successives, on parvient à un remplissage de départ, c'est-à-dire à des proportions relatives initiales de liquide et de gaz, qui permettent de suivre la courbe de vaporisation jusqu'à son extrémité supérieure, le point critique.

Admettons que nous observions un tel tube dit à « *remplissage critique* ». Comment se comporte le ménisque lorsqu'on chauffe ? Il reste constamment bien visible et ne monte ni ne descend pratiquement pas dans l'éprouvette, du moins tant que le point représentatif du système, qui monte le long de la courbe de vaporisation, est encore assez loin du point critique C. Lorsqu'on atteint celui-ci, les phénomènes changent de nature : on voit se former dans le tube une sorte de brouillard passager qui masque le ménisque, jusque-là bien visible ; quand ce brouillard se dissipe, le ménisque n'est plus apparent. Il a donc disparu au beau milieu du tube, sans qu'il y ait eu par conséquent épuisement d'aucune des deux phases en présence. Mais sa disparition n'a pas pu être vraiment observée, cachée qu'elle était par le brouillard qui s'était « malencontreusement » développé. Ce phénomène curieux d'apparition de fines gouttelettes liquides dispersées dans le gaz, lorsqu'on atteint le point critique, porte le nom d'« *opalescence critique* [1] ». Au-delà du point critique, si l'on a continué de chauffer, plus de ménisque dans l'éprouvette : c'est un fluide homogène qui remplit totalement le tube ; il ne peut être considéré ni comme un liquide ni comme un gaz, puisque la courbe de vaporisation, qui seule permet cette distinction, s'est arrêtée au point critique ; c'est donc du *fluide supercritique*.

Nous avons décrit quelques aspects, choisis parmi les plus importants ou les plus marquants, de la thermodynamique, telle qu'elle se présentait au XIXᵉ siècle et telle qu'elle se présente encore aujourd'hui, massive et immuable. Bien entendu, l'exposé qu'on en donne actuellement se ressent des découvertes qui ont marqué la physique en un siècle particulièrement fécond. L'accent aussi s'est sensiblement déplacé dans le choix des postulats sur lesquels fonder l'édifice : aux principes, dont le nom seul indique assez le rang auquel ils étaient promis, on préfère aujourd'hui l'entropie et ses propriétés fondatrices. Mais cette substitution reste secondaire, tant il est vrai qu'elle n'a pas affecté le contenu de la théorie dans ses fondements ni ses applications. Mainte théorie physique a connu de tels bouleversements superficiels, ou même plus profonds (voir le tableau sur la mécanique classique au chapitre II de la première partie) ; en changeant l'éclairage qui met en relief les notions et concepts de base, ils en ont le plus souvent permis une meilleure compréhension et un approfondissement.

Voici venu le moment de tourner la page. C'est désormais une autre théorie physique qui va nous occuper, très différente, apparemment, de la précédente : ne se fonde-t-elle pas sur une réalité microscopique, où les atomes mènent le bal, alors que la thermodynamique refusait farouchement cette éventualité ? Il n'y a pas de doute, aujourd'hui : ce refus dogmatique, viscéral, était fondamentalement erroné. La mécanique statistique a raison ; les atomes existent – au moins en physique. Et pourtant...

Quels succès, pourtant, que ceux de la thermodynamique ! Elle se voulait la science des objets macroscopiques, de tous les

---

1. On peut montrer que la transition liquide-gaz, du premier ordre tout le long de la courbe de vaporisation, donne lieu, au point critique, à une transition d'ordre supérieur. C'est ce qui permet de comprendre le phénomène d'opalescence critique.

objets macroscopiques, sans jamais faire droit au microscopique. Et elle y est parvenue, pour l'essentiel. Lorsque, un quart de siècle après, est venue la mécanique statistique, elle a dû conquérir de haute lutte un terrain qui était pourtant son domaine naturel ; c'est qu'il était déjà occupé, et de quelle façon magistrale, par la thermodynamique.

Avant de tourner la page, donc, arrêtons-nous un instant... Ôtons notre chapeau et saluons !

Appendice

ANALYSE THÉORIQUE
DE L'ÉQUILIBRE LIQUIDE-GAZ

Prenons d'abord le système dans un de ses états homogènes, gazeux par exemple. Il faut trois variables, avons-nous dit, pour définir un tel état ; nous choisissons le nombre de moles n, la température T et la pression p. Toutes les autres grandeurs – celles qui sont des fonctions d'état, pour le moins – peuvent être écrites comme des fonctions de ces trois variables : le volume, l'énergie interne, l'entropie... et le potentiel chimique. Ce dernier a toutefois une particularité : il est fonction de la température T et de la pression p, mais *pas du nombre de moles n* [1]. Nous l'écrirons $\mu_g(T,p)$: l'indice g rappelle qu'il s'agit du potentiel chimique de la phase gazeuse homogène. Point n'est besoin de recommencer un raisonnement pour noter $\mu_l(T,p)$ le potentiel chimique de la phase liquide homogène. Insistons pourtant sur le fait que $\mu_g(T,p)$ et $\mu_l(T,p)$ sont des fonctions aussi différentes que le sont un gaz et un liquide : leurs dérivées par exemple, par rapport à T d'une part, et à p d'autre part, ont des valeurs nettement distinctes.

Intéressons-nous maintenant à la situation où phases liquide et gazeuse sont en équilibre. Il nous échoit ainsi un système séparé d'emblée en deux sous-systèmes faiblement couplés. Or ils peuvent librement échanger de l'énergie : leurs températures

---

1. Cela découle nécessairement des propriétés d'extensivité ou d'intensivité des différentes grandeurs (voir chapitre IV) : parmi les variables d'état, une seule (n) est extensive ; or le potentiel chimique est une grandeur intensive ; on se convaincra aisément qu'il ne peut pas dépendre de la seule variable extensive.

s'égalisent donc [1]. Mais ils peuvent aussi échanger librement du volume : leurs pressions doivent par conséquent être égales. Voilà pourquoi les variables d'état adaptées à l'étude des transitions de phase sont la température et la pression : elles prennent une valeur unique dans l'ensemble du système, même si celui-ci devient hétérogène. Mais nous n'en avons pas fini : nos deux sous-systèmes peuvent aussi *échanger librement des molécules* ; il faut en conséquence *égaler leurs potentiels chimiques* :

$$\mu_g(T,p) = \mu_l(T,p).$$

Nous avons là une *équation*, pas une identité : si l'on choisit au hasard T, puis p de même façon, l'égalité n'est pas vérifiée. Elle ne l'est que si la paire (T,p) appartient à un ensemble de paires privilégiées. Les points représentatifs de celles-ci construisent dans le plan (T,p) une courbe, qui n'est autre que la *courbe de vaporisation*.

---

1. Voir chapitre v.

Troisième partie

LA MÉCANIQUE STATISTIQUE
OU L'EXISTENCE AVÉRÉE DES ATOMES

Chapitre Premier

LES ATOMES ENTRENT EN SCÈNE

Rien n'est jamais acquis à l'homme. Ni sa force,
Ni sa faiblesse, ni son cœur. Et quand il croit
Ouvrir ses bras son ombre est celle d'une croix.
Et quand il veut serrer son bonheur il le broie.
Sa vie est un étrange et douloureux divorce.

Louis ARAGON,
Il n'y a pas d'amour heureux
(*cf*. Georges Brassens).

No les será, por tanto, nada fácil reconocer la casa. Sobre la imprecisión de los recuerdos, la ruina y la noche aumentarán aún más el desconcierto de sus ojos. Quizás alguno piense que lo mejor sería [...] dejar que sea la voz la que me busque tras tanta puerta abierta, tras tanto cristal roto, tras tanta densa sombra en cuya negación hundirá su memoria, igual que ahora, la negación indescifrable de la noche.

Ce ne leur sera donc nullement facile de reconnaître la maison. Ajoutant à l'imprécision des souvenirs, la ruine et la nuit plus encore viendront grandir le trouble de leurs yeux. Quelqu'un pensera peut-être que le mieux serait [...] de laisser la voix me chercher par-delà tant de portes ouvertes, de vitres brisées, d'ombre dense dans le vide de laquelle, comme en ce moment, le néant indéchiffrable de la nuit plongera sa mémoire.

Julio LLAMAZARES,
La Lluvia amarilla.
(Traduction de Michèle Planel.)

La mécanique statistique, dont l'initiateur fut Ludwig Boltzmann, permet de comprendre et d'expliquer comment les propriétés des corps à l'échelle courante, que nous avons qualifiée de macroscopique, découlent de celles de leurs constituants microscopiques, essentiellement molécules et atomes. Elle opère pour cela une inversion des rôles : de simples figurants subalternes qu'ils étaient, au mieux, en thermodynamique – lorsqu'ils n'étaient pas catégoriquement niés –, les atomes apparaissent désormais sur l'avant-scène.

Macroscopique et microscopique : le contexte historique

LA PHYSIQUE MACROSCOPIQUE

Jusqu'à la seconde moitié du XIXe siècle, la science avait pour objet d'étude les phénomènes directement perceptibles par les sens, même si, déjà, la logique de cette étude amenait le plus souvent ceux qu'on appelait alors les savants à remplacer la perception sensorielle directe par des mesures objectives effectuées à l'aide d'appareils de plus en plus sophistiqués. Dans le champ de la physique, on étudiait ainsi la mécanique, l'électricité, le magnétisme – science des aimants –, l'optique, l'acoustique, mais aussi, évidemment, la thermodynamique et les changements d'état de la matière. Il est important de noter que les différents domaines de recherche que nous venons d'énumérer étaient restés, au XIXe siècle, indépendants les uns des autres, mis à part certaines similitudes isolées, qui paraissaient le fruit du hasard ; les divers aspects de la réalité auxquels on s'intéressait alors semblaient n'avoir aucun lien entre eux. En particulier, les thermodynamiciens étaient fort loin d'imaginer que la théorie qu'ils construisaient pût être rattachée à l'un quelconque des autres sujets, à la mécanique encore moins qu'à tout autre ; d'où la résistance farouche opposée par la plupart d'entre eux aux idées de Boltzmann.

La physique macroscopique, c'est-à-dire la physique à l'échelle humaine ou à l'échelle plus vaste de l'astronomie, a bien entendu survécu au XIXe siècle. Elle a fait mieux que survivre :

elle continue à poser – et à résoudre – des problèmes extrêmement intéressants ; sa progression ne donne aucun signe d'essoufflement, et prend plutôt des allures explosives.

L'« HYPOTHÈSE ATOMIQUE » ET SES DÉVELOPPEMENTS

Mais le XIX⁰ siècle vit aussi l'accession au niveau scientifique d'une idée philosophique fort ancienne, puisqu'elle remonte à l'Antiquité grecque. L'étude quantitative des réactions chimiques révéla des lois (loi des « proportions définies », loi des « proportions multiples ») qui s'interprétaient de façon très convaincante dans le cadre de l'« *hypothèse atomique* », selon laquelle les divers réactifs intervenant dans ces processus sont des amas ou des agrégats de constituants microscopiques (molécules ici, essentiellement).

La *loi des proportions définies* affirme que, dans une substance chimique composée de substances plus élémentaires, les proportions relatives de ces dernières sont parfaitement fixées. Par exemple l'eau, constituée d'oxygène et d'hydrogène, l'est toujours dans les proportions de huit à un : à huit grammes d'oxygène se combine un gramme d'hydrogène, à seize grammes d'oxygène deux grammes d'hydrogène, et ainsi de suite, à chaque fois dans le rapport huit. Cette loi émergea à grand-peine d'une longue controverse (1802-1808), empreinte d'ailleurs d'une parfaite courtoisie, entre Joseph-Louis Proust (1754-1826), Français alors installé à Madrid dans un laboratoire directement financé par Charles IV, et Claude Berthollet (1748-1822), comte (d'Empire), proche ami de Napoléon et chargé d'honneurs (membre de l'Académie des sciences à trente-deux ans). Proust réussit à prouver la loi qui lui tenait à cœur juste avant que l'invasion de l'Espagne par les troupes napoléoniennes (« les cent mille fils de... Saint Louis », disent les Espagnols) ne ruine son laboratoire et sa carrière, et ne le réduise à la pauvreté. Il refusa le poste que lui offrit Napoléon, et attendit Louis XVIII pour retrouver une pension et entrer à l'Académie des sciences.

La *loi des proportions multiples* est plus complexe et plus pénétrante. On ne saurait mieux faire que de se reporter à une chanson célèbre du groupe vocal « Les Quatre Barbus », où la loi des proportions multiples est clairement, précisément – et humoristiquement – énoncée : « Si deux corps sont susceptibles – le soir au fond des bois – d'entrer dans des combinaisons... » Elle est due à un Anglais d'extraction modeste, John Dalton (1766-1844), qui est le véritable créateur – ou re-créateur, après Leucippe – de la théorie atomique : « Chaque corps pur est formé d'atomes tous identiques », professait-il. Légère confusion entre « atome » et « molécule » – sur laquelle se fonde d'ailleurs le titre de cet ouvrage –, mais qui s'est rapidement dissipée grâce au développement de la chimie. Il déduisit de cette affirmation la loi des proportions multiples, que vérifièrent rapidement les expériences menées par les chimistes. Plutôt qu'expliciter l'énoncé, un peu tarabiscoté, de la loi des proportions multiples, illustrons-le à l'aide d'un exemple simple mais significatif. Nous indiquions il y a peu que, dans la synthèse de l'eau, le rapport entre les masses de l'oxygène et de l'hydrogène est de huit. Comme vous et moi le savons bien, la formule chimique de l'eau est H_2O ; l'affirmation qui précède peut donc être traduite de la façon suivante : si H vaut un gramme, alors O en vaut seize. J'utilise les formules chimiques – simples, au demeurant, et connues dans les cas qui sont évoqués –, mais c'est seulement pour épargner au lecteur, en lui dévoilant directement la solution du problème, les incertitudes et les affres que souffrirent les chimistes autour des années 1800. Examinons ainsi les proportions dans lesquelles l'hydrogène et l'oxygène, séparément, se combinent avec un *même* élément, prenons par exemple le carbone. Nous constatons alors que, dans le méthane CH_4, quatre grammes d'hydrogène s'allient à douze grammes de carbone, de sorte que le symbole C vaut douze grammes. Voici venir maintenant le miracle des proportions multiples – qu'explique bien sûr la théorie atomique : si, pour former du gaz carbonique CO_2, on prend à nouveau douze grammes de carbone, il faudra leur associer exactement trente-deux grammes d'oxygène, soit deux fois seize grammes [1] !

La chimie, fondée par Lavoisier et sa célèbre étude de l'oxydation du mercure en 1777, fit ainsi en trente ans des progrès décisifs : la loi de Proust et la loi de Dalton étaient fermement établies toutes deux en 1808. Mais tous les scientifiques, loin s'en

---

1. Les « proportions multiples » tirent leur nom de ce que les mêmes douze grammes de carbone réagissent avec quatre fois l'« équivalent » de l'hydrogène ou deux fois celui de l'oxygène.

faut, n'étaient pas aussi persuadés que Dalton... L'hypothèse atomique fut longtemps, au mieux, considérée comme une façon de présenter les choses (« tout se passe comme si... ») [1]. Il semblait en effet impensable, même aux plus convaincus, qu'on puisse jamais mettre en évidence directement les molécules ou atomes. Cette hypothèse, pourtant, gagna progressivement du terrain au cours du XIXe siècle et finit par s'imposer définitivement au début du XXe sous forme d'une théorie atomique, maintenant universellement admise.

Malgré ses succès sans cesse renouvelés, la physique macroscopique était ainsi condamnée à perdre inéluctablement son caractère fondamental, transféré à une *physique microscopique* : les phénomènes observés à notre échelle sont des conséquences, plus ou moins directes et identifiables comme telles, de processus et de réalités sous-jacents mettant en jeu les constituants microscopiques des objets macroscopiques étudiés ; ce sont par conséquent ces constituants microscopiques et leurs propriétés qu'il convient d'examiner si l'on recherche une compréhension fondamentale de l'ensemble du monde physique.

Née au début de ce siècle, la physique microscopique s'est révélée extrêmement riche ; elle a connu des développements aussi spectaculaires qu'imprévus. Non contente d'avoir élucidé la structure de l'atome, puis celle du noyau, elle a enfanté l'une des théories les plus fécondes, les plus surprenantes et les plus merveilleuses à la fois : la mécanique quantique. Celle-ci a notamment permis de comprendre les propriétés microscopiques des solides (qui se manifestent par exemple dans la conduction du courant électrique) ; elle a guidé plus récemment la recherche des particules élémentaires, recherche qui se poursuit encore...

ORDRES DE GRANDEUR COMPARÉS

Tentons maintenant de préciser les contours des deux domaines, macroscopique et microscopique. Il y suffira en fait de *rappeler*, en les précisant, des notions et considérations que nous avons déjà exposées pour l'essentiel.

Le passage de l'un à l'autre de ces domaines fait intervenir le *nombre d'Avogadro*

$$N_A \approx 6 \times 10^{23},$$

---

1. Voir *supra*, p. 86.

que nous avons déjà rencontré [1]. Dans le cadre de nos préoccupations actuelles, il s'introduit comme suit. L'étude quantitative des réactions chimiques conduit à attribuer à chaque corps pur une masse caractéristique ; la quantité de ce corps pur correspondant à cette masse est appelée aujourd'hui une *mole* du corps pur considéré. Ainsi, une mole d'eau a pour masse 18 g, une mole d'hydrogène (moléculaire) 2 g, etc. Une mole est donc toujours une quantité macroscopique. Mais, comme nous l'indiquions au paragraphe précédent, la possibilité même d'associer de telles masses caractéristiques aux divers corps purs est une manifestation de leur caractère « granulaire », c'est-à-dire de l'existence des molécules : le rapport 18 g/2 g entre les masses d'une mole d'eau et d'une mole d'hydrogène est tout simplement celui qui existe entre les masses des *molécules* correspondantes. Le nombre d'Avogadro est alors le rapport, pour un corps pur quelconque, entre la masse d'une mole et celle d'une molécule de ce corps, c'est-à-dire le *nombre de molécules constituant une mole.*

Le nombre d'Avogadro est *fantastiquement grand.* C'est ce qui explique que l'existence des atomes et molécules a été difficile à confirmer expérimentalement, et qu'elle a pu faire, entre-temps, l'objet de polémiques passionnées. L'énormité du nombre d'Avogadro a pour résultat une *séparation nette des ordres de grandeur* attachés au domaine macroscopique d'une part, au domaine microscopique d'autre part : par exemple, on pourra délimiter sans difficulté une fraction de mole suffisamment petite pour être inappréciable dans une mesure de masse au niveau macroscopique (disons un milliardième de mole), mais suffisamment grande, inversement, pour comporter encore un nombre de molécules défiant toute intuition (10^{14} dans le milliardième de mole).

Introduisons un autre point de vue, peut-être plus parlant. Dans chaque domaine particulier de la physique, on est amené à *choisir des unités adaptées* : de façon générale, une unité est considérée comme adaptée si les nombres qui, avec elle, mesurent la grandeur physique correspondante sont essentiellement compris entre un millième et mille, avec éventuellement des pointes occasionnelles hors de cet intervalle. On comprendra sans peine qu'il est commode de manipuler des nombres raison-

---

1. Voir *supra*, p. 59.

nables ; s'ils étaient au contraire systématiquement très grands, ou systématiquement très petits, on changerait d'unité pour en prendre une plus grande, ou bien une plus petite. Pour ce qui nous concerne ici, seront dits *macroscopiques* les phénomènes et grandeurs dans lesquels les unités adaptées sont essentiellement celles du système légal, ou système international : ainsi, les longueurs macroscopiques seront exprimées en *mètres* (ou éventuellement en centimètres, voire en millimètres), les énergies macroscopiques en *joules* (ou kilojoules, ou millijoules). Examinez votre paquet de biscottes – dont nul n'oserait contester le caractère macroscopique – et vous y trouverez des énergies exprimées en kilojoules. Bien entendu, on est encore dans le macroscopique, *a fortiori*, si l'on est amené à utiliser des unités plus grandes que les précédentes (astrophysique, par exemple). Au contraire, nous qualifierons de *microscopiques* les phénomènes ou grandeurs se situant à l'échelle des atomes ou molécules ; ici, les unités adaptées seront l'*électron-Volt* (eV) pour les énergies, et l'*angström* (Å) pour les longueurs ; leurs relations aux unités légales sont les suivantes :

$$1 \text{ Å} = 10^{-10} \text{ m}; \quad 1 \text{ eV} = 1{,}6 \times 10^{-19} \text{ J}^{1}$$

(un électron-Volt est l'énergie acquise par un électron lorsqu'il est accéléré par une différence de potentiel de 1 volt).

Le problème à résoudre : du microscopique au macroscopique

Il ne fait pas de doute – sans que ceci constitue en aucune manière un jugement de valeur – que *la physique microscopique est plus fondamentale que la physique macroscopique* : la nature profonde des phénomènes se situe au niveau microscopique ; le niveau macroscopique perçoit seulement certaines conséquences du comportement des constituants microscopiques. Une loi macroscopique, telle que la loi d'Ohm en électricité ou la loi de Boyle-Mariotte sur le comportement des gaz, ne peut être qu'un reflet des lois microscopiques, et on doit chercher d'où elle vient.

---

1. Ce nombre provient de la valeur de la charge élémentaire (celle du proton ou de l'électron) exprimée en coulomb (unité du système légal).

Dans certains cas, les propriétés microscopiques sont directement reconnaissables dans leurs manifestations macroscopiques. Par exemple, la couleur bleue des sels de cuivre s'explique de manière convaincante par les propriétés spectroscopiques de l'atome de cuivre, sous forme d'ion cuivrique. Ou bien, la force s'exerçant entre l'électron et le proton de l'atome d'hydrogène a exactement même forme que celle qu'a découverte Coulomb, en 1785, à l'échelle macroscopique. Cela ne nous dispense pas d'examiner comment se fait la transition du microscopique au macroscopique : il faudra comprendre pourquoi ce changement radical d'ordre de grandeur ne modifie pas appréciablement certaines lois ou propriétés. Mais on s'attend à trouver une explication simple. Pourtant, même dans des cas de ce genre, l'origine profonde, microscopique, des phénomènes se manifeste par des *effets caractéristiques* qui n'ont pas leur place dans une théorie purement macroscopique : je veux parler des *fluctuations* ; par exemple, l'agitation thermique, au niveau microscopique, des électrons qui conduisent le courant électrique dans les métaux dont sont faits les fils électriques donne lieu à ce qu'on appelle un « bruit » dans les circuits, c'est-à-dire à un courant aléatoire, changeant sans arrêt de sens, d'intensité faible mais parfaitement décelable.

On pourrait être amené à en conclure, naïvement, que seule importe la physique microscopique, puisque sa compréhension entraînerait aussitôt celle de ses manifestations macroscopiques. Si l'on adoptait ce *credo*, on ne saurait évidemment écarter la possibilité – traiter une pléthore de particules ne peut qu'imposer des limitations – qu'une explication quantitative détaillée de tel phénomène macroscopique nécessite des calculs trop longs pour être vraiment menés à bien, même à l'aide d'ordinateurs. On se trouve effectivement souvent confronté, malheureusement, à des situations de ce type en physique. Pour prendre un exemple entre mille – qui n'a rien à voir avec la mécanique statistique –, calculer la structure de l'atome de plomb (82 électrons) connaissant celle de l'atome d'hydrogène (un seul électron) est une opération longue et pénible, qui mobilise déjà l'ordinateur. Que ne peut-on craindre lorsque interviendront des nombres voisins de celui d'Avogadro si 82 fait déjà tant de difficultés !

Mais la conclusion précédente est *fondamentalement incorrecte*. Dès avant de tenter de la mettre en œuvre, on se convainc aisément de sa vanité. En effet, on connaît de nombreux phénomènes macroscopiques qui, de par leur nature même, échappent nécessairement à une explication directe – comme celles que nous considérions ci-dessus – à partir des lois qui régissent, au niveau microscopique, le comportement des particules. Citons par exemple la liquéfaction[1] d'un gaz, ou le fonctionnement d'une machine thermique[2]. Dans de tels cas, les manifestations macroscopiques de la structure et des propriétés du système à l'échelle microscopique sont *totalement inattendues*. Le passage du microscopique au macroscopique nécessite alors une étude approfondie et particulière, dont le résultat se présente comme imprévisible et non banal.

La méthode statistique, idée fondatrice de Boltzmann

Le problème étant posé, comment peut-on espérer le résoudre? La méthode a été imaginée, initialement, par Boltzmann en 1872. Elle tire précisément avantage des nombres extraordinairement grands que met en jeu le passage du microscopique au macroscopique[3]. Ces nombres faramineux sont à mettre en opposition avec celui des caractéristiques que l'on peut envisager de mesurer, ou même simplement de définir, dans un système macroscopique : volume, pression, température, chaleur spécifique, masse volumique, viscosité, indice de réfraction... Même si l'on fait preuve d'imagination, l'énumération précédente reste ridiculement loin du nombre d'Avogadro! C'est donc une véritable traversée, on le comprendra, qui peut nous mener du microscopique au macroscopique. On comprend aussi que cette traversée ne se fera pas nécessairement par la voie la plus directe comme nous l'avions envisagé dans la section précédente, mais qu'elle pourra nous mener fort loin de la loxodromie dont nous avions pu rêver. Larguons alors les amarres, et admettons les *deux points essentiels* suivants. D'une part, les caractéristiques individuelles des objets microscopiques sont *à la*

---

1. Voir *supra*, p. 180.
2. Voir *supra*, p. 151.
3. Voir l'exemple développé p. 60.

fois inaccessibles et sans intérêt pour expliquer les propriétés macroscopiques des systèmes. Qu'elles soient inaccessibles est dû au nombre extraordinairement grand de paramètres qu'il faudrait contrôler [1] pour les maîtriser. Qu'elles soient sans intérêt signifie que les propriétés d'un système macroscopique, en nombre très restreint par rapport à celui des paramètres microscopiques, ne peuvent dépendre que de comportements globaux ou collectifs des constituants microscopiques. D'autre part, les caractères que peuvent présenter des corps macroscopiques sont *qualitativement différents* de ceux que l'on peut observer ou calculer pour des ensembles de 2, 3, 10 ou 100 objets microscopiques. C'est en cela que nous disions il y a un instant que l'explication de certains phénomènes macroscopiques à partir des lois de la physique microscopique s'avère totalement originale.

Mais le fait même d'avoir affaire à de grands nombres suggère l'*utilisation de méthodes probabilistes*. En effet, si les caractéristiques microscopiques de si grands systèmes sont inaccessibles, c'est que les mesures macroscopiques sont forcément grossières : elles ne sont pas sensibles au comportement individuel des constituants microscopiques, mais seulement à des *moyennes* – d'un type qui reste à préciser – sur ces grands nombres d'objets. Pour illustrer ce point fondamental de façon concrète, prenons un exemple simple, celui d'un fil conducteur dans un circuit électrique. Les électrons de conduction qu'il contient s'agitent dans tous les sens, de façon désordonnée, à des vitesses de plusieurs centaines de kilomètres par seconde. En l'absence de générateur (pile ou batterie) dans le circuit, le courant est nul parce que, en moyenne, autant d'électrons se dirigent dans un sens qu'en sens opposé. Lorsqu'un générateur établit dans le fil un champ électrique, cet équilibre est rompu, car la force électrique qui s'exerce sur les électrons a même sens pour tous. Maintenant, en moyenne, plus d'électrons se déplacent dans le sens de la force qu'en sens inverse, et c'est cette différence – apparaissant tout d'abord à l'échelle microscopique – qui se manifeste au niveau macroscopique sous la forme d'un courant électrique, mesurable par un ampèremètre de taille normale : l'ensemble du nuage d'électrons se déplace en

---

1. *Ibid.*

bloc dans le fil. Mais, bien entendu, l'agitation thermique ne cesse pas pour autant à l'intérieur de ce nuage. Soulignons à ce sujet un *fait remarquable* qui indique déjà combien différents peuvent être les effets macroscopiques de leurs causes microscopiques : la vitesse d'ensemble du nuage (vitesse moyenne des électrons) n'est que de quelques millimètres par seconde, à comparer avec les quelques centaines de kilomètres par seconde des vitesses individuelles de ces mêmes électrons. Et c'est pourtant la vitesse moyenne, infime partie des vitesses d'agitation thermique mais unidirectionnelle, qui régit le courant macroscopique.

La *mécanique statistique* est constituée par l'ensemble des méthodes probabilistes destinées à expliciter le lien entre le microscopique et le macroscopique. Étant donné la richesse et la variété du monde microscopique, la mécanique statistique est elle-même extrêmement variée et riche. Nous présenterons au chapitre suivant le postulat fondamental sur lequel elle se construit – comme se construirait toute autre théorie physique, nous le savons maintenant – et nous choisirons ensuite, dans les derniers chapitres, une ou deux applications de la mécanique statistique, parmi les plus frappantes et les plus étonnantes.

Probabilités, information et entropie statistique

La mécanique statistique, avons-nous expliqué il y a un instant, est fondée sur l'utilisation de *probabilités*, dont l'intervention est justifiée par l'énormité du nombre d'Avogadro. Une courte parenthèse sera utile, consacrée aux probabilités et notions annexes, et à leur utilisation en physique.

Quand on traite par la technique des probabilités les résultats possibles d'une expérience ou d'une épreuve, c'est qu'on n'en connaît pas l'issue de façon certaine à l'avance : on ne possède pas toute l'*information* qui serait nécessaire pour en prédire exactement le résultat *a priori*. S'est développée, au cours des quarante dernières années, une *théorie de l'information*. Elle enseigne en particulier comment *mesurer quantitativement* l'*information*, à l'aide de l'*entropie statistique*. Indiquons-en le principe. Imaginons un ensemble d'événements susceptibles de se produire. Si l'un d'eux a pour probabilité 1, la probabilité de tous les autres est forcément nulle ; dans ce cas, notre information sur le résultat de l'expérience est complète ; le premier événement se produira à coup sûr, tous les autres étant impossibles. Par rapport à ce cas très particulier, une distribution de probabilités sur ces événements correspond à un certain *manque d'information*, que l'on peut chiffrer à l'aide de l'entropie statistique associée à cette distribution de probabilités. Il n'est pas nécessaire que nous écrivions ici l'expression générale de l'entropie statistique. Non qu'elle soit compliquée, mais c'est seulement dans un cas très simple que nous en aurons vraiment besoin.

Signalons pourtant que cette formule fondamentale de la théorie de l'information figure déjà, en réalité, dans les articles écrits en 1872 par Boltzmann. Elle est à la base, nous le verrons, de l'*interprétation microscopique de l'entropie thermodynamique* [1].

Système macroscopique et ses divers états

Quand il a été question du mouvement des molécules d'un gaz, nous avons tenu pour acquis qu'il était décrit correctement par la mécanique classique. C'est effectivement le cas pour un gaz, comme on peut le démontrer assez simplement. Mais cette situation est singulière : de façon générale, c'est la *mécanique quantique* qu'il convient d'appliquer au niveau microscopique. Nous le ferons donc dans la suite, sans qu'il en résulte de difficultés insurmontables pour notre exposé, qui restera qualitatif, ou plutôt semi-quantitatif.

ÉTAT MICROSCOPIQUE D'UN SYSTÈME MACROSCOPIQUE

Nous commençons par examiner notre système *macroscopique* à son *niveau microscopique*, niveau où ses divers atomes peuvent manifester leur individualité. À cette échelle,

---

1. Voir *infra*, p. 231.

nous venons de le rappeler, c'est de façon générale la *mécanique quantique* qu'il convient d'appliquer. Or celle-ci, lorsqu'elle étudie un système – grand ou petit, peu importe ici – le fait en commençant par lui assigner un *état*. Sans entrer dans les détails, nous incorporons dans notre vocabulaire et notre bagage scientifique la notion d'*état quantique*.

Pour un système de taille macroscopique, maintenant, on appellera « *état microscopique* » – on dit parfois « micro-état » – l'état quantique dans lequel il se trouve à un instant donné. Cet état doit prendre en compte, de façon détaillée, les propriétés de tous les constituants microscopiques en général et de chacun en particulier. Bien entendu, comme au premier chapitre de la deuxième partie où nous raisonnions implicitement dans le cadre de la mécanique newtonienne, il est ici aussi impossible, et d'ailleurs sans intérêt, de connaître exactement l'état microscopique d'un système de taille macroscopique : le nombre de grandeurs qu'il faudrait mesurer simultanément pour le déterminer est à peine moins grand que celui des paramètres définissant l'état du système en mécanique classique. Il faudra donc se contenter d'une information (très) incomplète sur l'état du système, ce qui se traduira concrètement par l'intervention des probabilités dans la description de cet état imparfaitement connu.

Pour traiter de telles situations dans lesquelles le véritable état quantique d'un système n'est pas connu, mais où l'on a sur lui une information de type probabiliste, on est amené à introduire des « *états macroscopiques* », ou « macro-états » : ayant énuméré, en principe du moins, les divers états quantiques du système (états microscopiques), on affecte à chacun d'eux une probabilité, quantifiant les chances qu'il a de se réaliser. Les systèmes de taille macroscopique seront donc décrits par des états macroscopiques. Les états microscopiques d'un système étant – toujours en principe – calculables, un état macroscopique sera caractérisé par la *donnée de l'ensemble des probabilités* pour que le système se trouve dans chacun des états quantiques possibles.

Évolution temporelle d'un système macroscopique

Prenons un exemple simple, qui nous aidera pourtant à dégager les points importants. Considérons un gaz constitué d'un grand nombre de molécules identiques, à l'*équilibre macroscopique*. Ce sera le cas si les conditions extérieures qui lui sont imposées (volume du récipient, température...) ne varient pas, et si l'on a attendu assez longtemps après le remplissage du récipient.

Nous savons que cet équilibre macroscopique cache en réalité une agitation constante au niveau microscopique : les molécules sont en mouvement incessant, à des vitesses assez considérables, de l'ordre de 500 mètres par seconde ; elles se choquent très souvent et heurtent les parois du récipient, de sorte qu'elles changent sans arrêt de vitesse, en grandeur comme en direction. L'équilibre apparent provient de ce que les molécules sont extrêmement nombreuses, et qu'elles subissent de multiples collisions : il y a ainsi, à chaque instant, pratiquement autant de molécules qui se trouvent dans la moitié droite du récipient que dans la moitié gauche, et pratiquement autant qui sont animées d'une vitesse donnée que de la vitesse opposée. Ce mouvement au niveau microscopique est appelé « *agitation thermique* », car les vitesses qu'il met en jeu sont d'autant plus grandes que la température est plus élevée.

L'agitation thermique s'accompagne de *fluctuations*. Par exemple, la moitié droite du récipient renferme, *en moyenne*, autant de molécules que la partie gauche ; pourtant le nombre de celles qui se trouvent dans l'une des deux parties (disons la gauche) n'est pas exactement et constamment égal à cette valeur moyenne : il fluctue autour d'elle au cours du temps, l'amplitude de ces fluctuations étant petite en valeur relative, mais non nulle. De même, le nombre de molécules animées d'une vitesse donnée est tantôt légèrement supérieur, tantôt légèrement inférieur à celui des molécules qui ont à cet instant la vitesse opposée, car ces nombres fluctuent eux aussi au cours du temps. Rappelons que ces fluctuations dues à l'agitation microscopique peuvent être observées expérimentalement, ce qui prouve la réalité des molécules en mettant en évidence leur mouvement [1].

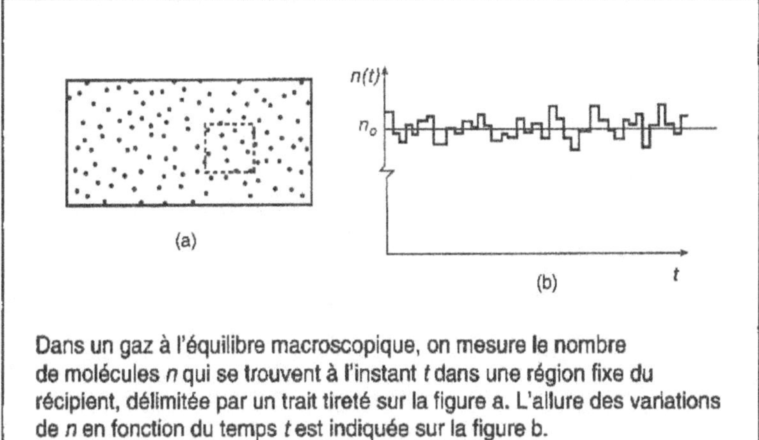

Dans un gaz à l'équilibre macroscopique, on mesure le nombre de molécules n qui se trouvent à l'instant t dans une région fixe du récipient, délimitée par un trait tireté sur la figure a. L'allure des variations de n en fonction du temps t est indiquée sur la figure b.

Pour concrétiser les arguments qui vont suivre, supposons que nous puissions compter, à chaque instant, les molécules qui se trouvent à cet instant dans une région déterminée et fixe du récipient contenant le gaz (*cf.* figure ci-dessus). Les nombres n obtenus, portés en fonction du temps t, ont l'allure représentée sur le graphique joint (on prendra garde au fait que l'axe portant les nombres n a été considérablement raccourci) : fluctuations de faible amplitude relative autour d'une valeur centrale n_0.

Les grandeurs macroscopiques procèdent de moyennes sur les fluctuations microscopiques

La mécanique statistique se fixe pour but de décrire de façon aussi précise que possible l'évolution macroscopique des systèmes tels que celui que nous avons pris pour exemple dans la section précédente ; mais nous savons qu'il est impossible, et d'ailleurs inutile, de suivre en détail leur mouvement micro-

---

1. Voir *supra*, p. 16.

scopique. Celui-ci sera donc traité par des techniques probabilistes : on effectuera des moyennes sur les fluctuations engendrées par l'agitation microscopique.

MOYENNES PRISES AU COURS DU TEMPS

Reprenons notre exemple et intéressons-nous en particulier au graphique donnant n en fonction de t. Pour ce qui concerne les grandeurs macroscopiques, c'est principalement la valeur centrale n_0 qui acquiert de l'importance [1]. Pour déterminer cette valeur centrale, il suffit d'étudier le système pendant un intervalle de temps suffisamment long pour que s'y produise un grand nombre de fluctuations. Toutes les secondes (ou tous les dixièmes de seconde), on compte les molécules qui se trouvent alors dans la région choisie initialement. On effectue ensuite la moyenne – au sens habituel du terme – des valeurs n ainsi trouvées : on additionne toutes ces valeurs puis on divise par leur nombre. On aboutit ainsi à la *valeur moyenne dans le temps* de la grandeur n [2]. Le résultat est évidemment n_0 : sur un temps suffisamment long, il y a autant de valeurs de n qui dépassent n_0 d'une différence donnée que de valeurs de n qui lui sont inférieures de cette même différence ; ainsi, ces différences se compensent dans la somme.

MOYENNES PRISES SUR UN ENSEMBLE STATISTIQUE

Depuis Willard Gibbs (1839-1903), physicien américain, on remplace en mécanique statistique les moyennes temporelles sur les fluctuations d'un système déterminé par des moyennes d'ensemble, faisant intervenir un grand nombre de systèmes identiques. Le but est de définir correctement les probabilités que l'on va utiliser.

Voici donc la notion d'*ensemble statistique*. Imaginons que, au lieu d'étudier un système macroscopique unique – comme notre gaz –, nous en construisions des répliques : nous prenons

---

1. On pourra ensuite, grâce aux mêmes techniques probabilistes, caractériser l'amplitude moyenne des fluctuations.

2. La véritable définition de la valeur moyenne dans le temps fait intervenir une intégrale. La recette que nous avons donnée est toutefois largement suffisante.

par exemple plusieurs récipients identiques, nous les remplissons avec le même nombre de molécules d'un même gaz, et nous les plaçons dans les mêmes conditions de température. Dans la limite où le nombre de ces répliques devient très grand, elles constituent un ensemble statistique.

À un instant donné, les systèmes qui composent cet ensemble statistique ne sont identiques qu'à l'échelle macroscopique, car c'est à cette échelle seulement qu'on maîtrise leur préparation : il est par exemple totalement impossible de s'assurer que les divers récipients contiennent exactement, à l'unité près, le même nombre de molécules ; de même, leur volume n'est égal qu'à la précision des mesures macroscopiques. À cause de la grossièreté de cette préparation macroscopique, c'est le hasard qui choisit l'*état microscopique* de chacun des échantillons constituant l'ensemble statistique. Autrement dit, nous pouvons supposer que chacun des systèmes identiques (au niveau macroscopique) de l'ensemble statistique se trouve, à l'instant choisi, dans un état microscopique déterminé. Mais les divers systèmes de cet ensemble ont des états microscopiques différents.

Choisissons alors, au hasard, un état microscopique particulier. Comptons le nombre de systèmes qui, dans l'ensemble statistique, se présentent, *à l'instant choisi*, dans cet état microscopique que nous avons singularisé. Si nous prenons le rapport du nombre ainsi défini et du nombre total de systèmes dans l'ensemble statistique, nous obtenons la *probabilité* de l'état microscopique choisi. À strictement parler, nous avons défini la probabilité pour que, si l'on choisit un système au hasard dans l'ensemble, ce système se trouve dans l'état microscopique que nous avons adopté. En pratique cependant, on n'a jamais accès à un nombre infini – ni même à un grand nombre – de systèmes identiques, mais bien plutôt à un seul d'entre eux, à savoir celui qui se trouve sur la paillasse du laboratoire ou sur la feuille de papier du théoricien. La notion d'ensemble statistique est donc une construction de l'esprit, permettant de définir de façon précise les probabilités que va utiliser la mécanique statistique. Lorsqu'on a affaire à un seul système, on interprète par exemple la probabilité particulière que nous avons définie ci-dessus comme *la probabilité pour que ce système se trouve dans tel état microscopique* (à l'instant considéré).

LE PRINCIPE ERGODIQUE, FONDEMENT DE LA MÉCANIQUE STATISTIQUE

Les moyennes d'ensemble que nous venons d'introduire présentent un avantage considérable par rapport aux moyennes temporelles du paragraphe précédent : en considérant *tous les systèmes de l'ensemble au même instant,* on s'affranchit de la nécessité de suivre l'évolution temporelle de l'un d'entre eux. C'est appréciable en soi. Mais que dire lorsque le système évolue, au cours du temps, à l'échelle macroscopique ? Dans notre exemple, on pourrait envisager que le gaz a été tout d'abord enfermé dans la moitié gauche du récipient puis que, à un instant donné, on a percé la cloison qui le sépare de la moitié droite du vase (figure ci-dessous). Le gaz subirait alors une transformation à l'échelle macroscopique : le volume qui lui est alloué aurait doublé – excusez du peu ! – au cours de l'opération ; le gaz, occupant au début un volume moitié moindre, se répandrait vivement dans la totalité du récipient. Les fluctuations n'en cesseraient pas pour autant, évidemment. Le problème de définir et

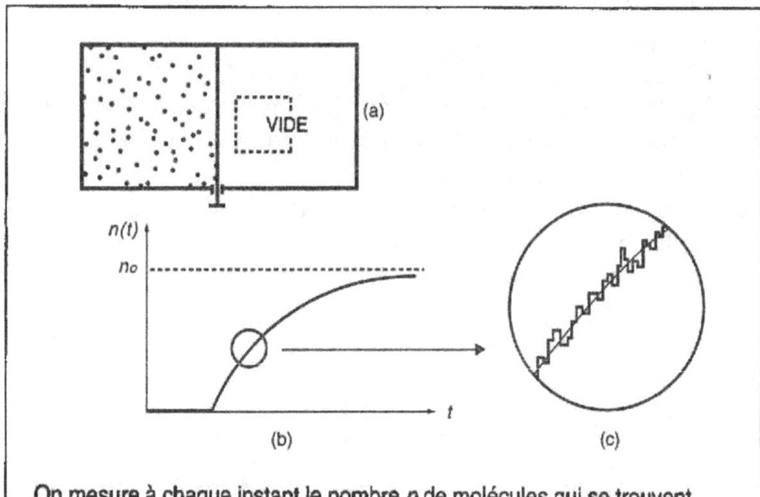

On mesure à chaque instant le nombre *n* de molécules qui se trouvent dans la région délimitée par le trait tireté de la figure a, mais cette fois le gaz évolue au niveau macroscopique : à un instant déterminé, on retire la cloison amovible. La figure b indique l'allure de la variation de *n* avec *t* ; elle est précisée à une échelle plus fine sur la figure c.

d'opérer des moyennes reste donc entier. Si l'on optait pour les moyennes temporelles, on pourrait difficilement éviter un conflit entre la variation dans le temps qu'induisent les fluctuations microscopiques et celle qui accompagne l'évolution du système à l'échelle macroscopique. Il est donc malaisé, sinon impossible, de fonder sur les moyennes temporelles une théorie maniable et efficace. Les ensembles statistiques s'adaptent au contraire aisément à des situations telles que celle-ci. Ils continuent à traiter les fluctuations microscopiques par des moyennes *instantanées* sur des systèmes très nombreux et identiques ; cela laisse ainsi tout loisir à l'évolution macroscopique de se manifester en pleine lumière, par une variation dans le temps qu'elle est alors seule à produire, et que l'on peut donc suivre pas à pas sans entraves.

La notion de moyenne d'ensemble pose toutefois un problème sur un plan différent, fondamental. En effet, on a toujours affaire en pratique à un *système unique*, jamais à un ensemble statistique de systèmes – veuillez excuser ces palinodies, au demeurant indispensables ; en réalité, ce sont les *fluctuations* de ce système *au cours du temps* qui engendrent l'agitation microscopique. Nous souhaitons traiter l'agitation microscopique par des opérations de moyennes, mais deux techniques, différentes *a priori*, s'offrent à nous : moyennes temporelles ou moyennes d'ensemble. Nous avons dit tout le bien possible des dernières : elles permettent seules une manipulation probabiliste claire, dépourvue d'ambiguïté. Mais les premières sont celles qui se réalisent effectivement, « en direct » pourrait-on dire, dans les systèmes physiques véritables ; elles nous évitent par exemple de ressentir les mouvements désordonnés des molécules de l'air que nous respirons, alors que ces mouvements existent bel et bien à l'échelle microscopique, mettant en jeu des vitesses assez considérables : plusieurs centaines de mètres par seconde. La question se pose donc, inévitable, de l'*équivalence entre les moyennes d'ensemble et les moyennes temporelles*. Sans doute peut-on avancer des arguments qui rendent plausible une telle équivalence. Reste, en dépit de tout, le *problème de fond* : les divers états microscopiques représentés (à un instant donné) dans l'ensemble statistique y surviennent avec des probabilités déterminées ; le système que, d'une certaine manière, cherche à représenter cet ensemble statistique voit, dans sa matérialité, se succéder au cours du temps ces mêmes états microscopiques, aléatoirement ;

chacun d'eux apparaît ainsi avec une certaine fréquence ; il n'est en l'occurrence ni évident ni indubitable que les probabilités *définies* à partir de l'ensemble statistique reproduisent exactement les fréquences qui se manifestent dans la véritable agitation thermique, *concrète et temporelle*.

La mécanique statistique est fondée, indissolublement, sur le *principe ergodique*, qui postule l'équivalence parfaite entre moyennes d'ensemble et moyennes temporelles : à l'équilibre macroscopique, *les valeurs moyennes des diverses grandeurs, évaluées à l'aide d'un ensemble statistique de systèmes identiques, coïncident avec les valeurs moyennes de ces mêmes grandeurs calculées sur les fluctuations d'un système unique au cours du temps.* Le statut de ce principe est un peu ambigu. Pour certains d'entre nous, les immenses succès incontestables de la mécanique statistique laissent peu de doute quant à la validité du principe ergodique sur lequel elle est construite. On peut alors, soit le considérer comme allant de soi, soit l'incorporer au postulat fondamental que nous allons énoncer au chapitre suivant. D'autres physiciens – et non des moindres – se sont attachés à essayer de démontrer le principe ergodique, au moins pour certains systèmes ; leurs recherches, que l'on regroupe sous le terme de « *problème ergodique* », ont montré que la réalité est extrêmement complexe et riche, et introduit des notions fort intéressantes et subtiles. Mais ces subtilités sont-elles vraiment indispensables et appropriées pour ce qui concerne la mécanique statistique, qui campe imperturbable sur son *principe* ergodique ? Sans doute pas : dans leur pratique courante, quotidienne, les physiciens qui utilisent la mécanique statistique se satisfont, sans y perdre leur âme, de l'hypothèse ergodique.

Chapitre II

LE POSTULAT FONDAMENTAL
DE LA MÉCANIQUE STATISTIQUE

J'irai lire la grande bible.
J'entrerai nu
Jusqu'au tabernacle terrible
De l'inconnu.

Victor HUGO,
Les Contemplations.

Era una noche densa, sin estrellas, pero la oscuridad estaba impregnada por un aire nuevo y limpio. [...] Colgaron las hamacas y durmieron a fondo por primera vez en dos semanas. Cuando despertaron, ya con el sol alto, se quedaron pasmados de fascinación. Frente a ellos, rodeado de helechos y palmeras, blanco y polvoriento en la silenciosa luz de la mañana, estaba un enorme galeón español.

C'était une nuit dense, sans étoiles, mais l'obscurité était imprégnée d'un air nouveau et net. [...] Ils accrochèrent leurs hamacs et dormirent à fond pour la première fois depuis deux semaines. Quand ils s'éveillèrent, le soleil déjà haut, ils furent frappés de stupeur et de fascination. En face d'eux, entouré de fougères et de palmiers, blanc et poussiéreux dans la lumière silencieuse du matin, se tenait un énorme galion espagnol.

Gabriel GARCÍA MÁRQUEZ,
Cien años de soledad.
(Traduction de l'auteur.)

Nous voici de nouveau au seuil d'un lieu mystérieux, dont nous ne percevons même pas les contours, dont nous ne savons pas s'il est profane ou sacré, auquel personne n'avait jamais accédé avant que Ludwig Boltzmann n'y dépose sa Loi et sa Parole. Pourtant, nous pouvons *tout* attendre de cette Loi et de cette Parole, qui vont fertiliser des champs jusque-là inouïs, ouvrir des horizons jusque-là inconnus...

Le *postulat fondamental de la mécanique statistique* s'introduit commodément dans le cas simple de systèmes isolés [1]. Son énoncé s'appuie sur quelques notions capitales qu'il nous faut auparavant découvrir et éclairer.

Grandeurs jouant un rôle décisif

PARAMÈTRES EXTÉRIEURS ET VARIABLES INTERNES [2]

Pour décrire les propriétés et le comportement macroscopiques d'un système, on fait appel à des grandeurs telles que volume, énergie, nombre de particules, pression, température, densité...

Certaines d'entre elles sont *fixées* par des contraintes extérieures imposées au système. Par exemple, un gaz est enfermé dans un récipient de volume déterminé. Ou bien c'est sa pression qui est imposée de l'extérieur. Il suffit pour cela que le gaz soit contenu dans un cylindre fermé par un piston étanche mais pouvant coulisser sans frottement : il se fixe à une position d'équilibre telle que la pression du gaz à l'intérieur du cylindre est égale à celle qui est imposée de l'extérieur [3]. De telles grandeurs sont appelées « *paramètres extérieurs* ». Du point de vue statistique, les paramètres extérieurs ont des *valeurs certaines*, et non pas diverses valeurs possibles affectées de probabilités.

Par opposition, on appelle « *variables internes* » les grandeurs qui sont *libres de fluctuer* au gré de l'agitation microscopique, et auxquelles on doit donc associer une *distribution statistique* (ensemble de valeurs possibles, chacune affectée d'une probabilité). C'est par exemple le cas de la densité d'un gaz

---

1. C'est ce que l'on fait aussi en thermodynamique. Voir *supra*, p. 76.
2. Ces notions sont aussi utilisées en thermodynamique. Voir *supra*, p. 102.
3. Voir *supra*, p. 80.

au voisinage d'un point, c'est-à-dire du nombre de molécules contenues dans un petit volume fixe entourant ce point.

Une grandeur donnée peut bien entendu se classer, suivant la situation qui est faite au système, parmi les paramètres extérieurs ou parmi les variables internes : le volume d'un gaz enfermé dans un récipient indéformable est un paramètre extérieur ; il est au contraire variable interne si c'est la pression qui est imposée de l'extérieur.

GRANDEURS PHYSIQUES CONSERVÉES

L'évolution d'un système macroscopique est régie en dernier ressort par les lois microscopiques d'interaction entre ses constituants. Elle respecte de ce fait certaines *lois de conservation*, qui sont extrêmement utiles en physique et dont la véritable origine se situe très profondément dans les principes les plus élémentaires de cette science. Citons par exemple la conservation de l'*énergie* ou celle du *nombre de molécules* d'un corps pur donné (si le système est inerte chimiquement)...

Les lois de conservation ont leur expression la plus simple lorsqu'on les applique à un *système isolé* : si un système est placé dans des conditions telles qu'il ne peut échanger aucune énergie avec son environnement, *son énergie totale reste constante* au cours du temps, quels que soient les processus qui peuvent se dérouler en son sein, aussi cataclysmiques soient-ils ; de même, si les parois qui enferment un système ne laissent passer aucune matière, le nombre total de molécules qu'il contient reste constant. *Dans de telles situations, les grandeurs conservées se comportent comme des paramètres extérieurs*, puisqu'elles gardent une valeur fixe et certaine, imposée par les conditions de préparation du système.

Mais *lorsque le système n'est pas isolé, certaines de ces grandeurs sont des variables internes* : si, par exemple, des échanges d'énergie se produisent entre le système et son environnement, l'énergie du système lui-même ne reste pas fixée ; même à l'équilibre macroscopique, elle fluctue et il faut donc lui affecter une distribution statistique. Cependant, ses fluctuations doivent respecter la loi de conservation : lorsque l'énergie du système diminue, celle de son environnement augmente exactement d'autant, et vice versa.

Énoncé du postulat

Considérons un *système isolé*. Concrètement, les parois qui le délimitent ne laissent passer aucune particule et ne permettent aucun échange d'énergie avec l'extérieur, ce qui implique en particulier qu'elles sont fixes. Nous supposons ce système à l'*équilibre macroscopique*.

Son état macroscopique est alors caractérisé par les valeurs d'un certain nombre de paramètres extérieurs : pour un gaz par exemple, ce sera l'énergie totale, le volume, et le nombre total de molécules – ou, s'il s'agit d'un mélange, les nombres de molécules des divers corps purs qui le constituent. Il est clair qu'*il existe un grand nombre d'états microscopiques vérifiant les contraintes extérieures*, c'est-à-dire compatibles avec les valeurs choisies pour les paramètres extérieurs : si, par exemple, le système est constitué de particules indépendantes[1], son énergie totale E peut être partagée d'un grand nombre de façons possibles entre les diverses particules (comme pourrait l'être un énorme gâteau entre un très grand nombre de convives), et à chacune de ces façons correspond un – en fait, plusieurs, mais nous n'entrons pas dans les détails – état microscopique différent des autres. Il existe bien sûr un nombre encore plus grand d'états microscopiques qui sont incompatibles avec les contraintes, et donc exclus : tous ceux, par exemple, dont l'énergie (ou le nombre de particules) est différente de la valeur arrêtée. Un état microscopique compatible avec les valeurs macroscopiques des paramètres extérieurs est dit *accessible*.

On pose alors le postulat suivant : *Pour un système isolé à l'équilibre (macroscopique), tous les états microscopiques accessibles ont même probabilité.*

Si nous notons Q le *nombre d'états accessibles*, ce postulat se traduit par la distribution suivante de probabilités pour les divers états microscopiques (où P désigne une probabilité) :

$$P = \frac{1}{Q} \text{ pour chacun des états accessibles ;}$$

---

1. C'est le cas le plus simple à traiter – mais très rarement réalisé –, où les particules du système n'interagissent pas entre elles.

$P = 0$ pour tous les autres états microscopiques.

La valeur commune $1/Q$ des probabilités des états accessibles est déterminée par le fait qu'il faut toujours, pour quelque distribution de probabilité que ce soit, que la somme de toutes les probabilités soit égale à 1 (c'est ce qu'on appelle la « condition de normalisation »). Ici, les états microscopiques non accessibles ne contribuent pas à cette somme, puisque la probabilité de chacun de ces états est nulle. Quant aux états accessibles, ils apportent tous la même contribution à la somme de normalisation, $1/Q$, et ils sont précisément au nombre de Q ; ainsi, la condition de normalisation des probabilités est satisfaite par les valeurs que nous avons données.

La probabilité d'une propriété quelconque, dans un tel système isolé et à l'équilibre, se déduit très facilement de ce postulat : il suffit de *compter le nombre d'états accessibles qui réalisent cette propriété* et de le diviser par le nombre total Q d'états accessibles, puisque ceux-ci ont tous la même probabilité, égale à $1/Q$.

Quelques réflexions sur le postulat

Soulignons à nouveau, avant toute chose, que le postulat précédent concerne seulement la *mécanique statistique des états d'équilibre* ; il devrait donc être modifié et complété si l'on voulait analyser le comportement des systèmes hors d'équilibre (ce que nous ne ferons pas ici). Mais si l'on se limite aux propriétés de l'équilibre macroscopique, ce postulat est *parfaitement général* : il s'applique à des systèmes de nature très variée, et permet de développer *toute la mécanique statistique* d'équilibre.

Évidemment, comme tout postulat physique, celui-ci n'a d'intérêt que dans la mesure où il permet de *décrire correctement les phénomènes observés*. C'est une sorte d'acte de foi qu'il faut demander ici au lecteur : depuis tant d'années et de dizaines d'années qu'existe la mécanique statistique, fondée sur ce postulat très simple, la confrontation de ses prédictions avec l'expérience n'a cessé de la confirmer.

Cela étant, est-ce le seul postulat possible ? À première vue oui. On voit mal en effet quelle autre distribution de probabilités pourrait être valable pour les états microscopiques d'un système isolé : la conservation de l'énergie et les autres contraintes imposées de l'extérieur impliquent que seuls les états microscopiques définis plus haut comme « accessibles » puissent avoir une probabilité non nulle ; par ailleurs, on n'a pas de raison valable de favoriser certains de ces états par rapport aux autres. Mais précisément, la réalité aurait pu être différente : il aurait pu se faire que, contrairement à ce que nous pensions, certains états microscopiques *soient* favorisés. Le postulat qu'il aurait alors fallu poser eût été moins simple, puisqu'il aurait nécessité des informations supplémentaires permettant de distinguer les uns des autres les divers états accessibles. L'énoncé ci-dessus est le seul possible *si l'on peut se contenter du minimum d'information*, c'est-à-dire s'il nous est suffisant de savoir, pour chaque état microscopique, qu'il est ou non compatible avec les contraintes extérieures.

En fin de compte, la question cruciale est celle que pose le *principe ergodique*[1] : est-ce que l'état macroscopique d'*un système* isolé peut être décrit en termes de probabilités de ses états microscopiques? En effet, il semble clair, d'après ce qui précède, que dans un *ensemble statistique* constitué d'un très grand nombre de systèmes isolés identiques vérifiant tous les mêmes contraintes macroscopiques extérieures, les états microscopiques accessibles seront tous également représentés, sauf vice rédhibitoire. Reste à savoir si cet ensemble équiprobable permet de représenter de façon fidèle et correcte les propriétés macroscopiques d'un *système unique* du type considéré. Ces propriétés, nous le savons, résultent de moyennes sur les *fluctuations temporelles*, à l'échelle microscopique, de ce système particulier. Si c'est bien le cas, le postulat que nous avons posé est sans conteste le seul possible.

Mais est-ce bien le cas ? Ou plutôt, comment cela peut-il être le cas ? Pour comprendre ce point crucial, nous allons nous adresser à la mécanique classique (les conclusions seraient analogues en mécanique quantique). On apprend dans les cours élémentaires de mécanique classique que l'évolution d'un système isolé particulier est déterminée – les interactions étant connues –

---

1. Voir *supra*, p. 220.

par les *conditions initiales* de son mouvement, c'est-à-dire par la donnée des positions et des vitesses de toutes ses particules à un certain instant. Il pourrait alors se faire que, au sortir de sa préparation, tel système se trouve dans des conditions initiales qui ne lui permettent d'atteindre, au cours de son évolution microscopique dans le temps, qu'une classe restreinte d'états accessibles. Ce système ne vérifierait évidemment pas le principe ergodique, puisqu'un bon nombre d'états accessibles seraient carrément exclus. Mais il y a pire : tout système qu'on singularise ainsi se comporterait de façon analogue. Où est donc notre postulat fondamental et notre principe ergodique, dans cette affaire ?

En réalité, tout système macroscopique est soumis, de la part de son environnement, à des perturbations aléatoires qui lui feront oublier les conditions initiales de son mouvement. Bien que très faibles pour un système isolé tel que ceux que nous étudions ici, elles ne sont jamais strictement nulles. Et leur vertu est double : d'une part, elles ne mettent en jeu qu'une énergie infime par rapport à celle du système, et passent donc inaperçues lorsqu'on s'assure de son isolement énergétique ; d'autre part elles sont capables, par leur activité de fourmi, de désorienter l'évolution du système (c'est une caractéristique inattendue des équations de mouvement du système qui le rend possible : elles sont extrêmement sensibles à de très petites perturbations [1]). C'est ainsi que l'influence de ces perturbations aléatoires fait rapidement oublier au système en question les conditions initiales dont il est parti, en modifiant très légèrement mais constamment, et au hasard, son état microscopique. Ce sont ces actions extérieures, très faibles mais très nombreuses, impossibles à recenser en détail et imprévisibles, qui assurent la validité du principe ergodique, même pour des types de systèmes qui seraient non ergodiques s'ils pouvaient être parfaitement isolés.

Une dernière remarque, que je tiens d'un ami physicien qui s'intéresse depuis plusieurs années à l'économie [2]. Dans ce domaine aussi, on distingue une microéconomie et une macro-

---

1. On montre facilement, par exemple, que ce rôle peut être joué, pour un gaz, par son interaction gravitationnelle (!) avec un observateur qui va et vient dans la pièce.
2. Bertrand Roehner.

économie. Transposé à ce nouveau sujet, le postulat que nous discutons donnerait à peu près ceci : toutes les configurations microéconomiques compatibles avec des contraintes macroéconomiques données sont également probables. Point n'est besoin d'être grand clerc pour comprendre que cette affirmation est erronée : le comportement personnel des consommateurs et des producteurs (microéconomie) influe, à n'en pas douter, sur la conjoncture économique globale (macroéconomie) d'un pays ou même du monde. Il n'est pas indifférent, par exemple, que les individus aient tendance à épargner leur argent ou au contraire à consommer à tout va ; traiter ces deux éventualités comme équiprobables n'aurait visiblement pas de sens. Cette courte parenthèse économique n'a d'autre but que de mettre en évidence la valeur et l'importance d'un postulat physique. Celui que nous avons énoncé est tellement net et simple, qu'on en viendrait presque à le regarder comme allant de soi. Quand on le côtoie quotidiennement, on finit par s'y accoutumer au point de le trouver naturel, au lieu qu'il serait bien plutôt une manière de cadeau des dieux – dont on ne sait ni pourquoi ni comment nous l'avons mérité –, eu égard à la richesse et à la complexité de la réalité qu'il permet d'expliquer ou de comprendre, comme on voudra, mais en tout cas au sens le plus profond de ces verbes.

L'entropie de Boltzmann

D'après le postulat fondamental, donc, les divers états microscopiques accessibles à un système macroscopique isolé sont équiprobables. Nous supposons, comme plus haut, que leur nombre total est Q.

Il est facile de calculer, dans ce cas particulièrement simple, l'entropie statistique dont nous avons signalé l'existence [1]. On trouve alors une formule, célèbre entre les formules célèbres de la physique, qui a – il ne pouvait pas en être autrement – été écrite pour la première fois par Ludwig Boltzmann ; elle est d'ail-

---

1. Voir *supra*, p. 213.

leurs gravée sur la modeste stèle qui se dresse sur sa tombe, à Vienne [1]. Cette formule relie l'entropie du système isolé qui nous occupe dans ce chapitre au nombre total Q d'états microscopiques accessibles à ce système. Cette relation est tout simplement donnée par la fonction logarithme, que les Anglo-Saxons nous ont appris à noter ln (logarithme népérien [2]) : l'entropie S est alors donnée par

$$S = k \ln Q.$$

k est la *constante de Boltzmann*, que celui-ci a ajustée de manière à reproduire exactement, par la formule précédente, l'entropie qui avait déjà été définie en thermodynamique, l'entropie de Clausius [3]. Vous n'aurez sans doute pas grand-chose à en faire, mais laissez-moi tout de même écrire la valeur numérique de cette constante :

$$k = 1{,}38 \times 10^{-23} \text{ joule par kelvin.}$$

Puisque la voilà, nous allons remarquer qu'elle est *d'ordre microscopique* : elle est extrêmement petite quand on la mesure, comme nous l'avons fait ici, avec des unités du système légal, macroscopique. La formule de Boltzmann est donc bien ancrée dans le microscopique. D'ailleurs, Q désigne le nombre d'états *microscopiques* accessibles.

Mais alors, comment S peut-elle être, dans cette formule, l'entropie *macroscopique*, qui est mesurée par quelques joules par kelvin, « quelques » voulant dire par exemple 8,3 [4]. C'est là que se manifeste pour la première fois le miracle de la mécanique statistique : le nombre Q est tellement, tellement grand que son logarithme est encore très, très grand, de telle sorte que $k \ln Q$ est d'ordre macroscopique, comme doit l'être S. Si vous n'avez pas le vertige, nous pouvons nous approcher un peu plus près de cet argument. Voici. Si vous prenez le logarithme (décimal) de 10, vous obtenez 1 ; celui de 100 est 2, puis 3 celui de 1 000, etc. (les logarithmes népériens qu'il nous faut s'obtiennent à partir des logarithmes décimaux en les multipliant par 2,3). À partir de là, essayez d'imaginer à combien Q doit se monter pour que son logarithme soit de l'ordre de 10^{23} ! Or c'est bien ce qu'il

---

1. Légère différence : Boltzmann appelait « W » ce que nous notons Q.

2. John Neper, baron de Merchiston, est un mathématicien écossais (1556-1617) à qui l'on doit l'invention des logarithmes.

3. Voir *supra*, p. 87.

4. L'entropie d'une mole de gaz est de l'ordre de la constante des gaz parfaits, qui vaut précisément 8,31 joules par kelvin.

nous faut si le produit de k – dont la valeur est indiquée ci-dessus – par $\ln Q$ doit être de l'ordre de 1 (ou de 8,3 si vous préférez).

La thermodynamique
comme conséquence de la mécanique statistique

Puisque la mécanique statistique a été capable de construire, à partir de son propre postulat fondamental, l'entropie d'un système macroscopique isolé, personne ne s'étonnera d'apprendre que la thermodynamique est, au plan des bases théoriques, déductible de la mécanique statistique. Le postulat fondamental de la thermodynamique [1] est en effet centré sur l'*entropie*, et il est effectivement possible de le *démontrer* à partir des considérations qui précèdent. Nous ne développerons pas en détail les arguments qui permettraient de le faire rigoureusement. Nous dégagerons seulement deux conséquences simples de la formule de Boltzmann, écrite dans la section précédente ; ces deux conséquences montrent la voie, chacune dans sa direction, vers la démonstration dont il est question ici.

ENTROPIE D'UNE RÉUNION DE SYSTÈMES ISOLÉS

Prenons deux systèmes macroscopiques $\mathscr{S}_1$ et $\mathscr{S}_2$ quelconques, séparément isolés et à l'équilibre. Si Q_1 est le nombre d'états microscopiques accessibles au système $\mathscr{S}_1$ dans les conditions qui lui ont été imposées, et Q_2 celui du système $\mathscr{S}_2$, la formule de Boltzmann donne leur entropie respective S_1 et S_2 :
$$S_1 = k \ln Q_1 \,;\; S_2 = k \ln Q_2.$$
Réunissons maintenant ces deux systèmes en un système unique $\mathscr{S}$: par exemple – mais ce n'est nullement indispensable –, nous rapprochons $\mathscr{S}_1$ et $\mathscr{S}_2$ jusqu'à les amener au contact, et le système $\mathscr{S}$ les enveloppe tous deux. Mais attention ! Les systèmes $\mathscr{S}_1$ et $\mathscr{S}_2$ restent isolés, en particulier l'un de l'autre. Quelle est l'entropie S du système global $\mathscr{S}$?

---

1. Voir *supra*, p. 79.

Il nous faut compter les états accessibles de $\mathscr{S}$. Or les conditions simples où nous nous sommes placés rendent cette opération très facile. Tout état microscopique de $\mathscr{S}$ se compose d'un état microscopique de $\mathscr{S}_1$ et d'un état microscopique de $\mathscr{S}_2$. En particulier, tout état accessible de $\mathscr{S}$ est obtenu en prenant $\mathscr{S}_1$ dans l'un de ses états accessibles et $\mathscr{S}_2$ dans l'un des siens. Comptons maintenant, sur ces bases. À un état accessible déterminé du système $\mathscr{S}_1$ on peut associer successivement les Q_2 états accessibles du système $\mathscr{S}_2$ pour former Q_2 états accessibles distincts du système global $\mathscr{S}$; puisqu'on peut partir pour ce faire de n'importe lequel des Q_1 états accessibles de $\mathscr{S}_1$, le nombre Q des états accessibles de $\mathscr{S}$ est le produit $Q_1 Q_2$ des nombres d'états accessibles de $\mathscr{S}_1$ et $\mathscr{S}_2$. L'entropie S du système global $\mathscr{S}$ s'en déduit par la formule de Boltzmann :

$$S = k \ln Q = k \ln Q_1 Q_2.$$

Or on sait que le logarithme d'un produit est la somme des logarithmes des facteurs :

$$S = k [\ln Q_1 + \ln Q_2].$$

En comparant ce résultat avec l'expression des entropies S_1 et S_2 que nous avons donnée en commençant, on obtient la formule finale : $S = S_1 + S_2$.

Or, une égalité semblable figure dans le postulat fondamental de la thermodynamique (point (4)). Même si les conditions de validité n'y sont pas rigoureusement les mêmes qu'ici, un peu de travail technique permet de les harmoniser. Le point (4) du postulat fondamental de la thermodynamique est alors déduit de la mécanique statistique.

LA CONDITION D'ENTROPIE MAXIMALE,
CLEF DE VOÛTE DE LA THERMODYNAMIQUE

Il s'agit là, nous nous en souvenons, de la plaque tournante du postulat fondamental de la thermodynamique [1]. Pour illustrer la manière dont la mécanique statistique reprend cette condition à son compte, nous nous contenterons de traiter l'exemple d'une expérience particulière, au demeurant fameuse, qu'on appelle la *« détente de Joule »*.

---

1. Voir deuxième partie, chapitres III et V.

Un gaz isolé, à l'équilibre macroscopique, a pour énergie totale E et pour nombre de molécules N. Initialement, il est enfermé dans une enceinte de volume V, séparée par une cloison d'un compartiment dans lequel on a fait le vide (figure ci-dessous); le volume du compartiment vide sera noté w; l'ensemble est isolé de l'extérieur par des parois fixes et totalement imperméables à l'énergie et aux molécules. Le gaz ayant atteint l'état d'équilibre macroscopique caractérisé par les conditions qu'on lui impose initialement (énergie E, nombre de molécules N, volume V), on ouvre la cloison séparant les deux compartiments (cela peut se faire en ne mettant en jeu qu'un travail négligeable). Nous savons par expérience que le gaz va alors évoluer spontanément vers un *nouvel état d'équilibre*, dans lequel il va occuper *tout le volume disponible* $V + w$; mais son énergie E et le nombre de molécules N restent inchangés.

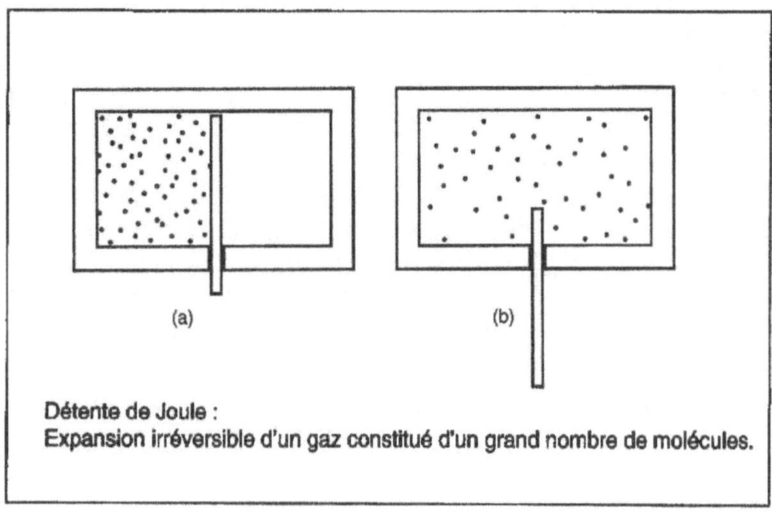

Détente de Joule :
Expansion irréversible d'un gaz constitué d'un grand nombre de molécules.

D'après le postulat fondamental de la mécanique statistique, le nouvel état d'équilibre se fonde sur l'équiprobabilité de tous les états microscopiques accessibles dans la nouvelle situation. Il semble clair intuitivement que l'ensemble de ces états accessibles comprend ceux qui étaient déjà accessibles au gaz dans la situation initiale, avant qu'on ait ouvert la cloison : après tout, les molécules auraient bien pu rester toutes confinées dans le compartiment initial sans qu'aucune loi microscopique n'en soit violée (on peut se demander pourquoi elles ne restent pas dans le compartiment initial; nous discuterons ce point un peu plus loin). Mais, par rapport à ces états accessibles initiaux, l'augmentation du volume offert au gaz ouvre des possibilités supplémentaires, rendant accessibles des états qui étaient auparavant interdits, à savoir ceux qui donnent à certaines molécules la faculté de se trouver dans le volume w qui s'est ajouté. Bref, *le nombre d'états accessibles a augmenté*. Par conséquent, toujours d'après la formule de Boltzmann, *l'évolution spontanée du gaz (maintenu isolé) s'est accompagnée d'une augmentation de son entropie* [1].

Voilà donc la condition d'entropie maximale, qu'on pourrait aisément abstraire de cet exemple, et donc généraliser. Mais nous avons, dans le courant du raisonnement, laissé en suspens une question. Au début, nous avons admis comme un fait d'expérience que les molécules du gaz occupent l'ensemble du volume qui leur est offert. Puis nous avons envisagé qu'elles puissent rester confinées dans l'enceinte qui les contenait initialement. Pourquoi n'y restent-elles donc pas? Parce que le nombre d'états accessibles réalisant cette condition est extrêmement faible par rapport au nombre total d'états accessibles dans la nouvelle situation (cloison ouverte); ainsi, la probabilité pour que le compartiment de volume w se retrouve vide, rapport des deux nombres précédents, est tellement, tellement petite que cette éventualité n'est jamais observée. On peut dire que le volume effectivement occupé par le gaz s'établit, parmi toutes les valeurs possibles, à la valeur maximale (ici $V + w$) compatible avec les conditions extérieures, parce que c'est elle qui a, de très loin, la probabilité la plus forte.

---

1. Si le nombre d'états accessibles augmente, son logarithme (et donc l'entropie) augmente nécessairement.

Chapitre III

ENSEMBLES DE PARTICULES IDENTIQUES

Les mortels sont égaux ; ce n'est point leur naissance,
C'est la seule vertu qui fait leur différence.

VOLTAIRE,
Mahomet.

Tenue rey, sesgo alfil,	Tous : roi débile, fou diagonal,
[encarnizada	[reine
Reina, torre directa y peón	Acharnée, tour directe et pions
[ladino	[rusés,
Sobre lo negro y blanco del	Par le noir et le blanc de leur
[camino	[trajet
Buscan y libran su batalla	Cherchent et livrent leur bataille
[armada.	[concertée.
No saben que la mano señalada	Ils ne savent pas l'évidente main
Del jugador gobierna su destino,	Du joueur qui dirige leur destin ;
No saben que un rigor	L'inflexible et transparente
[adamantino	[rigueur
Sujeta su albedrío y su jornada.	Qui pour eux choisit et mesure le
	[chemin.
También el jugador es prisionero	Le joueur, à son tour, se trouve
(La sentencia es de Omar) de	[prisonnier
[otro tablero	(Omar l'a dit) des cases d'un
De negras noches y de blancos	[autre échiquier
[días.	Où les nuits sont les noires et
	[les jours les blanches.

<table>
<tr><td>Dios mueve al jugador y éste, la
                              [pieza.
¿Qué dios detrás de Dios la
                      [trama empieza
De polvo y tiempo y sueño y
                      [agonía?</td><td>Dieu meut le joueur et le
                   [joueur, la pièce.
Quel dieu, derrière Dieu,
                [commence cette trame
De poussière et de temps, de
                [rêves et de larmes?</td></tr>
</table>

Jorge Luis BORGES,
Antología personal.
(Traduction de Roger Caillois.)

Lorsque deux corps macroscopiques sont identiques, par exemple les deux boules blanches d'un jeu de billard, il y a toujours quelque différence insignifiante – c'est-à-dire qui n'influe pas sur leurs propriétés ni sur leur comportement – qui permet pourtant de les distinguer : une veine dans l'ivoire de l'une d'elles, ou même une croix tracée au pinceau... En vérité, point n'est besoin de signe distinctif : lorsque je joue au billard, je sais à chaque instant où se trouve ma boule et où se trouve la vôtre, simplement en les suivant des yeux le long de leur trajectoire.

Rien de tel pour des particules microscopiques. Si un système comporte deux électrons, par exemple, échanger l'un pour l'autre ne modifie en rien les propriétés du système : les deux électrons sont totalement, irrémédiablement identiques. Il est exclu, évidemment, de peindre l'un en rouge et l'autre en vert pour tenter de les distinguer : quoi qu'on fasse, ils restent rigoureusement identiques. En outre, la notion de trajectoire est effacée de la mécanique quantique : chacun des deux électrons a une certaine probabilité de présence dans tel domaine de l'espace, à un instant déterminé. Lorsque – c'est souvent le cas – les deux probabilités de présence sont simultanément non nulles dans une même région de l'espace, on perd la trace des deux électrons ; si l'on en voit un surgir de cette région, il est impossible de savoir duquel il s'agit : est-ce le vôtre ou le mien ?

Fermions et bosons

La mécanique quantique – puisque c'est elle qui est à l'œuvre – résout le problème posé par l'identité des particules d'une manière très élégante, mais aussi inattendue.

DEUX GRANDES CLASSES DE PARTICULES

Elle répartit, de ce point de vue, les particules microscopiques en deux grandes catégories distinctes – et seulement deux – dont le comportement est radicalement différent. Les particules de la première catégorie sont nommées *fermions*, on dit aussi qu'elles suivent la « statistique de Fermi-Dirac [1] » ; celles de la seconde catégorie, *bosons*, et elles suivent la « statistique de Bose-Einstein [2] ».

Mais se pose alors la question : quelles particules sont des fermions, lesquelles des bosons ? Or, il existe une corrélation tout à fait remarquable entre l'appartenance d'un type donné de particules au groupe des fermions ou à celui des bosons et la valeur de leur spin.

Expliquons d'abord ce qu'est le spin. De façon générale, une particule microscopique tourne sur elle-même (« to spin » est le verbe anglais). Or, à toute rotation est associée une grandeur physique dite « moment cinétique ». Le moment cinétique intrinsèque d'une particule, celui qui décrit sa rotation propre – sur elle-même – est nommé son *spin*. Pourtant – il faut s'y faire – ce qui vient d'être expliqué est inexact : les particules microscopiques ne tournent pas véritablement comme des toupies. Le spin n'en existe pas moins, mais c'est une propriété – un moment cinétique – *purement quantique*, qui n'a pas son équivalent en mécanique classique et ne peut donc pas être dépeinte avec nos pauvres mots humains, forgés qu'ils sont à partir de la réalité macroscopique qui nous entoure, où règne sans partage la mécanique classique.

Laissez-moi ouvrir une parenthèse pour vous conter l'histoire savoureuse qui retrace la découverte du spin de l'électron.

---

1. Enrico Fermi (1901-1954), physicien italien émigré aux États-Unis (il profita de la remise de son prix Nobel, en 1938, pour ne pas retourner dans l'Italie fasciste). L'un des plus grands physiciens, l'un des plus imaginatifs de ce siècle, bien que la maladie l'ait emporté prématurément.

Paul Adrien Maurice Dirac (1902-1984), théoricien britannique, prix Nobel en 1933. Unificateur de la mécanique quantique et inventeur de l'antiélectron.

2. Satyendranath Bose (1894-1974), physicien indien ayant travaillé une vingtaine d'années (à partir de 1924) en Europe, où il collabora avec les plus grands.

Albert Einstein (1879-1955) n'a sans doute pas besoin d'être présenté.

Dans les années 1920 de ce siècle, les physiciens bataillaient avec exaltation pour tâcher de comprendre la structure des atomes; elle se révélait dans la distribution étonnante de leur émission de lumière, et l'on savait que des électrons y évoluaient autour d'un noyau central. C'est de cette époque (1925) que date le principe de Pauli, dont nous reparlerons à loisir. Divers arguments claudiquaient encore, dont l'un avait trait à la pluralité des composantes de certaines raies lumineuses : le nombre de raies voisines les unes des autres que l'on observait dans telle situation expérimentale précise ne correspondait pas à celui que prévoyait l'embryon de théorie alors disponible. Mais voilà qu'un des étudiants de Wolfgang Pauli lui demande audience, pour lui exposer comment ce problème de multiplicité de certaines raies se résolvait de façon naturelle *si l'on admettait seulement que l'électron tourne sur lui-même*. « Réfléchissez avant de parler et de me déranger ! » – Pauli n'était pas tendre ! Suivit un argument péremptoire ayant pour effet d'interdire toute rotation propre à l'électron [1]. Peu de temps après, deux jeunes Hollandais (vingt-cinq et vingt-trois ans), Uhlenbeck et Goudsmit, élèves d'Ehrenfest à l'université de Leyde, s'apprêtaient à publier un article proposant la même idée d'une rotation propre de l'électron. Pauli – qui n'était d'ailleurs guère plus âgé qu'eux (vingt-cinq ans) – l'apprit et répéta, dans une lettre qu'il leur adressa, son argument péremptoire. Impressionnés – Pauli était déjà connu, et pour sa valeur et pour son intransigeance –, les deux jeunes auteurs voulurent retirer leur article. « Trop tard, répondit le directeur de la revue scientifique, les épreuves sont parties pour l'impression. » L'article parut donc... et valut à Uhlenbeck et Goudsmit le prix Nobel, quelques années plus tard.

Par conséquent, le spin existe bel et bien, en tant que moment cinétique intrinsèque d'une particule. Mais c'est une *grandeur quantique*, n'ayant pas d'analogue en mécanique classique. D'ailleurs, il se mesure en unités de $\hbar$, constante fondamentale de la physique quantique [2], que méconnaît totalement la physique classique. En outre, seules certaines valeurs, très parti-

---

1. L'argument se fondait sur la relativité : si l'électron, que l'on se représentait comme une sphère de faibles dimensions, tournait sur lui-même au régime qu'il fallait nécessairement lui attribuer, alors sa périphérie aurait dû acquérir une vitesse dépassant celle de la lumière dans le vide, ce que prohibe formellement la théorie de la relativité d'Einstein.
2. Si h est la constante de Planck, $\hbar$ se définit comme h divisé par $2\,\pi$.

culières, peuvent se rencontrer dans la nature (on dit que, en mécanique quantique, le moment cinétique est *quantifié*) : le spin d'une particule ne peut être égal qu'à un *nombre entier* (0, 1, 2...) ou un *nombre demi-entier* (1/2, 3/2, 5/2...) de fois la constante quantique $\hbar$.

Maintenant, regardez et admirez : toutes les particules de *spin entier* (0, 1...) sont des *bosons*, toutes les particules de *spin demi-entier* (1/2, 3/2...) sont des *fermions*. Cette corrélation peut être démontrée théoriquement, à partir d'hypothèses très générales : c'est le *théorème spin-statistique*. Elle est parfaitement vérifiée par l'expérience, jusqu'ici tout au moins. Quelques exemples : l'électron, le proton, le neutron sont des particules de spin 1/2 et donc des fermions ; le photon, qui a spin 1 (et masse nulle), est un boson ; le spin de la particule α (noyau de l'atome d'hélium 4) est nul, ce qui en fait un boson ; etc.

*LE POSTULAT DE SYMÉTRISATION
ET LA DISTINCTION FERMION/BOSON*

Mais quelle est donc, entre fermions et bosons, cette différence essentielle qui n'a pas encore été explicitée ? Il faut, pour la comprendre, admettre que l'état microscopique d'un ensemble de particules – quel que soit leur nombre, qu'il soit égal à 2 ou au nombre d'Avogadro – est décrit, en mécanique quantique, par un objet théorique qu'on appelle « *vecteur d'état* ». Pas besoin d'en savoir plus. Lorsqu'on étudie un ensemble de particules identiques, le vecteur d'état qui représente l'ensemble traite toutes les particules sur un pied d'égalité, puisqu'elles ont exactement les mêmes caractéristiques. La mécanique quantique pose alors un *postulat spécial* pour ces systèmes de particules identiques, dit « *postulat de symétrisation* » : si les particules identiques dont il s'agit sont des *bosons*, seuls les vecteurs d'état totalement *symétriques* par rapport à l'échange de ces particules ont une signification physique, c'est-à-dire doivent être conservés et considérés ; si ce sont des *fermions*, seuls les états complètement *antisymétriques* sont véritablement physiques, c'est-à-dire méritent examen et étude. Peut-être n'est-il pas facile, à quelqu'un qui n'a jamais eu l'occasion de rencontrer un vecteur d'état, d'imaginer ce que peut être un état symétrique ou un état antisymétrique. Nous en donnons d'abord la *définition*, nous réservant d'être plus concret et spécifique dans un instant.

Un vecteur d'état *symétrique* reste *inchangé* si l'on permute [1] deux des particules du système, quelles qu'elles soient, parmi les bosons identiques qui le constituent; un vecteur d'état antisymétrique *change de signe* dans une permutation analogue, qui porte cette fois sur des fermions identiques. Lorsque, par un procédé habituel en mécanique quantique, on veut construire un vecteur d'état dans le but de décrire un système de particules identiques, le résultat auquel on aboutit d'emblée n'est, de façon générale, ni symétrique ni antisymétrique. Le véritable vecteur d'état physique s'obtiendra, à partir de ce résultat brut, par *symétrisation* si les particules sont des bosons, ou *antisymétrisation* si ce sont des fermions.

Symétriser signifie construire, à partir du résultat brut, c'est-à-dire sans en changer les caractéristique physiques, un vecteur d'état qui soit symétrique, au sens que nous venons de préciser; antisymétriser signifie construire, de façon analogue, un vecteur antisymétrique. Un exemple très simple pourra peut-être nous aider. Si je note tout simplement (1;2) le résultat brut – il s'agit ici d'un système de deux particules identiques, seulement –, le symétriser consiste à en extraire la combinaison (1;2) + (2;1) : effectivement, l'interversion des places des symboles (1) et (2) laisse cette combinaison inchangée. Pour antisymétriser le même résultat brut [2], en revanche, on en tirera (1;2) – (2;1) : cette fois, l'interversion de (1) et (2) aboutit à un changement de signe de l'expression (nous avons introduit un signe plus dans la première combinaison, mais un signe moins dans la deuxième).

Nous allons nous restreindre dans la suite au cas le plus simple, où les particules constituant le système étudié sont *indépendantes*. Cela signifie que leurs interactions sont négligeables, c'est-à-dire plus crûment qu'elles s'ignorent en quelque sorte les unes les autres. Dans un tel cas – assez particulier, reconnaissons-le – on commence par déterminer la série des états *individuels*, c'est-à-dire ceux qu'est susceptible d'occuper une particule

---

1. Permuter deux particules signifie intervertir leurs places, matériellement en quelque sorte, dans le vecteur d'état : on installe la première à l'emplacement où se trouvait auparavant la deuxième, et vice versa.

2. Insistons cependant : *on n'a pas le choix* entre la symétrisation ou l'antisymétrisation; c'est la nature des particules – bosons ou fermions – qui décide, par avance, laquelle de ces deux opérations est pertinente.

unique, choisie parmi l'ensemble de ses congénères. Encore une fois, l'existence d'états individuels ne fait sens que pour les ensembles de particules identiques et indépendantes : lorsqu'on isole, pour analyser son comportement, l'une des particules d'un tel ensemble, ce n'est licite que si les autres particules n'affectent pas ce comportement.

Supposons connus les états individuels. La différence entre bosons et fermions, on peut le montrer, se traduit alors de la façon que voici : si les particules identiques du système sont des *bosons*, on attribue à chacune d'elles un état individuel, et on peut le faire *sans contrainte* particulière ; mais si les particules identiques du système sont des *fermions, il est interdit que deux d'entre elles se trouvent dans le même état individuel* (voilà une version généralisée du *principe d'exclusion de Pauli*). On ne s'étonnera pas, j'imagine, qu'on assigne ainsi un état individuel à chaque particule : elles sont identiques ; chacune d'elles doit occuper un état ; l'ensemble des états (individuels) qui leur sont accessibles est donc le même pour toutes. En alignant des états individuels en nombre exactement égal à celui des particules du système, on est conduit à ce que nous avons désigné ci-dessus comme le « résultat brut » pour l'état du système. Maintenant, il nous faut symétriser ou antisymétriser. Si nos particules sont des bosons, on peut symétriser l'état brut, pour en faire un état physique de bon aloi, quelle que soit la distribution choisie initialement. En revanche, lorsqu'il s'agit de fermions, l'antisymétrisation donnera zéro si l'on a tenté d'affecter, dans l'état brut, le même état individuel à deux d'entre eux [1].

Ensembles de fermions indépendants à température nulle

Observons un système constitué d'un très grand nombre de fermions (« très grand nombre » signifie « de l'ordre du nombre d'Avogadro »).

---

1. Sans démonstration formelle, on pourra comprendre que la permutation de ces deux fermions – qui se trouvent dans le même état individuel – ne modifie en rien l'état du système, alors qu'elle devrait le changer en son opposé. Le résultat zéro en découle. De façon plus tangible, on s'apercevra aussitôt que l'antisymétrisation de (1 ;1) donne effectivement zéro.

ÉTAT DE L'ENSEMBLE DES FERMIONS

Observons-le plus spécialement à *température nulle*. En réalité, nous le savons bien[1], il est strictement impossible d'atteindre le zéro absolu. L'expression « température nulle », que nous utilisons, signifie donc « *température très inférieure à toute température spécifique à ce type de système* ». Donnons-en un exemple, pris parmi les plus courants. Si les métaux conduisent l'électricité, c'est qu'ils renferment, formant une espèce de nuage, des électrons pratiquement libres de se déplacer en tous sens, que peut mettre aussitôt en mouvement une pile ou une batterie – un générateur, comme on dit de façon générale. C'est à l'ensemble de ces *électrons de conduction* que nous en avons plus particulièrement. Des considérations, qu'il serait trop fastidieux de développer ici, permettent d'associer, à tout système de fermions, une température caractéristique qu'on appelle sa *température de Fermi* ; alors, c'est lorsque sa température est négligeable devant sa température de Fermi qu'un tel système de fermions peut être traité comme s'il se trouvait à température nulle. Pour les électrons de conduction d'un métal, la température de Fermi se trouve être de plusieurs dizaines de milliers de kelvins. Par conséquent, à la température ordinaire (20 °C, soit 293 kelvins), leur comportement est celui de température nulle, à d'infimes corrections près.

Or, la mécanique statistique enseigne que tout système – sans exception – tend à occuper, aux températures très faibles, celui de ses états dont l'énergie est la plus basse. Mais nous avons choisi de limiter notre étude aux systèmes de fermions *indépendants*. Ce sont donc les états individuels qu'il convient d'abord d'examiner. Supposons que nous en ayons établi l'inventaire. Il nous faut maintenant répartir les fermions identiques du système entre les divers états individuels possibles, en prenant en compte d'une part le principe de Pauli – pas plus d'un fermion par état individuel – et d'autre part la température nulle : l'énergie de l'état finalement construit pour le système doit être la plus petite possible.

---

1. Voir *supra*, p. 149.

La manière de procéder est en réalité très simple. Envisageons en premier lieu l'état individuel de plus basse énergie[1] ; comme nous avons affaire à des fermions identiques, un seul d'entre eux peut occuper cet état individuel particulier, et nous l'y plaçons. Nous sommes bien obligés, ensuite, de nous adresser à l'état individuel dont l'énergie est immédiatement supérieure à la précédente ; là encore, on ne peut loger qu'un des fermions dans l'état individuel en question. Et ainsi de suite... On sélectionne l'un après l'autre, au fur et à mesure, les états individuels classés auparavant par ordre d'énergie croissante. On dispose successivement dans chacun d'eux un – et un seul – fermion de l'ensemble. Lorsqu'ils sont tous placés, on a ainsi abouti à l'état qu'occupe, *à température nulle*, le système de fermions identiques et indépendants qui nous intéresse : les N particules de ce système se distribuent sur les N premiers états individuels que l'on rencontre lorsque, partant de sa valeur la plus basse, on permet à l'énergie individuelle de croître peu à peu. La plus élevée des énergies ainsi particularisées – les états individuels qui leur sont associés accueillent chacun, à température nulle, un des fermions – est appelée le *niveau de Fermi* du système[2].

CARACTÉRISTIQUES PHYSIQUES DE CET ÉTAT

Remarquons aussitôt que, même à température nulle, l'*énergie* totale du système des N fermions identiques *n'est pas nulle*. Rappelons-en la cause : c'est le principe de Pauli qui a empêché les fermions de se rassembler tous dans le même état individuel, celui dont l'énergie est la plus basse ; l'occupation, par les fermions, d'états individuels d'énergie supérieure à la précédente (énergie que nous avons prise nulle par convention) a pour

---

1. Par convention, on décide le plus souvent que cette énergie individuelle la plus faible sera nulle : les phénomènes que nous analysons ne sont pas relativistes (je veux parler de la relativité d'Einstein) ; on peut alors choisir librement laquelle des énergies aura la valeur zéro – c'est un point un peu technique, mais il n'est pas difficile de l'expliciter.

2. Mis à part les toutes premières énergies individuelles – les plus basses – il correspond toujours plusieurs états individuels à chaque énergie individuelle ; quand on atteint enfin le niveau de Fermi, le nombre d'états individuels qui lui sont associés est le plus souvent assez grand. Ne pas se tromper : ce sont les états individuels qu'il s'agit de remplir, un à un, par les N fermions identiques.

conséquence inéluctable que l'énergie totale du système, somme des N énergies individuelles des fermions qui le composent, est *non-nulle à température nulle*. Pour les mêmes raisons, *la pression du système n'est pas nulle à température nulle* ; on appelle « *pression quantique* » cette pression qui subsiste à température nulle : le principe de Pauli est effectivement l'apanage de la mécanique quantique. Quelques mots pour rendre plausible la pression quantique : les particules étant indépendantes – dans le cadre de nos hypothèses simplificatrices –, leur énergie ne peut être que cinétique, c'est-à-dire liée uniquement à leur mouvement (l'énergie d'interaction de particules indépendantes est nulle par définition) ; or, des particules en mouvement heurtent sans arrêt, de l'intérieur, le récipient qui les contient ; ces chocs, les repoussant en quelque sorte, exercent sur les parois une pression.

Ensembles de bosons indépendants à très basse température

Le comportement d'un système de bosons se distingue radicalement, à basse température, de celui que nous venons de décrire pour les fermions. La raison en est, pour l'essentiel, que le principe de Pauli qui régit les systèmes de fermions ne s'applique plus maintenant : deux bosons identiques et indépendants – un nombre quelconque d'entre eux, à dire le vrai – peuvent coexister dans le même état individuel.

LA TEMPÉRATURE DE BOSE ET SON RÔLE ESSENTIEL

Essayons d'expliciter plus avant cette différence. Lorsque nous nous adressions à un système de fermions identiques et indépendants, nous comparions sa température réelle à une certaine température caractéristique, dite *température de Fermi*. Si la température du système était beaucoup plus basse que la température de Fermi, nous étions en droit d'appliquer l'approximation de température nulle, que nous avons développée dans la section précédente. S'agissant d'un système de bosons identiques et indépendants, on lui trouve aussi une température caractéristique, qu'on nomme « *température de Bose* ». Mais son rôle est *profondément différent* ; pour toute température du système inférieure à la température de Bose, *un nombre macroscopique de particules* – bosons identiques et indépendants – *occupent l'état fondamental individuel*, c'est-à-dire l'état individuel d'énergie nulle.

Quelques éclaircissements sont probablement nécessaires. D'abord, qu'entendons-nous par « un nombre macroscopique de particules » ? Si le nombre total de bosons du système est N – de l'ordre du nombre d'Avogadro –, alors $N/10$, ou $N/3$, ou $N/2$... de ces bosons s'entassent dans l'état fondamental individuel. Mais est-ce si extraordinaire ? Pas seulement extraordinaire, mais quasiment fabuleux [1] ! Dans un gaz [2] de bosons normal, c'est-à-dire au-dessus de la température de Bose, le nombre de particules par état individuel est plutôt de l'ordre de 1 ; on veut dire par là que, s'il atteint 10 pour un état particulier, il s'agira de l'effet d'une fluctuation tout à fait exceptionnelle, qui s'effacera à peine survenue.

Ensuite, *pourquoi* un nombre macroscopique de bosons se « condensent »-ils – selon l'expression consacrée par l'usage – dans l'état fondamental individuel lorsque la température du système se situe au-dessous de la température de Bose ? Difficile de donner ici à cette question une réponse vraiment convaincante. Le fait est que *tous les physiciens* qui ont examiné la situation d'un gaz de bosons à basse température ont abouti au *même résultat*, celui que, les premiers, S. Bose et A. Einstein ont annoncé il y a presque soixante-dix ans. Nous nous contenterons plus modestement de placer quelques jalons. Voici le repère central : si l'on parvenait à température nulle, *tous les bosons* du système devraient s'accumuler dans l'état fondamental individuel [3]. Il est donc plausible que, la température s'abaissant, les bosons commencent à se regrouper dans l'état individuel où ils doivent finalement s'entasser. Il s'ensuit que le nombre des particules

---

1. Voir *infra*, p. 269 où sont développées quelques applications physiques de ce phénomène.

2. Nous disons « gaz » pour nous référer plus explicitement au fait que les bosons étudiés sont indépendants. Dans ce contexte, « ensemble », « système » et « gaz » sont synonymes.

3. Ce serait la seule manière offerte au système pour atteindre l'énergie la plus basse qui lui soit accessible – et qui doit être la sienne au zéro absolu – puisque aucun principe de Pauli, ni contrainte analogue, n'interdit cette configuration.

ainsi « condensées » croît lorsque la température du système décroît. Le second aspect crucial du phénomène, pour quoi je ne puis offrir ici d'explication simple, est que les bosons condensés tombent *directement dans l'état fondamental individuel*, sans que les autres états individuels, même voisins du précédent, voient leur population exploser de cette manière.

LA CONDENSATION DE BOSE

Résumons-nous. La température de Bose marque la frontière entre deux domaines bien distincts, où le comportement du gaz de bosons identiques et indépendants change de façon qualitative. *Au-dessus de la température de Bose*, le gaz se conduit de façon normale ; il est certes différent d'un gaz de fermions – ce ne sont pas les mêmes fonctions caractéristiques qui les décrivent l'un et l'autre – mais n'en ressort aucun trait distinctif qui mériterait d'être mentionné ; en particulier, le nombre de particules occupant un état individuel donné peut ici être supérieur à un – alors que c'était interdit lorsqu'il s'agissait de fermions –, mais ce nombre n'excède que très rarement quelques unités. *Au-dessous de la température de Bose*, le gaz de bosons identiques et indépendants est constitué de la juxtaposition – non ! l'interpénétration – de deux composants dont les propriétés sont totalement distinctes : citons en premier le *condensat*, qui regroupe les particules, en nombre macroscopique – voilà une nouveauté intéressante ! – occupant l'état fondamental individuel ; vient ensuite un fluide normal, aussi normal que peut l'être l'ensemble du gaz au-dessus de la température de Bose. Ces deux fluides s'interpénètrent, avons-nous annoncé. En réalité, leur relation est encore plus étroite que cela : les bosons constituant le système sont identiques, et c'est leur *indiscernabilité* qui est responsable, à travers le postulat de symétrisation que pose la mécanique quantique, de la formation du condensat ; mais on est en droit d'imaginer que ces bosons identiques s'échangent entre eux sans trêve ni repos, et en particulier qu'ils quittent constamment le condensat pour le gaz normal, alors que d'autres font le chemin inverse.

Ce phénomène, celui qui se produit lorsque la température du système passe au-dessous de la température de Bose, est appelé la *condensation de Bose*. Un de ses aspects les plus importants, parce que le plus nouveau, est qu'il amène un *nombre macroscopique* de particules identiques à se retrouver dans le *même état quantique* (l'état fondamental individuel). Les conséquences les plus immédiates sont déjà surprenantes : *le condensat ne contribue ni à l'énergie ni à l'entropie du système*. Pour l'énergie, rien d'étonnant, puisque les particules du condensat se trouvent toutes dans l'état individuel d'énergie nulle. Pour l'entropie, on peut le comprendre à partir de la formule de Boltzmann que nous avons écrite et commentée plus haut[1]; le nombre d'états microscopiques possibles du condensat se réduit à 1, puisque l'état individuel de chacune de ses particules est exactement déterminé (c'est, pour toutes, l'état fondamental individuel); le logarithme d'un produit est la somme des logarithmes des facteurs; comme le logarithme de 1 vaut zéro, la contribution du condensat à l'entropie est également nulle.

---

1. Voir *supra*, p. 230.

Chapitre IV

LES FERMIONS ET LE PRINCIPE D'EXCLUSION

Étoile, où t'en vas-tu dans cette nuit immense ?
Cherches-tu sur la rive un lit dans les roseaux ?
Ou t'en vas-tu, si belle, à l'heure du silence,
Tomber comme une perle au sein profond des eaux ?
Ah ! si tu dois mourir, bel astre, et si ta tête
Va dans la vaste mer plonger ses blonds cheveux,
Avant de nous quitter, un seul instant arrête ; –
Étoile de l'amour, ne descends pas des cieux !

Alfred de MUSSET,
« Le Saule »,
Premières poésies.

Je suis le Ténébreux, – le Veuf, – l'Inconsolé,
Le Prince d'Aquitaine à la Tour abolie.
Ma seule Étoile est morte, – et mon luth constellé
Porte le Soleil Noir de la Mélancolie.

Dans la nuit du Tombeau, Toi qui m'as consolé,
Rends-moi le Pausilippe et la mer d'Italie,
La fleur qui plaisait tant à mon cœur désolé,
Et la treille où le Pampre à la Rose s'allie.

Suis-je Amour ou Phébus ?... Lusignan ou Biron ?
Mon front est rouge encor du baiser de la Reine ;
J'ai rêvé dans la Grotte où nage la Syrène...

Et j'ai deux fois vainqueur traversé l'Achéron :
Modulant tour à tour sur la lyre d'Orphée
Les soupirs de la Sainte et les cris de la Fée.

Gérard de NERVAL,
El desdichado.

Conducteurs, isolants, semi-conducteurs

LA STRUCTURE EN BANDES DES ÉLECTRONS DANS LES SOLIDES

L'électron est un constituant universel de la matière. Pourtant, nous allons nous limiter aux solides, plus précisément aux solides cristallins [1]. Un cristal présente une *structure régulière* : les atomes qui le forment – si ce sont des atomes... nous verrons – sont rangés les uns à côté des autres, dans un ordre qui se reproduit périodiquement, immuable et stéréotypé. Cet assemblage organisé construit des polyèdres dont la nature et la forme dépendent, évidemment, de l'espèce examinée. Les électrons qui se promènent dans une telle structure ordonnée – si tant est qu'ils s'y promènent... nous verrons aussi –, voient des ions régulièrement disposés : ces électrons promeneurs ont quitté chacun l'atome auquel ils appartenaient ; en conséquence, les atomes se sont convertis en *ions*, chargés positivement (puisque les électrons ont emmené leur charge négative). *A priori*, les électrons doivent interagir entre eux : ils ont tous même charge électrique, et des charges de même signe se repoussent. Cependant, les électrons sont si nombreux qu'il n'est pas possible, ni d'ailleurs nécessaire, de les considérer deux par deux ; il est préférable – ce qui s'avère dans ce cas une excellente approximation – d'imaginer que chaque électron perçoit l'ensemble de ses congénères comme une sorte de brouillard ou de nuage, et non pas comme une collection de points chargés ; autrement dit, un électron déterminé est plongé dans une distribution continue de charge, due aux autres électrons ; il est soumis en outre à l'action du réseau des ions, qui porte une charge électrique de signe contraire à la précédente. Globalement, d'ailleurs, ces deux charges opposées s'équilibrent presque parfaitement : le solide cristallin que nous examinons est neutre en bloc.

---

1. Même s'ils ne forment pas des cristaux spectaculaires, comme le font le quartz (cristal de roche), le spath d'Islande et le diamant ou autres rubis, les solides n'en sont pas moins, le plus souvent, constitués de microcristaux agglomérés les uns aux autres. C'est le cas des métaux, en particulier, mais aussi des autres corps que nous allons mentionner.

En fin de compte on traite, en première approximation, les électrons d'un cristal comme des particules *indépendantes* ; ils ne s'ignorent pas vraiment les uns les autres, mais chacun d'eux ne voit le restant, répétons-le, que sous forme d'un nuage de charge, indifférencié et global. Un électron spécifié, lorsqu'on étudie son mouvement, est soumis à des forces (attractives) provenant des ions qui construisent le cristal [1], « écrantés », comme on dit couramment, par la nuée à laquelle s'assimilent les autres électrons : celle-ci est attirée par les ions, de charge opposée (positive) ; cette attraction, en retour, amène autour de chaque ion un brouillard de charge négative, le faisant apparaître, à certaine distance, comme moins fortement positif qu'il n'est vu de près ; voilà ce qu'est l'*écrantage*. Il s'établit bientôt une espèce d'accommodement entre ces tendances divergentes, qui plonge notre électron – ou, chacun à leur tour, tous les électrons indépendants – dans un système de forces reproduisant la périodicité [2] du réseau cristallin.

Mais évidemment, à cette échelle, c'est la mécanique quantique qui régit les phénomènes. L'étude d'un électron unique, indépendant des autres, dans ces interactions périodiques, va nous fournir la série d'*états individuels* du système d'électrons indépendants qui nous intéresse, et l'*énergie individuelle* associée à chacun de ces états. Nous pourrons ensuite appliquer la méthode simple que nous avons décrite au chapitre précédent [3].

En recherchant les états individuels, on découvre que les énergies qui leur correspondent se répartissent en *bandes* ; il serait probablement plus compréhensible de parler d'intervalles, ou de plages, d'énergie. Mais comme l'usage s'est établi de porter sur un graphique l'énergie (individuelle) en fonction d'un paramètre repérant l'état individuel, la figure dessine vraiment des bandes : à une valeur de l'énergie qui se situerait dans une *bande*

---

1. La masse d'un ion est beaucoup plus grande (100 000 fois plus grande, couramment) que celle d'un électron. En outre, les ions sont fortement liés au réseau cristallin, chacun au site qui lui revient. Donc, ignorer les mouvements possibles des ions pour concentrer son attention sur ceux des électrons – ici, nous ne faisons rien d'autre – reste très proche de la réalité.

2. On applique le qualificatif « périodique » à tout phénomène qui se reproduit, identique à lui-même, soit dans le temps – ce n'est pas le cas ici – soit dans l'espace. Un peu comme un papier peint à motifs, mais dans l'espace à trois dimensions au lieu de rester à plat.

3. Voir *supra*, p. 244.

interdite ne pourrait correspondre *aucun état individuel*; au contraire, les *bandes permises* regroupent les énergies qui peuvent être réalisées par *un (ou plusieurs) état individuel.*

PROPRIÉTÉS ÉLECTRIQUES DES SOLIDES

C'est dans ce contexte qu'il faut mettre en œuvre la méthode générale donnant l'état du système (des électrons), à température nulle, à partir de la succession des états individuels possibles. Lorsqu'on réalise concrètement cette opération, on s'aperçoit que les corps solides se divisent en *deux classes distinctes*. Dans ceux qui appartiennent à la première catégorie, le niveau de Fermi – rappelez-vous : le niveau de Fermi est l'énergie individuelle la plus élevée que l'on atteint dans ce processus de construction de l'état du système à température nulle – *le niveau de Fermi*, donc, *vient se placer en plein milieu d'une bande permise*; il existe par conséquent des états individuels, certes vides à température nulle, tout proches cependant de ceux qui sont occupés. Appliquons maintenant à ce corps un champ électrique : cela signifie tout simplement que nous branchons sur l'échantillon qui nous importe un générateur électrique, pile ou batterie par exemple. Cette intervention le perturbe, essentiellement, pour ce qui nous intéresse, en altérant la distribution des états individuels occupés, mais très faiblement somme toute : les électrons qui se trouvaient dans des états individuels dont l'énergie avoisinait le niveau de Fermi – en restant toutefois légèrement inférieure, à température nulle – acquièrent sous l'effet du champ électrique une vitesse d'entraînement dans la direction de ce champ; celui-ci a donc engendré un *courant électrique*. Les solides de cette espèce sont ainsi des *conducteurs*; on nomme *bande de conduction* la bande d'énergie remplie seulement en partie à température nulle. Or souvenons-nous : la température de Fermi des électrons de conduction d'un métal se monte à plusieurs dizaines de milliers de kelvins [1]; l'approximation de température nulle est plus que suffisante dans les conditions de fonctionnement normales du conducteur.

Dans un matériau solide de la deuxième sorte, au contraire, le niveau de Fermi coïncide avec la limite placée au sommet

---

1. *Ibid.*

d'une bande permise; celle-ci est appelée *bande de valence*. Les énergies juste supérieures au niveau de Fermi appartiennent par conséquent à une bande interdite, celle qui borne, en dessus, la bande de valence; aucun état individuel ne peut donc être atteint qui correspondrait à une telle énergie. Le corps solide dont il s'agit alors est un *isolant* : il n'est pas possible de mettre en mouvement ses électrons en lui appliquant un champ électrique.

La distinction entre conducteurs et isolants est stricte à température nulle. Il existe pourtant quelques corps, dits *semi-conducteurs*, qui ont comme l'indique leur nom un comportement intermédiaire. Il est facile de comprendre qualitativement pourquoi on rencontre de tels corps. À température nulle, un semi-conducteur est véritablement un *isolant*, dans le sens même que nous avons présenté de ce terme : la bande de valence est pleine, le niveau de Fermi coïncidant avec sa frontière supérieure. Mais il est des cas où la bande interdite qui limite la bande de valence par en haut est étroite, de sorte qu'une nouvelle bande permise se présente au-dessus, presque aussitôt après la bande de valence. À température non nulle [1], quelques électrons franchissent la bande interdite étroite, dont la largeur est appelée par tout le monde, en franglais, le « gap » du semi-conducteur. Les électrons, en petit nombre, qui ont enjambé le gap se retrouvent donc dans la bande permise supérieure, initialement vide; ils ne remplissent pas, bien sûr, cette *bande de conduction* où ils sont parvenus, et peuvent être mis en mouvement par un champ électrique. Le matériau conduit par conséquent le courant électrique, mais seulement par une faible fraction de ses électrons; d'où le nom de semi-conducteur. Sa conductivité croît très rapidement avec la température; en effet, les électrons susceptibles de conduire le courant sont ceux qui ont atteint la bande de conduction [2], et leur nombre se comporte de façon explosive lorsque la température augmente (cela découle immédiatement de la distribution de Fermi [3]).

---

1. Nous n'avons pas explicité la distribution, à température non nulle, d'un ensemble d'électrons indépendants sur une série d'états individuels; mais elle est évidemment connue : on l'appelle « distribution de Fermi ».

2. Il existe un autre type de semi-conducteurs, dits extrinsèques, par opposition à ceux que nous décrivons ici et qui sont qualifiés d'intrinsèques. Un semi-conducteur extrinsèque fonctionne grâce à des impuretés, c'est-à-dire grâce à des atomes d'espèce différente de ceux qui constituent le réseau cristallin.

3. Voir note 1.

Naines blanches

Dans l'Univers – au stade actuel de son évolution, tout au moins –, ce sont les forces gravitationnelles qui mènent la danse. Or, les *forces gravitationnelles* sont obstinément, opiniâtrement *attractives*, ce qui contrôle le comportement des objets célestes et conditionne bon nombre d'événements.

LA VIE D'UNE ÉTOILE

Examinons ce qui se passe dans une étoile, dont notre Soleil est un bon exemple, par sa masse et son âge, et par les phénomènes qui s'y déroulent.

Une étoile se forme à partir de nuages de gaz initialement disséminés dans l'espace, et dont les particules se regroupent sous l'effet de leur attraction gravitationnelle mutuelle. Cette attraction tend à les rapprocher de plus en plus et en viendrait à les écraser les unes sur les autres si d'autres processus physiques n'apparaissaient pour la contrecarrer, en mettant en jeu des forces répulsives qui préviennent l'implosion. Pour une étoile dite « normale » comme le Soleil, la pression et la température atteignent, dans sa région centrale – par suite de la compression que provoquent les forces gravitationnelles – des valeurs suffisamment élevées pour que s'allument des réactions de *fusion nucléaire* à partir de l'hydrogène, constituant principal de l'étoile. Ces réactions nucléaires dégagent une énorme quantité d'énergie. Ce ne sont pas celles qui entrent en action dans la bombe A ni dans les centrales nucléaires actuelles [1] ; elles s'apparentent plutôt à la bombe H, avec cependant

---

1. Je ne saurais évoquer les bombes nucléaires sans en dire quelques mots, par exemple qu'Albert Einstein tenta, en 1945, tout ce qui était en son pouvoir pour éviter que la première bombe A ne soit larguée : il écrivit personnellement au président des États-Unis pour lui représenter le pouvoir de destruction colossal de cet engin. Pourtant, en 1939, il avait été de ceux, physiciens de talent qui foulaient le sol des États-Unis – qu'ils y fussent nés ou qu'ils y aient, comme lui, trouvé asile devant la montée du fascisme en Europe – qui s'étaient déjà adressés au président Roosevelt pour l'adjurer de lancer une recherche intensive en vue de la fabrication d'une bombe atomique. C'est qu'il était connu que les Allemands s'y occupaient activement – avec W. Heisenberg, notamment –, et qu'il était vital de gagner la course.

la différence essentielle qu'elles n'acquièrent pas, dans les étoiles, un caractère explosif. Leur effet tend à dilater l'astre, alors que les forces gravitationnelles voudraient au contraire le contracter. Il s'établit alors une espèce de compromis qui stabilise l'étoile, pas dans un véritable état d'équilibre (voir ci-dessous), mais dans une condition provisoire qui dure environ dix milliards d'années. Par parenthèse, notre Soleil n'inspire aucune inquiétude à court terme : il se situe actuellement à peu près au milieu de sa vie [1], de sorte qu'il devrait nous éclairer et nous réchauffer pendant 5 milliards d'années encore.

UNE MORT TRÈS DOUCE

Mais ce qui nous intéresse ici au premier chef, c'est précisément la fin de cette vie d'étoile. Masochisme, penserez-vous, en faisant à nouveau référence au Soleil. Point du tout. De telles morts d'étoiles sont événements courants, si l'on en juge par les cadavres qu'elles laissent et dont certains peuvent être observés par les astronomes, dans notre Galaxie ou dans des galaxies extérieures. On a jusqu'à présent identifié des dizaines de millions de galaxies, avec la certitude que bien d'autres viendront bientôt s'y ajouter, grâce aux grands télescopes construits ou en construction, et grâce à ceux qui sont emportés au-delà de l'atmosphère par des satellites, tel celui, dédié à Hubble [2], qui a été lancé récemment.

La mort la plus douce, pour une étoile, est sa conversion en *naine blanche*. Le processus – la mort clinique – est déclenché par l'épuisement du combustible nucléaire qui jusque-là entretenait la vie de l'étoile. N'étant plus compensée, l'attraction gravitationnelle provoque l'effondrement de l'astre sur lui-même.

---

1. « Nel mezzo del cammin di nostra vita... », Dante Alighieri, *La Divine Comédie*.

2. Edwin Powell Hubble (1889-1953), astrophysicien américain, fut le premier à établir, par l'observation (1923), l'existence de systèmes stellaires extérieurs à la Voie lactée, c'est-à-dire la présence de galaxies situées hors de la nôtre (qui est précisément la Voie lactée). Ensuite, se fondant sur le décalage vers le rouge des raies lumineuses émises par ces galaxies extérieures, il formula une loi empirique, qui porte son nom, selon laquelle les galaxies s'éloignent les unes des autres à une vitesse proportionnelle à leur distance (1929). Cette loi de Hubble est l'un des piliers de la théorie de l'expansion de l'Univers.

Comme les forces gravitationnelles persévèrent sans faille dans leur qualité attractive, l'effondrement se poursuivra inexorablement, sauf si de nouveaux processus physiques se produisent dans l'astre – processus que la contraction contribue d'ailleurs à faire naître ou à renforcer – qui peuvent créer une pression d'expansion capable de contrebalancer la compression gravitationnelle.

C'est là qu'intervient un de nos gaz de fermions identiques et sa pression quantique[1] : en l'occurrence, un gaz d'électrons (les électrons, nous l'avons dit, sont des fermions). Les températures atteintes dans la dépouille de l'étoile restent du même ordre que celles qui y régnaient avant sa mort. Elles sont considérables : 10^7 kelvins environ. Mais les densités particulaires (nombre de particules par unité de volume) croissent considérablement au cours de la contraction, de sorte que *l'approximation de température nulle* – que nous avons seule décrite – *est applicable* au gaz d'électrons : la température de Fermi qui le caractérise est de l'ordre de 5×10^9 kelvins ; à cette échelle, la température que nous venons de citer est effectivement négligeable (par un facteur de 500, environ), et nous pourrons raisonner comme si elle était nulle. On peut s'étonner, voire s'indigner, que des températures de dix millions de kelvins, qui paraissent colossales, soient cavalièrement traitées comme si elles étaient nulles. Mais c'est ça la physique : grand par rapport à quoi, petit par rapport à quoi, ou de l'ordre de quoi ? doit-on se demander sans cesse lorsqu'on analyse un problème nouveau. Ici, nous l'avons dit, c'est à 5×10^9 kelvins qu'il faut comparer la température de l'étoile lorsqu'on s'intéresse au gaz d'électrons. Pour d'autres phénomènes susceptibles d'apparaître dans cette même étoile, interviendront sans doute d'autres températures caractéristiques, qui s'avéreront peut-être inférieures à celle-ci. Mais ce que nous faisons ici n'a rien d'un artifice : *dans la réalité*, le gaz d'électrons d'une naine blanche est comme on dit « totalement dégénéré », c'est-à-dire que son état est effectivement celui de température nulle, que nous avons décrit précédemment.

Il n'est pas difficile de calculer la pression quantique de

---

1. Voir *supra*, p. 246.

ce gaz d'électrons. Évidemment, elle doit être comparée à celle qu'exercent, en sens inverse, les forces gravitationnelles, qu'il faudrait équilibrer. L'une et l'autre dépendent de la masse totale de l'astre. On constate alors que *le gaz d'électrons ne peut compenser l'attraction gravitationnelle que si la masse de l'étoile est inférieure à une fois et demie celle du Soleil*[1]. C'est ce qu'on appelle la *limite de Chandrasekhar*, du nom de l'astrophysicien américain d'origine indienne (né en 1910) qui a le premier énoncé cette condition, à partir de considérations théoriques, évidemment. Donc, lorsque la masse de l'étoile qui meurt et se contracte est inférieure à la limite de Chandrasekhar (qui vaut plus précisément 1,4 fois la masse du Soleil), l'équilibre peut s'établir, et il donne naissance à une naine blanche. Typiquement, la masse d'une naine blanche est par conséquent voisine de celle du Soleil (10^{30} kilogrammes) mais la contraction qu'elle a subie ne lui laisse qu'un rayon de l'ordre de celui de la Terre (disons 5 000 kilomètres); la masse volumique correspondante est donc énorme : environ 5 tonnes par centimètre cube, soit 5 millions de fois celle de l'eau (la masse volumique moyenne de notre bonne vieille Terre dépasse à peine 5 fois celle de l'eau). Bien entendu, plus aucune réaction nucléaire dans une naine blanche, par manque de combustible (principalement l'hydrogène).

En réalité[2], les étoiles qui vont périr comme naines blanches ont, dans leur jeunesse, une masse bien plus élevée que la limite de Chandrasekhar, pouvant atteindre huit ou jusqu'à neuf fois la masse du Soleil. C'est que, au cours de leur vie, elles perdent 60 à 80 % de leur substance, par un phénomène que l'on nomme le

---

1. Pour qu'on puisse véritablement mesurer la masse d'un astre, il faut qu'il fasse partie d'un système binaire, c'est-à-dire qu'il soit accompagné d'un « compagnon » proche; on peut alors – et dans ce cas seulement – déduire des observations les masses de ces deux astres couplés. Sur 200 étoiles doubles que l'on a recensées, on a ainsi trouvé que leur masse (individuelle) s'étage, si l'on choisit la masse du Soleil comme unité, entre 6 centièmes et 60. L'éventail de valeurs est donc assez large (il s'étale sur un facteur 1 000); il reste pourtant très raisonnable, lorsqu'on le compare à ceux qu'affichent couramment les observations astronomiques d'autres grandeurs, les distances par exemple.

2. Je tiens ces précisions de Robert Mochkovich.

vent stellaire [1] ; cette matière expulsée par les étoiles compose les *nébuleuses planétaires*. Les astrophysiciens utilisent volontiers une *formule empirique* qui permet d'évaluer la masse M_b de la naine blanche à laquelle va aboutir une étoile de masse initiale M (la masse du Soleil étant prise comme unité) :

$$M_b = 0,45 + 0,1\ M\ (M_b \geq 1,4).$$

On notera que la limite de Chandrasekhar (indiquée entre parenthèses) ne peut être satisfaite que si la masse M de l'étoile est inférieure à 9 masses solaires. Si on l'applique à notre Soleil, cette formule indique que dans cinq milliards d'années, lorsqu'il prendra sa retraite, il se démettra de ses fonctions après avoir perdu 45 % de sa masse.

Étoiles à neutrons

On voit apparaître de temps en temps dans le ciel des étoiles nouvelles, qu'on a pour cela nommées « nova » en latin (*novæ* au pluriel). En réalité, on a compris depuis assez longtemps qu'il ne s'agit pas d'astres vraiment nouveaux, mais plutôt d'étoiles préexistantes dont l'éclat augmente, en deux ou trois jours, jusqu'à atteindre plusieurs milliers ou plusieurs dizaines de milliers de fois sa valeur initiale, avant de décroître à nouveau, en quelques semaines.

LE CHANT DU CYGNE

Les événements qui vont nous occuper ici sont encore plus spectaculaires, mais aussi plus rares : on leur donne le nom de

---

1. Le vent stellaire – c'est évidemment le vent solaire que l'on connaît le mieux – est un flux de particules, principalement des électrons et des protons qui, s'ils se liaient, reconstitueraient des atomes d'hydrogène. Ces particules, chargées électriquement, sont guidées par les champs magnétiques de l'étoile dans leur fuite vers le milieu interstellaire ; fuite éperdue, puisque les vitesses sont couramment de quelques milliers de kilomètres par seconde. Cet écoulement de matière est activé de temps à autre, en fortes bouffées rapides, par les éruptions qui jaillissent ici ou là à la surface de l'étoile.

supernovæ et on estime qu'il s'en produit en moyenne, dans une galaxie, un par siècle. L'étoile concernée est plus lourde : une dizaine de fois, au moins, la masse du Soleil.

Il faut encore prendre en compte l'épuisement du combustible nucléaire qui jusque-là maintenait l'étoile en vie. Toutefois, sa masse est ici plus considérable, et l'auto-attraction énorme qui en résulte crée en son sein des conditions (température et pression) beaucoup plus rudes. En premier lieu, tout l'hydrogène disponible, puis l'hélium à son tour, ont brûlé pour donner du carbone et de l'oxygène, principalement. C'est à ce stade que s'arrêtait l'activité dans une naine blanche. Mais dans ce cas-ci la température est suffisante pour que la combustion nucléaire se poursuive : le carbone et l'oxygène sont à leur tour sollicités pour former du fer. Le noyau atomique du fer, en effet, qui regroupe 56 nucléons (26 protons et 30 neutrons), est, parmi tous les éléments chimiques, celui dont la cohésion est la plus forte : l'énergie qu'il faut dépenser pour lui arracher un nucléon dépasse nettement celle qu'exige n'importe quel autre élément. C'est pourquoi les réactions nucléaires qui se produisent dans les étoiles, même massives, s'arrêtent en règle générale au fer.

Ainsi, dans les astres que nous étudions ici, se constitue progressivement, par accumulation, un cœur de fer. Non pas – pas plus qu'il n'y avait, dans les naines blanches, des atomes de carbone ou d'oxygène – des atomes de fer, mais bien des noyaux de fer baignant dans un gaz d'électrons délocalisés. Qui plus est, le gaz d'électrons est *dégénéré*, c'est-à-dire que sa température est considérablement plus basse que la température de Fermi correspondant à ses caractéristiques ; en d'autres termes, il se trouve dans la configuration de température nulle. C'est donc sa pression quantique qui soutient le cœur de fer de l'étoile. La masse de ce cœur s'accroît graduellement, au fur et à mesure que progressent les réactions nucléaires consommant le carbone et les éléments voisins et rejetant du fer. Et, tout à coup, survient la catastrophe : la masse du cœur de fer va franchir la limite de Chandrasekhar ! La pression quantique du gaz d'électrons dégénéré est brusquement débordée par l'attraction gravitationnelle, et *le cœur s'effondre sur lui-même*. Par un effet de rebond, les couches périphériques de l'étoile – toute la matière extérieure au cœur, en réalité – sont violemment éjectées, à très grande vitesse (plusieurs milliers de kilomètres par seconde). Ce cataclysme s'accompagne d'une *augmentation démesurée de la luminosité* de l'objet, luminosité qui peut atteindre 10 milliards de fois celle du Soleil !

La dernière supernova qu'il nous ait été donné de voir de près est apparue en 1987, dans l'hémisphère Sud. Le 24 février de cette année-là, un jeune astronome américain, Ian Shelton, se trouvait au Chili, à l'observatoire de Las Campanas, pour un séjour de travail, de routine pourrait-on dire. Il était sorti, cette nuit-là, pour se dégourdir les jambes (les astronomes travaillent la nuit, on le comprendra...). Il leva les yeux vers le ciel, qu'il connaissait bien, évidemment, mais qu'il trouvait d'autant plus admirable... Et voilà que, lorsque son regard se porta vers la région – bien connue – que l'on nomme le Grand Nuage de Magellan, il y vit soudain une étoile éclatante et inconnue, qui brillait autant et plus que les plus brillantes étoiles de tout le ciel ! On devinera sa joie mêlée de fébrilité et peut-être d'angoisse, celle qui accompagne toujours une grande découverte inattendue, celle de l'archéologue mettant à jour quelque grotte préhistorique insoupçonnée, ou celle du physicien parvenant pour la première fois à liquéfier un gaz réputé jusque-là « permanent »...

On se demandera peut-être par quel concours de circonstances Ian Shelton, Américain des États-Unis, se trouvait au Chili le 24 février 1987. Je sais bien, c'était pour travailler à l'observatoire de Las Campanas (« Les Cloches », si l'on veut traduire). Mais pourquoi là ?... En premier lieu, point n'est besoin d'être grand clerc pour savoir, ou pour deviner, que les grands observatoires astronomiques se sont d'abord implantés dans l'hémisphère Nord (Europe, États-Unis, Union soviétique). Les astronomes ont très tôt ressenti le besoin, pour compléter leurs observations, de se transporter aussi dans l'hémisphère Sud [1], où ils voulaient scruter tout particulièrement les Nuages de Magellan (prémonition ?). Ainsi se nomment deux petites galaxies visibles à l'œil nu, que Magellan fut effectivement le premier à signaler (1519), et qui sont des satellites de notre propre Galaxie (la Voie lactée). Ce sont les galaxies les plus proches de nous, à 170 000 années-lumière pour le Grand Nuage de Magellan, et

---

1. N'en déplaise à José Maria de Heredia (*cf. supra*, p. 37), les compagnons de Christophe Colomb ne découvrirent aucune « étoile nouvelle », puisqu'ils naviguaient essentiellement d'est en ouest, sans franchir l'Équateur. Mais le vers est beau, suggestif, et l'on serait mal venu de le contester.

200 000 années-lumière pour le Petit Nuage. J'entends bien : d'accord pour l'hémisphère austral, mais le Chili ? On envisagea d'abord l'Australie, puis l'Afrique du Sud... Mais le site chilien emporta les suffrages pour ses multiples avantages. Le Chili évoque chez chacun d'entre nous une image assez fidèle, « cette folle géographie » chantée par Pablo Neruda, qui ajoutait : « Nuit, neige et sable modèlent la forme/de ma svelte patrie [1]. » Et la nuit, la neige et le sable ont conquis les astronomes : une météorologie particulièrement favorable, dans le nord du pays, un air très sec grâce au désert d'Atacama (le sable), offrent des nuits très claires ; et la neige de l'altitude n'est jamais trop éloignée de petits centres urbains pouvant accueillir l'infrastructure technique nécessaire au fonctionnement d'un grand observatoire. Que dis-je « un observatoire » ? Ils sont actuellement trois, auxquels on accède, par une navette spéciale, à partir de La Serena, ville au nom prédestiné (« La Sereine ») que l'on gagne en autocar depuis Santiago (doté évidemment d'un aéroport international) : outre Las Campanas, les Américains ont aménagé le Cerro Tololo [2] ; les Européens n'ont pas été en reste puisque, dans le cadre de l'ESO (European Southern Observatory), ils ont construit un observatoire à La Silla (« La Chaise »), dans les Andes, à 2 400 mètres d'altitude. Mais cela ne saurait s'arrêter là : un quatrième complexe astronomique est en construction au Cerro Paranal, où devraient être mises en œuvre les nouvelles techniques d'observation (« optique adaptative »).

Nous avions donc eu la chance qu'une supernova éclate, pas vraiment dans notre Galaxie, mais tout près d'elle, dans sa banlieue immédiate, à seulement 170 000 années-lumière [3]. Cette supernova de 1987 put être observée en détail et étudiée à loisir. Dans notre Galaxie même sont apparues, au cours des siècles, plusieurs supernovæ dont les historiens, voire les chroniqueurs ou même les légendes, nous ont transmis le souvenir. Il en reste aussi, le plus souvent, des traces observables de nos jours. Ainsi la nébuleuse du Crabe, dans la constellation du Taureau, est le résidu (à un détail près qui nous intéressera plus particulière-

---

1. « Noche, nieve y arena hacen la forma/de mi delgada patria », Pablo Neruda, *Canto General*.

2. « Cerro » signifie « colline » ; mais à l'échelle des Andes...

3. Le Soleil, et donc la Terre, ont une position excentrée dans la Galaxie : ils se situent à peu près au troisième quart d'un rayon du disque galactique, donc assez près du bord (1/4 de rayon).

ment) d'une supernova qui apparut en 1054 ; son intensité lumineuse était telle qu'on pouvait la voir en plein jour [1]. Suivit beaucoup plus tard, en 1572, « l'étoile nouvelle » observée par Tycho Brahe dans la constellation de Cassiopée et qui fournit à Galilée le prétexte d'un débat intéressant, dans ses *Dialogues* [2]. Enfin la supernova de 1604, dans la constellation d'Ophiucus, fut signalée et décrite tant par Kepler que par Galilée. Bien entendu, des phénomènes de supernovæ se produisent aussi dans les galaxies extérieures à la nôtre. C'était le cas de la supernova de 1987, mais sa proximité la rendait particulièrement intéressante. Lorsqu'une supernova explose dans une galaxie plus lointaine – événement courant : nous avons dit une par siècle et par galaxie, mais nous avons dit aussi plusieurs millions de galaxies... –, il n'est pas rare que la supernova devienne aussi lumineuse que l'ensemble de la galaxie qui l'abrite. La plus brillante des supernovæ, de mémoire d'homme, date de l'an 1006 : des récits chinois évoquent une étoile dont l'éclat était comparable à celui de la lune et qui persista plusieurs semaines dans le ciel.

PAS DE REPOS POUR LES ÉTOILES

Nous étions partis, souvenez-vous, d'une étoile de grande masse (plus de dix fois celle du Soleil). L'explosion cataclysmique qui en a fait une supernova éjecte, à des vitesses considérables (plusieurs milliers de kilomètres par seconde), une grande partie de cette masse, qui était portée par les couches externes de l'astre. Au bout de quelques mois, cependant, l'événement apocalyptique et spectaculaire s'est assagi. Le résidu de la supernova, c'est-à-dire les couches externes qui ont été expulsées, peuvent être observées sous forme d'une *nébuleuse*, en expansion certes, mais à des vitesses plus raisonnables que celles

---

1. Pourtant, seules les chroniques japonaises et chinoises mentionnent l'observation de cette supernova. Nos ancêtres ne regardaient-ils qu'à leurs pieds, ou étaient-ils encore, cinquante ans après, terrorisés par la fin du monde qu'ils avaient attendue pour l'an mil ?

2. Galilée publie en 1632 son Dialogue (*Dialogo sopra i due massimi sistemi del mondo tolemaico e copernicano*). Il y développe ses vues scientifiques sur des sujets divers mais tous fondamentaux. La forme choisie est effectivement celle d'une conversation entre trois personnages.

que nous venons de citer. Et l'astre lui-même – ou ce qu'il en reste – qu'est-il devenu [1] ?

Le gaz d'électrons, nous le savons, a été débordé par l'attraction gravitationnelle, de sorte qu'une stabilisation sous forme de naine blanche est exclue (voir section précédente). La contraction, qui s'est poursuivie, ne pourra être stoppée que si un nouveau processus apparaît, capable de lui tenir tête. Or, un tel processus se manifeste effectivement, fondé sur la pression quantique d'un gaz de neutrons. Contentons-nous d'une explication qualitative et un tant soit peu approximative. Le reste de la supernova, son noyau en quelque sorte, est globalement neutre du point de vue électrique : s'il contient des électrons (chargés négativement), il contient aussi des protons (chargés positivement), et en nombre égal, puisque la charge de chaque électron est exactement opposée à celle de chaque proton. Les protons, pour sûr, sont liés, avec des neutrons, dans des noyaux : n'avons-nous pas dit que le combustible nucléaire – hydrogène (un proton unique et seul) et peut-être deutérium (un proton et un neutron) ou même hélium (2 protons et 2 neutrons) – avait été épuisé juste avant l'explosion ? Il faut donc croire que les protons n'apparaissent pas isolés, mais enfouis dans des noyaux atomiques, véritables déchets (nucléaires) qu'a légués la vie antérieure de l'étoile. À ce propos, dans des volumes aussi réduits que ceux auxquels aboutit l'implosion de l'astre, électrons et noyaux n'ont pas la place de s'organiser en atomes ; ils sont en quelque sorte écrasés les uns sur les autres. Pire encore : la compression atteint un degré tel qu'électrons et noyaux ne peuvent même plus préserver leur individualité respective. Les noyaux, nous le savons, rassemblent des protons et des neutrons. En schématisant quelque peu, disons que chaque paire électron-proton fusionne en donnant un neutron supplémentaire, avec émission d'un neutrino, qui s'échappe sans difficulté de ce milieu pour le moins oppressant. On aboutit ainsi à *un gaz ne comprenant plus que des neutrons*. Or, les neutrons sont eux aussi des fermions, et des considérations analogues à celles que nous avons dévelop-

---

1. Il existe en fait deux sortes de supernovæ : les supernovæ de type I ont des causes un peu différentes de celles que nous avons exposées, et leur explosion les détruit totalement en tant qu'astres ; c'est aux supernovæ de type II que nous nous intéressons ici. La supernova de 1054 et celle de 1987 ont été clairement identifiées comme appartenant au type II.

pées pour les électrons leur sont applicables. Généralement – on verra plus loin ce qui devrait se passer dans le cas contraire – la masse résiduelle de l'astre (abstraction faite de celle de la nébuleuse qu'ont formée les couches superficielles) n'est pas si importante qu'elle puisse empêcher le gaz de neutrons de contrebalancer, par sa pression quantique, l'attraction pourtant énorme que développent maintenant les forces gravitationnelles. Dans cette *étoile à neutrons*, la masse est encore de l'ordre de celle du Soleil (entre une fois et demie et trois fois celle-ci, disons), mais le rayon n'est plus que de quelques kilomètres (disons dix) : la masse volumique y atteint dès lors des valeurs fantastiques, 100 millions de tonnes par centimètre cube, couramment, c'est-à-dire 10^{14} fois la masse volumique de l'eau !

Les étoiles à neutrons, telles que nous les avons décrites et telles qu'elles ont été prédites théoriquement, en 1934, avant d'être observées, apparaissent seulement comme des cadavres d'étoiles soumis à un compactage particulièrement efficace. Pourtant, en 1967, des astronomes britanniques de Cambridge détectèrent un objet très curieux : il émettait des bouffées brèves de rayonnement, dans le domaine des radiofréquences, et ces impulsions se répétaient avec une régularité de métronome, séparées par quelque 50 millisecondes. C'était le premier *pulsar*. On en connaît actuellement plus de 400, tous dans notre Galaxie. Leurs périodes s'étalent entre la milliseconde et deux ou trois secondes. Il apparut assez rapidement que les pulsars ne pouvaient être que des étoiles à neutrons : un tel phénomène répétitif était probablement provoqué par la rotation de l'astre sur lui-même ; mais alors une rotation si rapide exigeait que le rayon de l'objet fût très faible – sinon, le mouvement même des couches extérieures les aurait éjectées, par effet centrifuge ; enfin, l'intensité du rayonnement émis supposait une masse importante.

Voici comment comprendre simplement l'aspect pulsar d'une étoile à neutron. Lorsque l'étoile est étoile, avant l'explosion de la supernova, elle tourne sur elle-même – comme le fait même la Terre –, à une vitesse tout à fait raisonnable. Lorsqu'elle se contracte, sa vitesse de rotation augmente : elle reproduit le numéro qu'exécute un patineur lorsque, après s'être lancé à pivoter bras écartés, il les ramène progressivement le long de son corps, ce qui augmente sa vitesse de rotation jusqu'à la rendre vertigineuse. On dit en physique que c'est la *conservation du moment cinétique* qui permet ce genre de figure. Une étoile à neutrons, dont le moment cinétique est – par conservation, justement – celui de l'étoile originelle, tourne considérablement plus vite que celle-ci, parce que ses dimensions sont beaucoup plus réduites ; en analysant les ordres de grandeur, on constate effectivement que l'étoile à neutrons accomplit un tour complet en une fraction de seconde. Reste le processus d'émission, dont l'origine est plus difficile à préciser : une portion réduite – toujours la même – de la surface de l'astre envoie un rayonnement dans une direction fixe (par rapport à cet élément de surface), le reste de l'enveloppe restant inerte. C'est par suite en tournant que l'étoile à neutrons darde périodiquement vers nous, phare astronomique, une impulsion très brève d'énergie.

Il n'est pas rare d'observer un pulsar associé à une nébuleuse. On n'en sera pas surpris, puisque la nébuleuse provient alors des couches externes d'une étoile qui a explosé, et l'infatigable pulsar tente, par ses signaux stéréotypés et sans cesse répétés, de manifester en dépit de tout la présence d'un astre, et de conjurer l'oubli. C'est ainsi que, vestige de la supernova de 1054, la nébuleuse du Crabe abrite en son centre un pulsar, qui d'ailleurs – fait relativement rare – émet de la lumière visible et des rayons X, en sus des radiofréquences, plus traditionnelles. À noter que ces rayonnements divers nous parviennent tous ensemble, dans les mêmes impulsions qui se succèdent à intervalles réguliers. Et qu'en est-il des restes de la supernova apparue en 1987 ? On distingue effectivement bien l'enveloppe, plus dense évidemment que la nébuleuse du Crabe, puisqu'elle a disposé de moins de temps pour se raréfier par expansion. Au début, bien que certains s'y soient acharnés – en physique, il y a pratiquement toujours quelqu'un pour faire des choses que tous les autres jugent insensées –, il n'était pas question de capter les signaux du pulsar attendu, absorbés qu'ils auraient été de toute façon par cet environnement trop compact. Mais on estime que ces signaux caractéristiques auraient dû percer depuis deux ans environ. Or les radioastronomes scrutent, en vain jusqu'à présent, la région du ciel austral qui a vu apparaître la supernova. Les théoriciens se perdent en conjectures : la direction du pulsar phare se serait-elle écartée à jamais de la Terre [1] ? Et tous de continuer à chercher sans relâche...

TROUS NOIRS ?

Une dernière remarque. Lors de sa mort nucléaire, une étoile se contracte en naine blanche, à condition que sa masse n'atteigne pas une masse solaire et demie, *grosso modo* ; si sa masse dépasse la limite de Chandrasekhar, elle finit comme étoile à neutrons. Mais pas plus que celle des électrons, bien qu'elle lui soit supérieure, la pression quantique des neutrons ne peut contenir l'attraction gravitationnelle dans un astre trop massif. Que devient une étoile dont la masse – s'il y a éjection des couches externes, c'est évidemment la masse résiduelle, celle du cœur, qui est à prendre en compte ici – suffit pour que la contraction gravitationnelle l'emporte sur la pression quantique des neutrons comme elle l'a fait sur la pression quantique des électrons ? La théorie prévoit que rien ne peut plus dans ce cas retenir ni contrebalancer le tassement gravitationnel. Le stade ultime de l'évolution d'une telle étoile est un *trou noir*, aboutissement inéluctable de ce resserrement indéfini qui ne rencontre aucun obstacle capable de le contrarier. Un trou noir attire – gravitationnellement – et englobe sans retour – puisque aucune autre force n'a assez de véhémence pour en extraire un quelconque objet – tout ce qui passe à sa portée, y compris la lumière et le rayonnement. Aussi n'émet-il lui-même aucune lumière ni rayonnement. C'est uniquement par ses effets gravitationnels qu'on peut espérer le repérer [2]. *Aucun trou noir* clairement identifié *n'a été pour l'instant mis en évidence.* Dans certains systèmes binaires, cependant, l'un des deux compagnons, très lourd et invisible dans tous les domaines de fréquences accessibles, pourrait être un trou noir. Il est trop tôt encore pour l'affirmer.

---

1. La présence d'une étoile à neutrons est difficile à remettre en question : la supernova de 1987 a été identifiée formellement comme appartenant au type II (*cf.* note p. 265), ce qui implique une étoile à neutrons résiduelle.
2. Il s'y mêle peut-être des effets électriques, mais laissons cela.

Chapitre V

BOSONS :
LA CONDENSATION

No le dijo a nadie que se iba, no se despidió de nadie, con el hermetismo férreo con que sólo le reveló a la madre el secreto de su pasión reprimida, pero la víspera del viaje cometió a conciencia una locura última del corazón que bien pudo costarle la vida. Se puso a la media noche su traje de domingo, y tocó a solas bajo el balcón de Fermina Daza el valse de amor que había compuesto para ella, que sólo ellos dos conocían, y que fue durante tres años el emblema de su complicidad contrariada. Lo tocó murmurando la letra, con el violín bañado en lágrimas, y con una inspiración tan intensa que a los primeros compases empezaron a ladrar los perros de la calle, y luego los de la ciudad, pero después se fueron callando poco a poco por el hechizo de la música, y el valse terminó con un silencio sobrenatural. El balcón no se abrió, ni nadie se

Il ne dit à personne qu'il partait, ne dit à personne au revoir, à cause de ce même hermétisme de fer qui l'avait conduit à ne révéler le secret de sa passion qu'à sa mère et à elle seule, mais la veille du voyage son cœur commit en toute conscience une dernière folie qui faillit lui coûter la vie. À minuit il enfila son costume du dimanche et joua sous le balcon de Fermina Daza la valse d'amour connue d'eux seuls, qu'il avait composée pour elle et qui avait été pendant trois ans l'emblème de leur complicité contrariée. Il la joua en murmurant les mots, son violon baigné de larmes, et avec une inspiration si profonde que dès les premières mesures les chiens de la rue commencèrent à aboyer, puis ceux de toute la ville, mais peu à peu, ensorcelés par la musique, ils finirent par se taire, et la valse s'acheva dans un silence surnaturel. Derrière le balcon, la fenêtre ne s'ouvrit pas

asomó a la calle, ni siquiera el sereno que casi siempre acudía con su candil tratando de medrar con las migajas de las serenatas.

et dans la rue nul ne se montra, pas même le veilleur de nuit qui presque toujours s'approchait avec son quinquet pour tenter de prospérer grâce aux miettes des sérénades.

Gabriel García Márquez,
El amor en los tiempos del cólera.
L'Amour aux temps du choléra.
(Traduction d'Annie Morvan.)

Le comportement, à basse température, d'un ensemble de bosons identiques est radicalement différent de celui des fermions que nous avons décrit au chapitre précédent, sur des exemples. La raison en est, pour l'essentiel, que rien de semblable au principe de Pauli ne s'applique ici : deux bosons identiques indépendants, et même plusieurs d'entre eux, peuvent se trouver à la fois dans le même état individuel. Au point, nous l'avons expliqué au chapitre III [1], qu'il est des situations où un nombre de bosons d'ordre macroscopique s'effondrent tous ensemble dans l'état fondamental individuel : c'est la *condensation de Bose* [2]. Comme au chapitre précédent, nous allons exposer quelques phénomènes physiques où se manifeste la condensation de Bose.

Un liquide hors du commun : l'hélium 4

Nous avons déjà évoqué, au chapitre VII de la deuxième partie [3], la superfluidité de l'hélium et la supraconductivité de certains métaux ou alliages. Nous allons retrouver ces phénomènes, pour en mieux dégager l'origine physique.

---

1. Voir *supra*, p. 248.
2. D'aucuns la nomment plutôt « condensation de Bose-Einstein » (BEC chez les physiciens anglophones). Peu importe : les mânes d'Einstein n'en sont pas à un titre de gloire près.
3. Voir *supra*, p. 147.

DIFFÉRENCE CRUCIALE ENTRE LES DEUX ISOTOPES DE L'HÉLIUM

L'hélium, deuxième élément après l'hydrogène dans la classification de Mendeleïev (1869) sur laquelle s'échafaude l'ensemble de la chimie moderne, peut se présenter sous deux formes un peu différentes, *deux « isotopes » distincts*, comme on dit plus précisément. Le plus abondant des deux est l'*hélium 4*. Il comporte évidemment deux électrons : c'est ce qui lui vaut son deuxième rang dans la liste des éléments chimiques. Son noyau atomique est constitué de deux protons, pour compenser la charge électrique des deux électrons, et deux neutrons. L'*hélium 3*, beaucoup moins courant [1] mais cependant connu et étudié, diffère de l'hélium 4 par le simple fait que, outre les deux protons obligatoires, son noyau contient un seul neutron.

Ce défaut dans le nombre de neutrons entraîne évidemment un écart de masse : l'hélium 3 est plus léger que l'hélium 4, de 25 % environ. Mais surtout, surtout de notre point de vue, *l'hélium 4 est un boson alors que l'hélium 3 est un fermion.*

Essayons de comprendre ce point fondamental. L'hélium, qu'il soit 3 ou 4, possède 2 électrons atomiques et 2 protons dans son noyau. Rappelons-nous : l'égalité du nombre d'électrons et de protons est indispensable, dans quelque atome que ce soit, pour en assurer la neutralité électrique. Or le proton, comme l'électron, a un spin 1/2. S'il n'y avait qu'eux, l'ensemble des électrons et des protons donnerait un moment cinétique, c'est-à-dire un spin résultant, entier : un *nombre pair* de particules de spin 1/2 (tant d'électrons et autant de protons) forme nécessairement un *spin entier*. Mais le noyau comporte aussi des *neutrons*, dont le spin est pareillement égal à 1/2. Tout se joue donc sur la *parité du nombre des neutrons* : à nombre de neutrons pair, atome bosonique ; à nombre de neutrons impair, atome fermionique. D'où le résultat annoncé ci-dessus : l'hélium 4, ayant 2 neutrons, est un boson ; l'hélium 3, avec son unique neutron, est un fermion.

---

1. Sa proportion dans l'hélium naturel est de l'ordre du dix millième. D'ailleurs, l'hélium lui-même est un gaz rare dans l'air : cinq centimètres cubes pour un mètre cube d'air.

L'HÉLIUM 4 SUPERFLUIDE

On s'attend donc à ce que l'hélium 4 puisse subir la condensation de Bose. Mais *attention*! Les arguments du chapitre III portaient sur des ensembles de particules *indépendantes*; si les atomes ou molécules d'un *gaz* peuvent raisonnablement être considérés comme indépendants (interactions très faibles), ceux qui constituent un solide ne le peuvent sûrement pas (très fortes interactions). Or, à basse température, *tous les corps deviennent solides*. Tous? Tous *sauf un*, qui est précisément l'hélium [1]. Reste-t-il pour autant sous forme gazeuse? Malheureusement non. Mais on peut tenter sa chance avec un liquide : les interactions n'y sont pas négligeables, mais pas excessives non plus. Si l'on calcule brutalement, sans se poser de questions, la valeur de la température de Bose – dont l'expression est parfaitement connue – pour l'hélium 4 liquide, on trouve 3,2 kelvins. Voit-on se passer quelque chose d'extraordinaire dans l'hélium 4 aux alentours de cette température? Eh bien oui! Il se passe effectivement *quelque chose d'extraordinaire* : l'hélium 4 subit, à 2,17 kelvins qu'on nomme le *point* λ, une transition de phase, mais une transition tout à fait *singulière* : elle transforme un liquide normal, transparent et incolore, en un *autre liquide*, lui aussi transparent et incolore; *jamais on n'avait vu* auparavant une transition liquide-liquide, *jamais on n'avait vu* auparavant un liquide de la sorte. On le nomme *superfluide*; c'est la forme que prend l'hélium 4 au-dessous du point λ. Nous allons donc oublier les scrupules que fait naître inévitablement cette façon de procéder : nous allons raisonner sur l'hélium superfluide comme si les interactions n'y avaient aucune importance.

UNE DESCRIPTION EMPIRIQUE : LE MODÈLE À DEUX FLUIDES

Le comportement de l'hélium au-dessous du point λ s'explique assez commodément – si toutefois on évite certaines questions de fond – dans le cadre du *modèle des deux fluides*, dû initialement à Tisza. Ce dernier membre de phrase, pour anodin

---

1. Voir *supra*, p. 147.

qu'il paraisse, n'en recouvre pas moins une réalité un peu trouble. Un physicien allemand, Fritz London, avait déjà émis des idées fort semblables à celles que nous nous proposons de développer dans un instant. En 1938, à Paris où il cherchait protection contre le nazisme, London rencontra un autre réfugié, Laszlo Tisza (d'origine hongroise), qui s'intéressait lui aussi aux basses températures. Malgré la précarité de leur situation, ils parlèrent physique, hélium liquide et supraconductivité. Tant et si bien que Tisza s'empressa de s'approprier les idées de son interlocuteur et publia aussitôt (la même année 1938), dans les *Comptes Rendus de l'Académie des sciences*, l'article qui allait fonder en droit sa paternité sur le modèle des deux fluides. Quoi qu'il en soit, ce modèle [1] propose de traiter l'hélium superfluide comme la juxtaposition, ou plutôt l'interpénétration, de deux fluides, aux propriétés très différentes : un *fluide normal*, constitué des atomes qui n'ont pas subi la condensation, et qui occupent par conséquent des états individuels autres que l'état fondamental ; un *superfluide* [2] que l'on identifie au condensat, c'est-à-dire à l'ensemble des atomes entassés dans l'état fondamental individuel.

Les propriétés de l'hélium, au-dessous du point λ, sont véritablement exceptionnelles [3]. La raison principale en est que le condensat, qui se trouve dans *un* état quantique unique malgré la multiplicité de ses particules, exhibe un *comportement quantique à l'échelle macroscopique*. Précisons. Les particules du *fluide normal* sont bien localisées : on peut dire que, aux fluctuations près, tant de particules normales se situent dans telle région du récipient. Par contre, les particules du *superfluide*, c'est-à-dire du condensat, sont *totalement délocalisées*, au sens quantique du terme, dans l'ensemble du récipient : toutes les particules du condensat, et chacune d'elles, se trouvent partout à la fois dans l'espace qui leur est imparti.

---

1. Il ne s'agit pas d'une théorie (au sens que nous avons dégagé dans la première partie de cet ouvrage) : un modèle limite forcément ses ambitions, dans son domaine de validité comme dans ses possibilités explicatives et prédictives.

2. Légère ambiguïté dans le vocabulaire : pour toute température inférieure au point λ, on a affaire à de l'hélium superfluide ; le modèle de Tisza distingue, dans cet hélium même, une composante normale et une composante superfluide.

3. Nous les avons déjà évoquées au chapitre VII de la deuxième partie, mais c'est d'en comprendre l'origine que nous nous proposons ici.

Avant de poursuivre, et pour éviter des malentendus, insistons sur le fait que *l'hélium 4 superfluide n'est pas un mélange* : il est constitué d'une seule espèce d'atomes, indiscernables les uns des autres, et s'échangeant sans arrêt entre les deux composantes qu'introduit le modèle phénoménologique de Tisza. L'hélium liquide se présente, au-dessous du point λ comme il le faisait au-dessus, sous forme d'une *phase unique*. Le *modèle* des deux fluides propose de *raisonner comme si* l'on avait affaire à un mélange ; et nous allons constater que de nombreuses propriétés de l'hélium superfluide peuvent s'expliquer ainsi.

SUPRACONDUCTIVITÉ DE LA CHALEUR

La propriété qui fonde et définit la composante superfluide se manifeste d'emblée, de façon ostensible, lors du franchissement du point λ. L'expérimentateur verse, dans un vase Dewar, quelques décilitres d'hélium 4 liquide ; cette opération, relativement simple bien qu'elle ait lieu dans un cryostat, fait couler dans le vase un liquide transparent et incolore. La démarcation d'avec la phase gazeuse est nettement visible à travers les parois transparentes du vase et les fenêtres du cryostat. L'hélium bout vigoureusement : des grappes de fines bulles viennent inlassablement éclater à sa surface. Maintenant, l'expérimentateur va pomper, toujours plus vigoureusement, la vapeur qui surmonte l'hélium liquide : il va ainsi descendre le long de la courbe de vaporisation [1] ; à pression inférieure, température inférieure. S'il parvient au point λ – nous le lui souhaitons de tout cœur, ne serait-ce que pour pouvoir poursuivre notre chronique –, il va aussitôt le reconnaître : le liquide, toujours identifiable grâce à sa surface libre, devient soudain semblable à une eau morte ; plus de bulles, plus aucun mouvement ! C'est que l'hélium 4 superfluide, grâce à son condensat, est un *supraconducteur de la chaleur* : il ne tolère pas la plus petite différence de température entre deux de ses points. C'est évidemment la *délocalisation* des atomes du condensat dans l'ensemble du volume occupé par l'hélium liquide qui permet à la chaleur de se transporter instantanément d'un emplacement à un autre, effaçant toute inhomo-

____

1. Voir *supra*, p. 181.

généité de température. Or nous avons signalé[1] que de telles inhomogénéités sont indispensables à l'apparition du phénomène d'ébullition. N'allez pas croire que, au-dessous du point λ, l'hélium liquide cesse de s'évaporer ; mais il le fait seulement par sa surface libre, la chaleur (latente) nécessaire y étant transportée immédiatement.

Un mot, peut-être, sur la conduction de la chaleur dans un *matériau ordinaire* (comme l'est l'hélium liquide au-dessus du point λ). Elle se fait par *diffusion*. Schématiquement, une région portée à une température supérieure à celle de ses voisines voit augmenter l'agitation thermique des particules qui s'y trouvent ; au hasard des chocs et de l'orientation de leur vitesse, celles-ci gagnent progressivement les régions plus froides des alentours ; là, elles transmettent par collision une partie de leur énergie aux autres particules, dont elles accroissent par conséquent l'agitation thermique, c'est-à-dire en fin de compte la température. Ce processus chaotique est lent, même dans les bons conducteurs de la chaleur que sont les métaux : dans le cuivre par exemple, il faut environ une minute et demie pour que la chaleur diffuse sur dix centimètres, et près de trois heures pour qu'elle franchisse un mètre.

LA VISCOSITÉ DE L'HÉLIUM SUPERFLUIDE EST-ELLE NULLE ?

En second lieu, nous imaginons un vase muni d'un tube capillaire horizontal s'ouvrant juste au-dessus du fond. Nous versons de l'hélium superfluide dans ce vase. Nous n'avons pas le temps de le remplir, même partiellement, que tout l'hélium s'écoule, instantanément, par le capillaire ! Le comportement d'un liquide habituel serait tout autre : son passage à travers un capillaire exige une surpression en amont (l'importance de cette surpression dépend du diamètre du capillaire, de sa longueur, et aussi évidemment du liquide que l'on utilise) ; dans un cas tel que nous l'avons envisagé, où le capillaire est branché au fond d'un vase, la hauteur du liquide dans le vase peut, si la pression qu'elle engendre est suffisante, amorcer le déversement à travers le capillaire. De toute façon, il est indispensable que le liquide, s'il

---

1. Voir *supra*, p. 186.

est totalement normal, s'accumule dans le vase lorsqu'il y est versé. Nous en concluons que l'hélium, au-dessous du point λ, franchit un capillaire *sans nécessiter de surpression*; on dit alors que *sa viscosité est nulle*. C'est évidemment le condensat, *alias* la composante superfluide, qui est à l'origine de cette propriété : il occupe instantanément et sans entraves tout l'espace qui lui est offert, intérieur du capillaire compris (quelles qu'en soient la largeur et la longueur).

Mais arrêtons-nous un instant! Est-il bien vrai que la viscosité de l'hélium superfluide est nulle? Il existe des appareils de mesure, appelés *viscosimètres*, qui sont précisément conçus pour déterminer la viscosité des liquides. Ils sont de divers types, fondés sur des manières différentes de rendre cette propriété manifeste pour l'évaluer. Mettons donc à contribution l'un de ces appareils pour mesurer la viscosité de l'hélium au-dessous du point λ[1]. Surprise! Le résultat de la mesure n'est pas nul, contrairement à ce que nous avons affirmé voilà peu. Essayons alors un viscosimètre d'un autre type. Nouvelle surprise! Le résultat, à nouveau différent de zéro, ne coïncide pas avec le précédent... Alors? Janus à double face? Non pas. Ces contradictions, qui ont laissé perplexes, pendant des années, les physiciens du froid, se comprennent aisément dans le cadre du modèle des deux fluides. Lorsqu'il s'agit de passer dans un capillaire, c'est la composante superfluide de l'hélium qui entre en jeu, se déplaçant en se jouant des difficultés de parcours; la viscosité de l'hélium superfluide est alors véritablement nulle. Lorsqu'il s'agit en revanche de déplacer un objet (palette, disque, bille ou cylindre, selon le type de viscosimètre) dans l'hélium liquide, alors la composante superfluide n'exerce pas davantage de force de frottement pour s'opposer à ce mouvement, mais la composante normale est nécessairement sollicitée (plus ou moins fortement selon le viscosimètre utilisé) par le déplacement de l'objet; elle exerce sur lui des forces de frottement visqueux, ce qui explique les résultats de mesure non nuls[2].

---

1. Au-dessus du point λ, où l'hélium est un liquide normal, aucune particularité ne se manifeste dans sa viscosité.

2. On peut même comprendre, au moins qualitativement, pourquoi tel type d'appareil affiche une valeur supérieure – ou inférieure – à tel autre, en se fondant sur le modèle à deux fluides.

IL FAUT BIEN DIRE « FONTAINE... »

Nous avons décrit qualitativement, au chapitre vii (deuxième partie), l'*effet fontaine*[1]. Nous avions même accompagné nos explications d'un schéma, auquel on voudra bien se reporter pour saisir les arguments qui suivent. La lumière assez forte qui est dirigée sur le corps de la bouteille renversée – et percée en son fond – a pour effet d'augmenter la température dans cette zone : on réalise ainsi un chauffage sélectif. Or la pression de l'hélium croît avec la température. Le fluide enfermé dans la bouteille sans fond cherche donc à en sortir, puisque sa pression est supérieure à celle qui règne dans le reste du système. Mais la portion normale de ce fluide – qui est toujours au-dessous du point λ – ne peut se mettre en mouvement, emprisonnée qu'elle est par la poudre d'émeri, puisqu'elle est douée d'une certaine viscosité. Le condensat, quant à lui, n'a aucune difficulté, sa viscosité étant nulle, à surmonter les obstacles que présente la poudre d'émeri, et aussi, d'ailleurs, le capillaire qui surmonte la bouteille ; il exprime directement et spectaculairement la surpression qui règne dans la bouteille, en giclant vigoureusement par le capillaire.

UN PREMIER SON, UN SECOND SON

Il est une autre propriété tout à fait singulière de l'hélium superfluide : il peut transporter des vibrations inhabituelles, qu'on appelle « *second son* ». Empressons-nous de confirmer tout d'abord que, comme dans tout fluide (ou d'ailleurs aussi tout solide), peuvent se propager dans l'hélium 4, même au-dessous du point λ, des *ondes sonores ordinaires*. Une telle onde sonore, lorsqu'elle traverse un milieu, provoque sur son passage une *oscillation de la masse volumique* (densité) *en même temps que de la pression*.

Passons maintenant au *second son*, dans le cadre simple du modèle des deux fluides. La masse volumique de l'hélium liquide, au-dessous du point λ, est la somme des masses volu-

---

1. Voir *supra*, p. 148.

miques des deux composants. Imaginons que nous provoquions leur oscillation mais *en gardant constante leur somme* : pas de vrai son, pas de surpression ni de dépression, pas de variation de la masse volumique totale ; pourtant, la contribution du liquide normal et celle du superfluide sont modulées, l'une décroissant lorsque l'autre croît. Mais comment mettre en évidence une telle onde, si elle existe ? On se souviendra que, dans l'hélium 4, la proportion du condensat par rapport au fluide normal dépend de la température : elle croît lorsque la température décroît. Or qu'envisageons-nous d'autre, dans ce second son, que de faire varier la proportion relative des deux fluides ? C'est donc par des *oscillations locales de la température* que va se manifester le second son – oscillations qui se propagent de proche en proche – et qu'il a effectivement été observé expérimentalement.

Mais nous n'avons rien dit encore du comportement de l'hélium liquide dans un vase Dewar alors que, nous le savons, il en déborde peu à peu en grimpant le long des parois puis en ruisselant à l'extérieur [1]. L'explication de ce phénomène étrange est fondée sur une autre propriété de l'hélium, sans relation avec les précédentes, au moins à un stade superficiel. L'hélium est un *agent mouillant extrêmement efficace en même temps qu'universel* : les forces d'attraction entre atomes d'hélium sont tellement faibles qu'elles sont toujours inférieures à celles qu'exercent, sur eux, les atomes d'une paroi quelconque [2]. L'hélium, ainsi attiré par les parois du vase qui le contient, forme le long d'elles une mince pellicule (quelques centaines d'angströms, c'est-à-dire quelques millionièmes de centimètres d'épaisseur) s'élevant au-dessus du niveau du liquide. Le fluide normal est évidemment bloqué, par sa viscosité, à l'entrée de ce film trop étroit pour lui. Mais le superfluide y circule librement, sans entraves. Ainsi peut

---

1. Voir *supra*, p. 148.
2. On a récemment (1994) montré que la force exercée sur l'atome d'hélium par un atome de césium est, d'une certaine façon, plus faible que la force hélium-hélium. Cette découverte remet en cause le qualificatif d'« universel » que nous avons avancé, mais en aucune façon les conclusions que nous en avons tirées.

s'amorcer un siphon par-dessus les bords du récipient, qui videra progressivement le vase.

Courant électrique sans pertes

Dans les années 1920-1930, les physiciens ne pouvaient pas ne pas être frappés et interpellés par la similitude de deux phénomènes, qui apparaissaient tous deux à basse température : l'un était la superfluidité de l'hélium, dont nous venons de parler en quelque détail ; le second, que nous abordons maintenant, était la *supraconductivité* qu'acquièrent certains métaux ou alliages lorsqu'on abaisse leur température au-dessous de la *température critique* qui leur correspond [1]. Pourtant, les atomes d'hélium 4 étant des bosons, ils peuvent subir la condensation de Bose ; mais le courant électrique, nous le savons, est transporté dans les métaux ou alliages par des *électrons de conduction* ; que dire d'eux, sinon que ce sont des fermions et qu'ils devraient donc se comporter de manière radicalement différente ? La compréhension théorique de la supraconductivité a longtemps buté sur cette constatation décevante : analogie expérimentale d'un côté, fondements physiques très dissemblables de l'autre.

LES PAIRES DE COOPER

Il fallut attendre 1957 pour pouvoir résoudre ce dilemme. On comprit alors – sésame du problème – que, à l'intérieur d'un réseau cristallin métallique, *les électrons peuvent s'apparier* : ils constituent dans ce cas ce qu'on appelle des « *paires de Cooper* [2] ». Mais ne pensez pas que c'était si facile ! Ayant des charges électriques égales (et donc de même signe), deux électrons se

---

1. Nous avons décrit quelques-unes des manifestations de la supraconductivité au chapitre VII de la deuxième partie (p. 143).

2. Leon Cooper, physicien américain (né en 1930), est professeur à l'université Brown de Providence (Rhode Island). Il a partagé le prix Nobel de 1972 avec John Bardeen et John-Robert Schrieffer pour leur étude théorique de la supraconductivité (la théorie qui en a résulté porte les trois initiales : BCS).

repoussent électrostatiquement et refusent donc de se lier. Cependant, le cristal dans lequel ils se meuvent est constitué d'ions de charge (la même pour tous) opposée à celle de l'électron. Dans un tel environnement, la charge des électrons de conduction est essentiellement compensée par celle du réseau cristallin : on dit qu'elle est *écrantée*. Ne se repoussant pratiquement plus, surtout lorsqu'ils sont relativement éloignés l'un de l'autre (une centaine d'angströms, alors que la distance entre deux ions voisins est de deux ou trois angströms), deux électrons exercent l'un sur l'autre des forces résiduelles, beaucoup plus faibles mais aussi plus difficiles à caractériser avec précision. On arrive à montrer que, dans certains cas – les métaux et alliages ne deviennent pas tous supraconducteurs – ces forces sont légèrement attractives, et qu'elles peuvent mener à la formation de paires de Cooper : celles-ci sont donc des *états liés de deux électrons* (une particule constituée de deux électrons, en quelque sorte), très lâches (attraction très faible, diamètre grand devant les distances interatomiques).

À partir de ces prémisses, la compréhension – au moins qualitative – de la supraconductivité coule de source. Le spin d'une paire de Cooper est nécessairement entier (il est en fait nul), puisque la composition des deux spins 1/2 des électrons ne peut donner que des valeurs entières. Par conséquent, une paire de Cooper se comporte comme un *boson*. La supraconductivité apparaît ainsi comme résultant de la *condensation de Bose des paires de Cooper*.

L'HÉLIUM 3 DEVIENT-IL SUPERFLUIDE ?

Poursuivant l'analogie superfluidité-supraconductivité, on peut se tourner à nouveau vers l'hélium. L'isotope hélium 3 est certes – nous l'avons démontré en détail – un fermion. Il est donc impensable qu'il puisse présenter l'équivalent de la transition λ observée dans l'hélium 4, bien qu'il reste lui aussi liquide jusqu'au zéro absolu. Mais il est maintenant avéré que – dans certaines conditions, au demeurant assez restritives – deux fermions identiques peuvent s'apparier en une entité de spin entier, c'est-à-dire bosonique ; il est donc légitime de se demander si une telle éventualité ne pourrait pas se réaliser lorsqu'il s'agit de deux atomes d'hélium 3.

C'est bien le cas, effectivement. On a en effet mis en évidence, il y a une vingtaine d'années, *deux nouvelles phases* de l'hélium 3 qui manifestent la propriété de superfluidité : l'une, qui n'apparaît que si l'on applique une pression supérieure à 20 atmosphères, est appelée *phase superfluide A* (simplement parce que c'est la première à avoir été découverte) ; l'autre, la *phase superfluide B*, peut être obtenue à la pression atmosphérique, mais aussi à plus forte pression, jusqu'à 25 ou 30 atmosphères. Signalons d'emblée qu'on n'est plus ici dans le domaine de quelques kelvins où se situent la supraconductivité et la superfluidité de l'hélium 4, mais bien plutôt dans la région du millikelvin. Le prix Nobel de physique 1996 vient de couronner les trois chercheurs de l'université Cornell (Ithaca, État de New York) qui furent les premiers en 1972 à découvrir et à mettre en évidence la superfluidité de l'hélium 3 : David N. Lee, Douglas D. Osheroff et Robert C. Richardson. En réalité, ils crurent tout d'abord être en présence d'une ou plusieurs phases solides de l'hélium 3 et ne comprirent que quelques mois après qu'il s'agissait de liquides superfluides.

Mais pourquoi *deux phases superfluides* au lieu d'une seule, alors que l'hélium 4 et la supraconductivité donnent naissance à un seul type de condensat ? C'est que les paires que peuvent former deux atomes d'hélium 3 ont une *structure plus riche* que celles de la supraconductivité ou de l'atome d'hélium 4. Lorsqu'il participe à la condensation, celui-ci est encore et toujours dans son état fondamental, de spin nul. Dans une paire de Cooper supraconductrice, les spins 1/2 des deux électrons s'orientent tête-bêche, et le mouvement relatif des deux particules est le plus simple possible ; il en résulte ici aussi un spin nul. Les atomes d'hélium 3 sont au contraire bien plus inventifs : dans une paire, les spins des deux atomes, qui sont aussi égaux à 1/2, pointent dans la même direction et le même sens ; en outre, les deux partenaires tournent l'un autour de l'autre, rotation qui engendre un autre moment cinétique non nul (égal à 1, il se trouve – toujours en unités de $\hbar$). Comme, dans le condensat, un nombre macroscopique de ces paires ont le *même état quantique*, les particularités d'une paire sont reflétées à l'identique, énormément amplifiées, dans celles du condensat. Il en résulte des propriétés extrêmement curieuses.

L'hélium 3 superfluide est en premier lieu *anisotrope* ; cela signifie qu'il ne se comporte pas de la même façon dans toutes les directions de l'espace; en l'occurrence, il présente un axe – une direction de l'espace – privilégié, comme un ballon de rugby. Il est également magnétique – à tout moment cinétique est associé un moment magnétique –, comme l'est un aimant à nos températures ordinaires; voilà donc un autre axe privilégié, celui de l'aimantation, et il ne coïncide pas nécessairement avec le premier. Bref, une structure riche et complexe [1].

La quête du Graal

Pour extraordinaires et stupéfiants qu'ils soient, les phénomènes que nous avons décrits dans les sections précédentes (superfluidité puis supraconductivité) n'ont pas pu être reliés de façon incontestable à la condensation de Bose. Le principal obstacle provient en effet des *interactions* : la condensation de Bose pure et idéale naît des flots transparents de *particules indépendantes*, c'est-à-dire sans interactions; or, à basse température, l'hélium est un *liquide*, et dans tout liquide les interactions sont loin d'être négligeables; dans le cas de la supraconductivité, par ailleurs, c'est encore à travers des interactions (faisant intervenir le réseau cristallin) que se créent les paires de Cooper. Est-il possible d'observer la *véritable condensation de Bose* dans un *gaz* où les interactions sont vraiment négligeables? Tels des chevaliers du Moyen Âge, disséminés de par le vaste monde, une pléiade de chercheurs se sont lancés en quête de ce nouveau Saint-Graal [2].

ENGAGEMENTS DES CHEVALIERS DE LA TABLE RONDE

Les conditions sont draconiennes. C'est un gaz qu'il faut – un gaz de bosons, bien entendu –, seule phase où les interactions soient assez faibles pour pouvoir être négligées. Ce gaz doit ensuite être refroidi au-dessous de sa température de Bose, où se

---

1. La description sommaire que voici est valable pour la phase superfluide A. Les choses se compliquent encore pour la phase B.
2. Cette image est reprise d'un article récent de *Physics Today*.

produit la condensation. Or, la température de Bose croît lorsque la densité du gaz (nombre de particules par unité de volume) croît. On est donc conduit à combiner deux manipulations : d'une part, augmenter la densité, autant que faire se peut sans que les interactions ne deviennent sensibles, pour que la température de Bose à atteindre ne soit pas trop basse ; d'autre part, refroidir autant que possible, car le nombre des particules condensées est plus grand quand la température est plus faible.

L'HYDROGÈNE EST-IL LA PIERRE PHILOSOPHALE ?

L'effort s'est d'abord porté sur l'hydrogène, plus exactement sur les *atomes d'hydrogène*. L'hydrogène, sous sa forme gazeuse usuelle, est composé de molécules, chacune d'elles regroupant deux atomes identiques. Nous savons que l'hydrogène moléculaire cesse d'être un gaz – se liquéfie, donc – à 20,3 kelvins, très largement au-dessus de la température de Bose qui peut lui être associée ; il se solidifie même, à 14 kelvins. C'est donc vers les atomes détachés que nous nous tournons.

Vérifions d'abord qu'il s'agit bien de *bosons* : un atome d'hydrogène comprend un noyau de spin 1/2, le proton, et un électron, de spin 1/2 aussi ; un nombre pair de spins demi-entiers (deux, ici) donne nécessairement un spin résultant entier. Nous en concluons que l'atome d'hydrogène est bien un boson. Pour éviter qu'ils ne se recombinent en molécules, on polarise les atomes d'hydrogène sur lesquels on va ensuite travailler : à l'aide d'un champ magnétique créé par un électroaimant, on aligne les spins de tous les électrons dans une même direction.

On entr'aperçoit ici la richesse de la physique, et les artifices déployés par ceux qui la servent et l'étudient. À chacun des deux spins, celui du proton et celui de l'électron, est associé un moment magnétique sur lequel agit le champ magnétique appliqué. Oui, mais voilà ! Comme le proton est considérablement plus lourd que l'électron – 1 800 fois plus –, son magnétisme est considérablement plus faible que celui de l'électron. C'est donc le moment magnétique, et par suite le spin, de *l'électron seul* qu'oriente le champ magnétique, car son action sur le moment magnétique du proton est négligeable.

Ces ensembles d'atomes d'hydrogène polarisés restent

gazeux jusqu'à très basse température, probablement bien au-delà encore des températures que l'on a été capable d'atteindre. Mais leur maniement s'est avéré délicat. Malgré des efforts et des progrès considérables, il n'a pas été possible jusqu'ici de les concentrer et de les refroidir suffisamment pour provoquer leur condensation [1].

PREMIÈRE RÉUSSITE : LES PERCEVAL ET GALAAD DES ATOMES ULTRAFROIDS

Comme très souvent en physique, la solution est venue d'un tout autre horizon, c'est-à-dire d'un tout autre type de systèmes. Elle a été annoncée en juin 1995, dans une conférence internationale tenue à Capri, par une équipe de jeunes Américains dont les leaders, Eric Cornell et Carl Wieman avaient travaillé à Boulder (Colorado). Ces audacieux jeunes gens s'étaient fixés dès le départ – il y a une dizaine d'années de cela – sur un gaz formé d'atomes de rubidium.

Le rubidium est un métal alcalin, c'est-à-dire semblable au sodium, quoique plus lourd. Vérifions à nouveau si l'atome de rubidium est un boson. Le noyau de cet atome renferme 87 nucléons [2], dont 37 protons et 50 neutrons. Par un raisonnement analogue à celui que nous avons mené naguère pour l'hélium [3], nous examinons la parité du nombre de neutrons du noyau pour savoir si l'atome dans son ensemble est un boson; c'est bien le cas puisque ce nombre, cinquante, est pair.

Le rubidium est un solide mou qui s'oxyde très facilement à l'air. E. Cornell et C. Wieman ont commencé par produire de la vapeur de rubidium en chauffant légèrement, dans une enceinte où ils avaient préalablement fait le vide, un petit échantillon de ce métal. Les atomes du gaz ainsi obtenu s'agitent en tous sens, de manière désordonnée, à des vitesses qui atteignent facilement, à la température ordinaire, plusieurs centaines de mètres par seconde. Les refroidir signifie leur retirer de l'énergie en

---

1. On laisse entendre qu'« il manque seulement un facteur 3 » : disons pour simplifier que, si l'on parvenait à diviser par 3 la température de l'échantillon, on se trouverait dans le domaine de condensation.

2. Le rubidium présente un autre isotope, de nombre de masse 85 (soit 37 protons et 48 neutrons), mais c'est le rubidium 87 qui a été utilisé dans les expériences.

3. Voir *supra*, p. 271.

réduisant ces vitesses d'agitation thermique. La méthode, très astucieuse à nouveau, est connue depuis plusieurs années ; elle met en jeu six lasers, affrontés deux à deux. Les quelques centaines de mètres par seconde des vitesses initiales sont ainsi ramenées à quelques centimètres par seconde ; en termes de température, on est parvenu à quelques millionièmes de kelvin ! C'est assez dire l'efficacité de ce *refroidissement par lasers*. Ces atomes refroidis sont emmagasinés dans une sorte de bouteille magnétique : on applique un champ magnétique dont la répartition spatiale est calculée de sorte qu'elle maintienne les atomes sous le feu des lasers.

Mais on est loin encore des conditions de condensation, et c'est là que commence le jeu subtil des deux opérations que nous décrivions plus haut.

Je vous dirai peut-être quelque jour
Quel lait pur, que de soins, que de vœux, que d'amour [1],

que de finesse aussi, que d'intelligence, que d'invention il a fallu déployer pour accéder au saint des saints, en évitant évidemment que les atomes de rubidium ne se condensent bêtement en un solide semblable à celui qui les a produits, comme c'était la règle inéluctable, il y a quelque temps seulement, lorsqu'on abaissait la température. La vapeur de rubidium, dans les conditions que nous évoquons, est restée vapeur. Les atomes y subissent des interactions presque nulles : ils se repoussent les uns les autres, mais si faiblement...

Il faut donc refroidir encore et toujours, et augmenter la densité du gaz pour que sa température de Bose ne soit pas désespérément basse [2]. Pour ce faire (refroidir et concentrer à la fois), Cornell et Wieman ont utilisé une méthode très efficace et très intelligente ; on l'appelle « *refroidissement par évaporation* », et elle a été mise au point par une équipe du Massachusetts Institute of Technology (plus connu sous le sigle MIT),

---

1. Victor Hugo, *Les Feuilles d'automne*.
2. À noter que la température de Bose est inversement proportionnelle à la masse des bosons identiques que l'on étudie. D'où l'idée initiale de tenter la chance avec des atomes d'hydrogène (les plus légers de tous les atomes). Le choix du rubidium fait d'emblée perdre un facteur 87 (c'est le nombre de masse). Mais il s'agit ensuite, de toute façon, de gagner plusieurs ordres de grandeur (plusieurs facteurs 1 000, si l'on veut), au regard de quoi 87 est peu de chose.

dirigée par Dan Kleppner, qui travaillait sur l'hydrogène atomique[1]. Mais la mobilité des chercheurs a favorisé le groupe qui a finalement gagné la course : la technologie et le savoir-faire des pionniers du refroidissement se sont transportés de Cambridge (Massachusetts) jusqu'au Colorado dans la tête et les mains d'un jeune scientifique qui a changé d'université. Bien qu'il ne soit pas difficile à décrire – superficiellement ! – en quelques phrases, nous laisserons de côté le principe de fonctionnement du refroidissement par évaporation. Nous indiquerons, en revanche, que cette méthode permit à Cornell et Wieman d'atteindre la température incroyablement basse de 200 nanokelvins, c'est-à-dire 200 milliardièmes de kelvin ! Dans une ambiance générale où les physiciens de tous les autres domaines – même ceux de physique des solides, orfèvres en la matière – voyaient leurs méthodes s'essouffler à l'approche du microkelvin (millionième de kelvin), entendre parler de 200 nanokelvins et d'espoir de descendre encore fait... comme froid dans le dos. La condensation de Bose eût été au rendez-vous si la bouteille magnétique enfermant les atomes n'avait pas fui en son centre ; non qu'elle ait été mal conçue – vous pensez ! – mais le tréfonds de ce piège à atomes, point où le champ magnétique doit nécessairement s'annuler, se comporte comme un trou par lequel s'échappe le gaz, petit à petit. Durant plusieurs mois, les chercheurs de Boulder butèrent sur cet obstacle – si l'on peut désigner ainsi un trou – qui bloquait tout progrès. La solution, trouvée finalement par Cornell, a des allures d'œuf de Colomb : si l'on déplace assez rapidement le fond du piège, ce que l'on obtient concrètement en le faisant tourner, les atomes n'ont pas le temps de s'enfuir que le trou est déjà parti ailleurs. La densité des atomes ainsi accumulés dans la bouteille à fond tournant devenait alors suffisante pour qu'une partie d'entre eux (ils étaient quelques milliers en tout) s'effondre dans l'état fondamental individuel, obéissant – enfin ! – à la loi découverte il y a presque soixante-dix ans par les théoriciens Satyendranath Bose et Albert Einstein.

---

1. Voir *supra*, p. 283.

SIGNIFICATION DE L'EXPLOIT

Dans le condensat, les atomes se trouvent tous dans le même état quantique individuel, qui est de surcroît l'état fondamental. Si le récipient était simplement parallélépipédique, l'état fondamental individuel correspondrait à une impulsion nulle, c'est-à-dire à une vitesse nulle. Dans la bouteille magnétique dont les parois sont courbes, et non plus plates, l'état fondamental individuel est un peu différent, mais parfaitement connu dès que le sont les caractéristiques de la bouteille. En tout état de cause, les *effets quantiques*, qu'on a l'habitude de voir à l'œuvre à l'intérieur de chaque atome, ne s'y limitent plus dans cette nouvelle situation ; ils sont maintenant partagés par l'*ensemble des atomes du condensat*, et apparaissent donc à l'échelle correspondante : dans le cas de l'expérience pionnière de Cornell et Wieman, le condensat comprenait 2 000 atomes. C'est peu : nous avions parlé d'un « nombre macroscopique » de particules condensées, lorsque nous avons décrit le phénomène [1] ; deux mille... N'empêche ! Que deux mille atomes occupent le même état quantique – ce que Cornell et Wieman ont démontré – est un événement de première grandeur. On peut d'ailleurs dire, si vous préférez le considérer ainsi, que ces deux mille atomes condensés constituent en quelque sorte *un seul superatome* qui les réunit tous ; et voir un système résolument, purement quantique, qui comporte 2 000 amas de 87 nucléons et 74 000 électrons, c'est un fameux spectacle !...

Dans un gaz normal, même froid, même très froid comme l'est la vapeur de rubidium au-dessus de la température de Bose, les vitesses des particules se distribuent autour d'une valeur moyenne, certaines étant plus rapides, d'autres moins : on dit que les vitesses des particules microscopiques présentent une certaine dispersion. Rien de tel pour le condensat : c'est la mécanique quantique pure et dure, et non pas le hasard, qui régit son comportement, globalement, sans laisser de libre arbitre individuel aux atomes qui le constituent. Pour analyser plus avant le résultat auquel ils avaient abouti – pour convaincre leurs collègues aussi, au sens critique aigu, de sa nature et de sa pertinence – Cornell et Wieman entrouvrirent leur bouteille et exa-

---

1. Voir *supra*, p. 248, « Condensation de Bose ».

minèrent la façon dont s'élargissait le nuage d'atomes dans l'espace libre ; les mesures se montrèrent en parfait accord avec la théorie : les atomes de la partie normale du gaz effectuèrent alors une diffusion usuelle, due à la dispersion correspondante des vitesses ; comme ces vitesses d'agitation étaient certainement supérieures à celles qui pouvaient éventuellement apparaître dans le condensat, les atomes non condensés se dispersèrent en premier. Le condensat resta quant à lui en place [1] – la valeur moyenne de sa vitesse est nulle –, quasiment inchangé. Ce faisant, Cornell et Wieman pulvérisèrent leur propre record du monde des basses températures : l'augmentation en quelque sorte mécanique, cinématique devrions-nous dire, de la proportion de condensat, due à la fuite des atomes non condensés et à la persistance des autres, abaissa considérablement la température. Nous savons en effet que la proportion de condensat croît lorsque la température décroît ; c'est ici l'effet inverse qui est provoqué. Cornell et Wieman ont pu ainsi parvenir jusqu'à 20 nanokelvins (20 milliardièmes de kelvin) !

ET MAINTENANT ?

Certes, un condensat de deux mille atomes est bien maigre ! Certains le prennent de haut : est-ce vraiment le type de condensat qu'on est en droit d'attendre, n'est-ce pas plutôt un épiphénomène ?

Des situations de ce genre se sont déjà produites en physique, dans divers domaines et à différents moments. On pourrait croire que, après avoir accompli tant de prouesses, après avoir apparemment épuisé toutes les techniques et toutes les ressources humaines, dans le but d'atteindre ces ultimes limites du réalisable, les acteurs vont souffler un peu, qu'il va s'ensuivre une pause. Ce serait mal connaître la sociologie et la psychologie des chercheurs, et leur capacité d'adaptation surprenante. Loin de marquer une pause, le domaine va exploser. Il y a ceux qui y étaient presque et qui se sont fait doubler sur le fil ; loin de baisser les bras, ils vont avoir à cœur d'y arriver et de faire mieux que les gagnants de la course. Il y a ces derniers qui, galvanisés par le

---

1. En réalité, l'ensemble tombait en chute libre dans le champ de pesanteur.

succès et la gloire (il n'est pas impensable que le prix Nobel couronne un jour leur réussite), vont améliorer ceci et pousser cela jusqu'à obtenir un vrai condensat irréprochable. Il y a ceux de l'hydrogène polarisé, qui vont vouloir démontrer que ce n'était pas la peine d'aller chercher du rubidium... Bref, un bouillonnement et une surexcitation, mais dans le calme, car rien ne serait pire que d'annoncer un résultat dont le sérieux viendrait à être mis en cause (le sens critique des collègues est acéré).

D'aucuns, sans doute, penseront que le tableau qui vient d'être esquissé relève de l'art non figuratif, qu'il traduit probablement les fantasmes et la nostalgie d'un physicien vieillissant plutôt que la réalité du monde de la recherche en marche. Oyez donc, mécréants ! La Nouvelle fut annoncée *urbi et orbi* en juin 1995, et ces lignes sont écrites dans les tout premiers jours de novembre de la même année. Entre-temps, des résultats comparables à ceux de Cornell et Wieman ont été obtenus avec d'autres métaux alcalins. Avec le lithium, d'abord, troisième élément de la classification chimique (atome à 3 électrons, dont le noyau renferme 3 protons et 4 neutrons), par une équipe de l'université Rice, à Houston (Texas) ; l'article est sous presse, comme me l'a confirmé l'un des arbitres [1] qui étaient chargés d'en vérifier le sérieux, c'est-à-dire concrètement de décider s'il serait, ou non, publié. Avec le sodium, ensuite (11 électrons et 23 nucléons), par un groupe du MIT ; pas celui de Daniel Kleppner que nous avons mentionné et qui poursuit l'hydrogène atomique, une autre équipe, dirigée par Wolfgang Ketterle ; dans ce cas, les résultats sont seulement officieux à l'heure actuelle : je crois que Ketterle et ses collaborateurs ont soumis un article pour en demander la publication, mais je n'en connais pas encore le sort. Et puis, il y a aussi les bruits qui circulent, plus ou moins insistants, plus ou moins plausibles... Tel de mes amis, *referee* pour ce genre de questions qu'il connaît bien, a glissé à mon intention, dans une conversation téléphonique toute récente au sujet des résultats de Cornell et Wieman : « Ah ? Tu dis deux mille atomes dans le condensat ? J'aurais plutôt dit dix mille... » J'en déduis que Cornell et Wieman ont sûrement déjà porté à 10 000, et peut-être à

---

1. En anglais, *referee* désigne aussi bien l'arbitre qui veille au bon déroulement d'une partie de football ou de rugby que les personnalités scientifiques dont nous parlons ici. Dans ce dernier cas, nous, Français, utilisons aussi le mot *referee*.

plus, le nombre des atomes condensés [1] (mais comme rien n'a encore été écrit ni publié sur cet accroissement significatif du condensat, mon ami ne peut évidemment en faire état officiellement). Des chuchotements parviennent aussi des tenants de l'hydrogène atomique : « Nous, quand ça marchera, on condensera 100 000 atomes du premier coup, et on passera tout aussitôt à 10^{11}. » Vantardise pour se placer à nouveau dans le peloton de tête, ou foi de chercheur ? L'avenir – proche – tranchera.

---

1. Septembre 1996 : à la conférence de Séville, Wieman a rapporté qu'ils sont parvenus à deux millions d'atomes condensés.

Chapitre VI

L'IRRÉVERSIBILITÉ :
UNE QUESTION ESSENTIELLE

Dans un mois, dans un an, comment souffrirons-nous,
Seigneur, que tant de mers me séparent de vous ?
Que le jour recommence et que le jour finisse
Sans que jamais Titus puisse voir Bérénice,
Sans que de tout le jour je puisse voir Titus ?

Jean RACINE,
Bérénice.

Qui pleure là, sinon le vent simple, à cette heure
Seule, avec diamants extrêmes ?... Mais qui pleure,
Si proche de moi-même au moment de pleurer ?

Paul VALÉRY,
La Jeune Parque.

Nous allons évoquer pour terminer *l'un des problèmes les plus fondamentaux et les plus fascinants* de la physique : le problème du renversement du temps, et de la réversibilité ou de l'irréversibilité des équations et des phénomènes dans cette opération.

Il nous faut pour cela quitter le domaine de l'équilibre macroscopique dans lequel nous nous sommes douillettement cantonnés jusqu'à présent : nous nous proposons d'étudier ici des systèmes *hors de l'équilibre* qui, par conséquent, *évoluent au cours du temps* à l'échelle macroscopique. Le problème est vaste et complexe, mais il nous permettra tout de même de discuter la question fondamentale de l'irréversibilité.

Au lieu de nous égarer dans des considérations préliminaires et générales, lançons-nous immédiatement dans le vif du sujet.

Les équations microscopiques sont toujours réversibles

Tout commence par la constatation que les équations de la mécanique classique sont *invariantes par renversement du temps*. Qu'entend-on par là?

L'opération de *renversement du temps* consiste à remplacer partout le temps t par son opposé. Un peu plus techniquement, ayant choisi une origine des temps $t = 0$, nous effectuons dans toutes les équations le changement de variables

$t' = - t.$

Cela revient à inverser le sens du temps : pendant que t croît de zéro à de grandes valeurs positives, t' décroît de zéro vers de grandes valeurs mais négatives.

Prenons la *relation fondamentale de la dynamique* de Newton [1], pour une particule unique ou pour un système de N particules, peu importe. Dans cette (ou ces) équation(s) apparaît l'accélération de la (ou des) particule(s), et c'est là, et là seulement, qu'intervient le *temps*. Or, *l'accélération est inchangée* si l'on y remplace le temps par son opposé [2]. La relation fondamentale de la dynamique est donc elle-même inchangée.

Quelles sont les conséquences physiques de cette invariance? Il est facile de les saisir si l'on se persuade en premier lieu que *la vitesse change en son opposée* lors d'un renversement du temps [3] : filmons un mobile quelconque, un coureur ou une voiture automobile ; faisons ensuite passer le film à l'envers dans le projecteur, ce qui revient à inverser le temps [4] : la vitesse du

---

1. Voir *supra*, p. 41.

2. L'accélération est la dérivée seconde de la position par rapport au temps. Elle subit donc un double changement de signe, ce qui équivaut à pas de changement de signe du tout.

3. La vitesse est la dérivée première de la position par rapport au temps. Elle est donc convertie en son opposée si le temps change de signe.

4. Je ne pense pas que les effets de ce changement dans le sens de déroulement soient *a priori* évidents. Après tout, il pourrait se faire que le coureur apparaisse la tête en bas, et la voiture les roues en l'air.

mobile en est visiblement changée de signe, ou de sens. Nous énoncerons donc la conclusion suivante (nous choisissons, pour simplifier l'énoncé, le cas d'une seule particule) : *à tout mouvement possible de la particule*, correspondant à une solution de l'équation du mouvement, *on peut associer un autre mouvement possible*, qui vérifie aussi l'équation du mouvement ; ce second mouvement se fait le long de la *même trajectoire* que le premier, mais avec, en chaque point, une *vitesse opposée*, de sorte que *la trajectoire est parcourue en sens inverse*. On n'aura aucune peine à généraliser cet énoncé à un système de particules.

Mais, avons-nous dit au début du chapitre premier, c'est en règle générale la *mécanique quantique* qu'il convient d'utiliser pour décrire le comportement microscopique des systèmes. La question de la réversibilité est un peu moins simple à traiter en mécanique quantique qu'en mécanique classique. Il n'en reste pas moins que l'équation de Schrödinger, analogue quantique de la relation fondamentale de la dynamique classique, est elle aussi invariante par renversement du temps [1], avec des conséquences physiques semblables aux précédentes.

Voici donc notre *problème fondamental* : les équations (classiques ou quantiques) qui régissent le mouvement d'un système à l'échelle microscopique sont invariantes par renversement du temps ; pourtant, l'évolution du système à l'échelle macroscopique possède une propriété contradictoire, l'*irréversibilité*, puisqu'un système macroscopique, livré à lui-même, tend vers un état d'équilibre.

L'évolution macroscopique est pourtant irréversible

L'ÉQUATION DE BOLTZMANN, LE VISIONNAIRE

C'est encore Ludwig Boltzmann qui accomplit un travail de pionnier sur le problème de l'irréversibilité. Il choisit pour cela d'étudier un gaz dilué, car son comportement microscopique,

---

1. L'équation de Schrödinger fait intervenir le temps au premier ordre ; mais la fonction d'onde quantique est un nombre complexe, ce qui permet de rétablir les signes.

même traité statistiquement – bien sûr ! Boltzmann était le champion du traitement statistique – son comportement microscopique, donc, serait plus facile à suivre : les molécules y sont bien séparées, et leurs collisions bien individualisées. Précisons par quelques ordres de grandeur. Nous prenons l'exemple de l'hélium – parce que ses molécules sont constituées d'un atome unique [1] –, à la température ambiante et sous la pression atmosphérique. Le rayon d'un atome d'hélium peut être évalué à 0,26 angström ; la portée des forces interatomiques – c'est-à-dire la distance relative au-dessus de laquelle deux atomes d'hélium cessent d'exercer l'un sur l'autre quelque force que ce soit – vaut environ 3 angströms ; la distance moyenne entre molécules voisines s'établit aux environs de 30 angströms, la vitesse des atomes d'hélium vers 1 000 mètres par seconde ; la distance que parcourt, en moyenne, un atome d'hélium entre deux collisions avec ses congénères, distance qu'on appelle le « libre parcours moyen » et qui est évidemment franchie en ligne droite, avoisine 1 500 angströms. Voilà ce que nous entendions il y a un instant par « molécules bien séparées » (30 Å à comparer avec 3 Å), et « collisions bien individualisées » (1 500 Å de libre parcours moyen pour 3 Å de portée des interactions). Il convient quand même de remarquer que la vitesse des atomes est considérable (1 000 m/s), de sorte que les collisions sont extrêmement fréquentes : on calcule sans difficulté que l'intervalle de temps moyen entre deux collisions successives d'un même atome n'est que de 10^{-10} seconde !

À partir de quelques hypothèses dont certaines nous étonnent encore par leur pénétration et sollicitent aussi toute notre intelligence physique, Boltzmann produisit une équation, qui porte son nom, décrivant l'évolution des gaz dilués. Elle propose ce qu'on nomme traditionnellement une « *théorie cinétique* » de cette évolution, c'est-à-dire qu'elle analyse en détail le comportement des constituants microscopiques du système (le gaz dilué) et construit à partir de là, en traitant cette information de manière statistique, l'évolution macroscopique du gaz dans son ensemble. L'*équation de Boltzmann* a été abondamment et vivement critiquée à ses débuts (1872) ; elle n'a cessé depuis

---

1. Les molécules d'hydrogène, d'oxygène, d'azote, sont diatomiques, c'est-à-dire qu'elles relient deux atomes (identiques l'un à l'autre dans les trois cas cités).

d'être analysée, discutée et utilisée... ; elle conserve pourtant sa forme initiale (à peine modernisée) et sa puissance explicative.

LE THÉORÈME H, FORMALISATION DE LA QUESTION RÉVERSIBILITÉ/IRRÉVERSIBILITÉ

Boltzmann déduisit de son équation ce qu'on appelle après lui le « *théorème H* » : c'est qu'il notait H une grandeur proportionnelle à l'entropie (en réalité, il semble que cet H-là n'est pas la lettre latine qui nous est familière, mais bien la majuscule de la lettre grecque êta). On a pu, par la suite, généraliser les conditions de validité du théorème H. Dans le cadre de la mécanique statistique moderne, l'état macroscopique d'un système est caractérisé par la distribution des probabilités affectées à ses états microscopiques. Dans le cas d'équilibre macroscopique, ces probabilités sont indépendantes du temps. Mais, hors de l'équilibre, elles évoluent au cours du temps. Nous possédons actuellement une équation, dite « *équation maîtresse* », qui donne la dérivée par rapport au temps de chacune d'elles en fonction de l'ensemble de toutes les autres probabilités. On peut alors déduire le théorème H à partir de l'équation maîtresse, quel que soit le système auquel on veuille appliquer celle-ci, et quelle que soit la valeur de ses coefficients, *pourvu que* ceux-ci vérifient une *relation de symétrie* très simple, mais pas nécessairement évidente.

Le théorème H s'énonce aisément : *l'entropie d'un système isolé est une fonction non décroissante du temps.* Cela signifie en clair que l'entropie d'un système isolé ne peut que croître au cours du temps, ou peut-être rester parfois constante. On peut aussi exprimer cet énoncé en une seule formule :

$$\frac{dS}{dt} \geq 0 \text{ pour un système isolé (S est l'entropie et t le temps.)}$$

Impossibilités et paradoxes

L'équation de Boltzmann, et le théorème H qui en découlait, soulevèrent un tollé quasi général lorsqu'ils devinrent publics.

Avant de poursuivre, assurons-nous d'avoir bien compris que *l'équation de Boltzmann est irréversible*. C'est évidemment le théorème *H* qui exprime cette irréversibilité de la façon la plus nette. Or, si l'entropie doit croître avec le temps, il paraît clair qu'elle va décroître si on renverse le temps, puisqu'il décroît alors. Voilà donc une grandeur (et quelle grandeur !) qui se comporte différemment suivant que le temps s'écoule dans le sens normal ou en sens inverse. Nous nous trouvons confrontés à ce qu'on appelle souvent *la flèche du temps*. Lorsque nous analysions les mouvements microscopiques, nous avons constaté que les trajectoires des particules peuvent être décrites en sens inverse, car le renversement du temps – qui laisse les équations du mouvement invariantes – revient à changer toutes les vitesses en leurs opposées. En revanche, nous trouvons ici qu'il n'y a aucune possibilité de faire parcourir en sens inverse le chemin qu'un système macroscopique a suivi à l'aller. Il est clair également que l'inégalité que nous avons écrite pour exprimer le théorème *H* n'est *pas invariante* par renversement du temps : si l'on passe de t à $t' = -t$, le premier membre de cette inégalité change de signe ; elle n'est donc plus vérifiée sous sa forme originelle.

Boltzmann s'était mis à dos la plupart des thermodynamiciens avec sa mécanique statistique d'équilibre. Et voilà qu'il poussait aussi les mécaniciens au soulèvement avec son équation irréversible ! Bien entendu, les premiers arguments contre cette équation furent quasiment tautologiques : « Il est bien connu que les équations du mouvement sont réversibles [comme nous l'avons souligné dans la première section] ; or cette équation que vous nous proposez n'est pas réversible ; donc ce que vous présentez comme des approximations ou des hypothèses physiques, nécessaires à la démonstration de votre équation, vous ont mené à l'erreur. » Mais Boltzmann se battait pied à pied. Il fallut donc faire donner l'artillerie lourde...

Un grand mathématicien français, Henri Poincaré (1854-1912), démontra en 1890 un théorème extrêmement général et important sur l'évolution des systèmes en mécanique. Non pas qu'Henri Poincaré se sentît dérangé par les affirmations de Boltzmann, qu'il ne prenait pas au sérieux (il ne faut pas oublier qu'Henri Poincaré était avant tout mathématicien, alors que c'est dans le cadre de la physique que Boltzmann situait résolument ses recherches). Quoi qu'il en soit, le théorème de Poincaré, que voici, se suffit à lui-même : un système mécanique (classique [1]) finit toujours, si l'on attend suffisamment longtemps, par revenir à un état microscopique aussi voisin que l'on veut de son état initial [2].

Ce théorème pouvait – et allait – être opposé à Boltzmann. Mais notons qu'il semble exclure toute évolution vers l'équilibre, alors qu'elle est effectivement observée par l'expérience. C'est un mathématicien allemand, Ernst Zermelo, qui a attaché son nom à cette question [3], qu'il a élevée au rang de paradoxe : comment peut-on concilier l'existence visible d'évolutions irréversibles (par exemple, les évolutions vers l'équilibre) avec le théorème inattaquable de Poincaré, qui prédit une évolution cyclique : le système – même s'il comporte un grand nombre de particules – revient périodiquement à son état initial – ou plutôt aussi près que l'on veut de cet état initial.

Boltzmann comprit lui aussi que l'existence du théorème de Poincaré le forçait à ramer à contre-courant. Il prit donc le problème à bras-le-corps et entreprit d'estimer le temps qui serait nécessaire à un système macroscopique pour revenir à son état initial. Cette estimation le conduisit, pour 100 centimètres cubes de gaz ordinaire, à un ordre de grandeur très supérieur à 10 élevé à la puissance 10^{10}, temps exprimé en années ! Inutile de préciser que la durée de notre pauvre vie de physiciens, mais aussi celle de l'Univers, sont ridiculement, ridiculement courtes devant des temps de Poincaré de cet ordre. Autant dire que, si le problème des cycles de Poincaré subsiste, il n'est pas d'une urgence brûlante.

---

1. Il n'était évidemment pas question, à cette époque-là, de mécanique quantique.

2. Cela n'est pas vraiment l'énoncé mathématique du théorème : il a été revu ici par quelque physicien.

3. Ernst Zermelo (1871-1953) a gagné par ailleurs le droit au respect lorsque, en 1935, il renonça à son titre de professeur à Fribourg pour protester contre les agissements du régime nazi.

Le problème de l'irréversibilité
formulé sur un exemple simple

Analysons tout d'abord le comportement d'une particule unique enfermée dans un récipient macroscopique ; nous supposons pour simplifier que son mouvement peut être correctement décrit par la mécanique classique. Nous nous donnons, à un certain instant, la position A_0 de la particule et sa vitesse : sur la figure ci-après, la vitesse est représentée par une petite flèche,

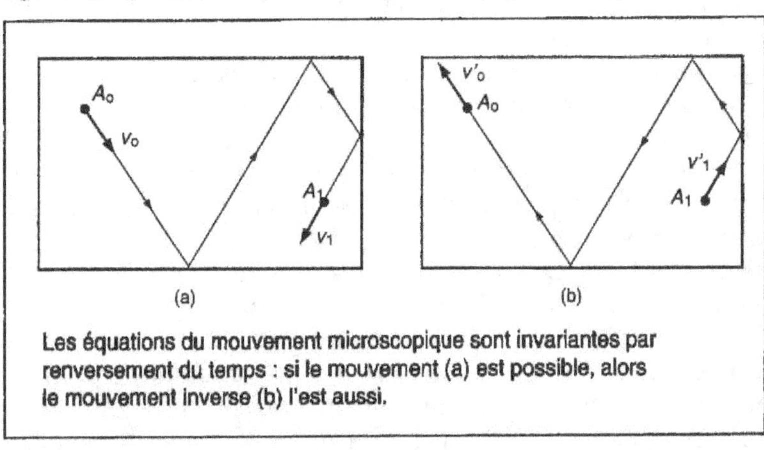

Les équations du mouvement microscopique sont invariantes par renversement du temps : si le mouvement (a) est possible, alors le mouvement inverse (b) l'est aussi.

qui donne sa direction en même temps que sa valeur. Le mouvement de la particule la conduit, au bout d'un certain temps, au point A_1, avec la vitesse indiquée sur la figure. L'équation de la dynamique newtonienne, nous l'avons déjà souligné plusieurs fois, est invariante par renversement du temps. Cela implique que, si la même particule est placée, à un nouvel instant, en A_1, et qu'on lui communique la vitesse opposée à celle que nous lui avons connue en ce point (voir la figure ci-dessus), elle se retrouvera en A_0, avec pour vitesse l'opposée de celle qu'elle avait primitivement en ce point, et ce au bout d'un temps égal à celui qu'a pris le trajet aller. Pour saisir ce fait de façon intuitive, nous pouvons filmer le mouvement direct de la particule de A_0 à A_1 [1]. Si l'on passe ensuite le film à

---

1. Filmer une particule ne doit pas être si facile, mais nous ignorons ici ces contingences.

l'envers, c'est le mouvement inverse, de A_1 à A_0 avec des vitesses opposées aux précédentes, qu'on verra sur l'écran. Aucun spectateur ne trouvera ce mouvement inverse anormal, car il est parfaitement compatible avec les lois physiques.

Examinons maintenant le comportement d'un gaz constitué d'un grand nombre de particules, en supposant là encore qu'il est décrit par la mécanique classique. À l'instant initial, le récipient qui enferme le gaz est séparé en deux compartiments par une cloison, comme l'indique la figure suivante dans sa partie gauche ; toutes les particules se trouvent alors dans la moitié gauche du récipient, la moitié droite étant vide. On retire maintenant la cloison [1]. Nous savons que le gaz va se répandre dans le compartiment initialement vide, de façon à occuper de façon homogène la totalité du volume disponible, ce qu'indique la figure ci-dessous dans sa partie droite. L'irréversibilité, dont nous parlons abondamment depuis un certain temps, prend ici un aspect très simple et concret : *jamais le gaz ne reviendra spontanément se confiner* en totalité dans la moitié gauche du récipient. Imaginons qu'on ait pu filmer les molécules du gaz au cours de son évolution réelle, et que l'on passe ensuite le film à l'envers. Personne ne sera dupe : l'évolution inverse qui se déroulera sur l'écran paraîtra aussi saugrenue que le spectacle d'un plongeur qui bondit hors de l'eau à reculons vers le plongeoir, ou de tout autre phénomène évidemment contraire aux lois naturelles.

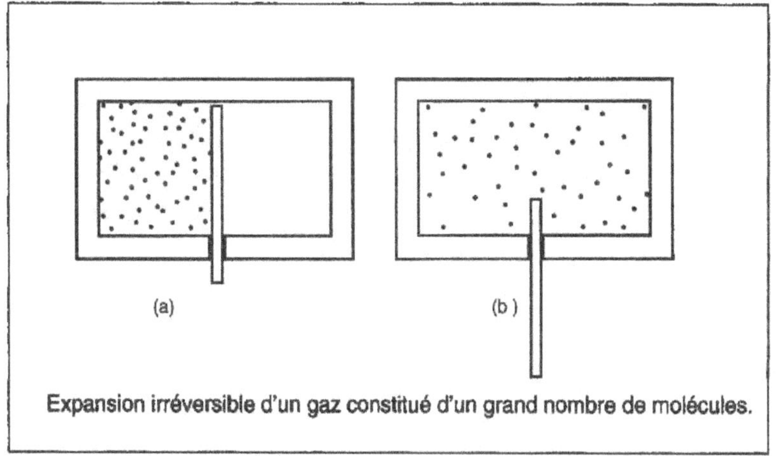

Expansion irréversible d'un gaz constitué d'un grand nombre de molécules.

---

1. C'est la détente de Joule, que nous avons décrite *supra*, p. 233.

D'où vient l'irréversibilité?

Comment l'irréversibilité de l'évolution macroscopique peut-elle découler de lois microscopiques invariantes par renversement du temps? Dans l'exemple ci-dessus, pourquoi n'est-il pas possible, en changeant de sens les vitesses de toutes les molécules du gaz, de faire parcourir à celui-ci le chemin inverse de son évolution spontanée? La réponse à cette dernière question est relativement simple : le nombre des molécules est tellement énorme qu'il est impensable de chercher à contrôler la vitesse de chacune d'elles au même instant. Notons que, dans l'état initial où le gaz n'occupe que le compartiment de gauche, on ne possède pas une information détaillée sur la position précise de chaque molécule – et encore moins sur sa vitesse –, mais seulement une information globale, à l'échelle macroscopique : elles se trouvent toutes dans la moitié gauche. L'évolution du gaz a pour effet de diluer cette information au niveau microscopique, où elle devient inaccessible : chaque molécule garde en principe, dans sa position et sa vitesse, le souvenir d'une parcelle de l'information initiale, mais celle-ci ne peut pas être reconstituée car ces parcelles sont trop ténues et trop nombreuses : l'information que portait la configuration originelle est maintenant éclatée. C'est cette *perte d'information* que mesure l'accroissement d'entropie [1] prévu par le théorème H. C'est aussi elle qui interdit le retour en arrière.

Mais cela ne répond que partiellement à la question primordiale sur l'origine de l'évolution irréversible d'un système régi par des équations microscopiques temporellement symétriques. Cette question a fait l'objet de nombreux travaux, et elle n'est pas encore « refroidie », comme on dit en médecine d'une lésion qu'elle est « refroidie », donc plus aisément opérable : tous les physiciens n'ont pas exactement la même opinion sur le sujet. Nous allons indiquer ici l'idée physique générale qui, selon la majorité des experts, sert de base à la compréhension du phénomène.

---

1. Voir *supra*, p. 213.

IRRÉVERSIBILITÉ ET INDÉTERMINISME

Le problème de l'*irréversibilité* est intimement lié à celui du *déterminisme* : les *équations fondamentales* sont *déterministes*, en ce sens qu'elles permettent de caractériser de façon univoque l'état microscopique du système à tout instant à partir de la donnée de cet état à un instant antérieur unique ; au contraire, l'*évolution macroscopique* dudit système est *stochastique*, c'est-à-dire que sa description est fondée sur les probabilités. Dans l'exemple du gaz que nous avons analysé, l'impossibilité du retour en arrière est due au fait que l'état final du système n'est pas connu avec suffisamment de précision, à l'échelle microscopique, pour qu'on puisse envisager de changer de façon crédible toutes les vitesses de signe ; cette méconnaissance de l'état microscopique final provient à son tour de la nécessité de traiter l'évolution du système de façon probabiliste. Donc les antinomies réversible-irréversible et déterministe-stochastique doivent être envisagées comme deux aspects d'une seule et même question fondamentale.

La clef du problème est fournie par *l'extrême sensibilité des équations microscopiques à de petits changements* dans les conditions initiales ou à de faibles perturbations du système au cours de son évolution[1]. Pour préciser ce point crucial, nous allons à nouveau faire appel aux exemples simples que nous avons introduits dans la section précédente.

Reprenons d'abord le cas d'une particule unique, auquel correspond la figure de la page 298. La situation réelle est moins simple que la description que nous en avons donnée. En effet, dans la réalité, la position et la vitesse initiales de la particule ne peuvent pas être connues avec une précision parfaite : A_0 ne peut pas être un point mathématique, ni la vitesse une flèche de longueur et de direction exactement définies. La présence de telles incertitudes, qu'on s'efforce évidemment de réduire autant que possible, n'en est pas moins au cœur même de la description physique du réel. Examinons alors le comportement de la particule lorsqu'on choisit successivement comme état initial les diverses possibilités qu'offrent ces incertitudes : on prend un

---

1. Nous avons déjà évoqué cette caractéristique très importante des équations du mouvement au chapitre II (voir *supra*, p. 229).

point dans le petit domaine (entourant A_0) où peut se trouver la position initiale de la particule, et de même une vitesse parmi les vitesses possibles (elles sont très proches les unes des autres). À partir de chacun de ces états initiaux mathématiques, l'équation du mouvement – déterministe – donne de façon univoque l'état de la particule aux instants ultérieurs. On pourrait penser que deux mouvements issus de conditions initiales voisines – comme ils le sont ici – vont rester continuellement voisins. Eh bien, non : *ces deux mouvements*, et en particulier les trajectoires qu'ils empruntent, *s'écartent irrémédiablement l'un de l'autre*. On peut le comprendre facilement, pour une particule microscopique, si l'on prend en compte les inévitables irrégularités des parois du récipient à l'échelle microscopique. La figure que voici montre comment deux trajectoires très voisines (l'une marquée par une flèche indiquant le sens de parcours de la particule, l'autre par une double flèche pour la distinguer de la première) peuvent devenir complètement étrangères l'une à l'autre après avoir rebondi sur un obstacle irrégulier. Encore avons-nous représenté, pour fixer les idées, des rebonds spéculaires. Le choc d'une particule microscopique sur la surface d'un solide est un phénomène autrement complexe, dont les détails dépendent des interactions entre la particule et les atomes constituant la paroi. Assez souvent, la particule reste un certain temps accrochée à la paroi – on la dit « adsorbée » – avant de se libérer à nouveau et de repartir dans le récipient ; dans ce cas, le choc désoriente davantage encore la vitesse de la particule, et l'effet illustré par la figure en est renforcé.

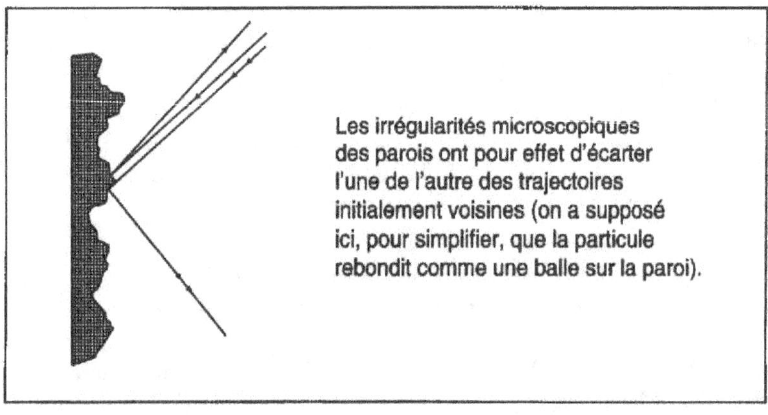

Les irrégularités microscopiques des parois ont pour effet d'écarter l'une de l'autre des trajectoires initialement voisines (on a supposé ici, pour simplifier, que la particule rebondit comme une balle sur la paroi).

Ainsi, les chocs successifs de la particule sur les parois du récipient ont pour effet de diluer l'information initiale – la particule est partie d'un point voisin de A_0 avec une vitesse voisine de celle que nous avions prise au départ – en élargissant de façon explosive le domaine d'incertitude. N'oublions pas que, en outre, le système étudié – même s'il s'agit d'une particule unique – est soumis à de très faibles mais multiples influences extérieures dont l'efficacité est considérablement accrue par la sensibilité intrinsèque des équations du mouvement. Ces deux effets conjugués font que l'on devient incapable, au bout d'un certain temps, de préciser même la position de la particule à l'intérieur du récipient. Et ce temps est court : avec des vitesses moléculaires de l'ordre de celles que nous avons indiquées plus haut [1], le nombre de chocs, par seconde, de la particule sur les parois est très grand. On doit dès lors, comme en mécanique statistique, avoir recours aux probabilités : si par exemple on divise le récipient en deux parties d'égal volume, la particule a la probabilité 1/2 de se trouver dans l'un de ces compartiments et la probabilité 1/2 de se trouver dans l'autre. *L'évolution déterministe a fait place à une évolution stochastique.* Bien entendu, il est impossible également de revenir en arrière, c'est-à-dire de retrouver, à partir de la description probabiliste finale, le domaine restreint de positions et de vitesses dont nous sommes partis : *l'évolution est devenue irréversible.*

IRRÉVERSIBILITÉ DANS LES SYSTÈMES À UN GRAND NOMBRE DE PARTICULES

Dans un système composé d'un grand nombre de particules, s'ajoute aux précédents l'effet des *collisions entre particules*, qui agissent dans le même sens. L'irréversibilité se manifeste dans ce cas de façon plus évidente. Nous avons envisagé tout à l'heure un gaz qui se répandait dans l'ensemble d'un récipient après avoir été confiné dans l'une de ses moitiés. Dans cet exemple, la probabilité pour que, après l'expansion, les N molécules du gaz se retrouvent toutes dans une des moitiés du récipient, choisie à l'avance, vaut $(1/2)^N$: pour N de l'ordre du nombre d'Avogadro,

---

1. Voir *supra*, p. 294.

cette probabilité est si fantastiquement petite que l'événement correspondant – regroupement de toutes les molécules dans une moitié du récipient – est véritablement impossible. Mais il est intéressant de souligner que, de ce point de vue, les systèmes comportant un grand nombre de particules ne sont pas seuls à évoluer de façon irréversible : l'instabilité des équations du mouvement lors de légères modifications des conditions initiales ou extérieures, qui substitue une évolution stochastique et irréversible au déterminisme réversible auquel on aurait pu s'attendre, semble être une propriété universelle des systèmes dynamiques.

IRRÉVERSIBILITÉ, ERGODICITÉ, SIMULATION

Terminons par trois remarques. La première soulignera que la propriété que nous venons d'expliciter joue également un rôle primordial en ce qui concerne le *problème ergodique* [1]. Supposons en effet que l'on arrive à préparer un système isolé dans un état macroscopique initial qui serait restreint à un groupe très étroit d'états microscopiques. Cet état macroscopique initial serait donc loin de satisfaire à l'équiprobabilité des états microscopiques accessibles (postulat fondamental de la mécanique statistique *d'équilibre*). Aucune objection à cela : l'état macroscopique qu'on aurait ainsi préparé serait hors de l'équilibre, voilà tout. Mais l'évolution dans le temps conduirait ce groupe restreint d'états microscopiques à s'élargir rapidement, jusqu'à couvrir uniformément tout le domaine des états microscopiques accessibles. À cela une double conclusion : d'une part, notre système macroscopique hors de l'équilibre tend rapidement vers l'équilibre ; d'autre part, lorsqu'il a atteint l'équilibre, son évolution dans le temps préserve l'équiprobabilité des états microscopiques accessibles, et il vérifie donc le principe ergodique (les moyennes dans le temps s'identifient avec les moyennes sur les probabilités).

La deuxième remarque est une interrogation sur l'un des ingrédients que nous avons utilisés de façon opiniâtre tout au long de ce chapitre : nous avons systématiquement mis en avant les influences extérieures qui s'exercent sur le système : choc des

---

1. Voir *supra*, p. 220 et 228.

particules sur les parois, forces légères créées par des objets étrangers au système... Mais il est possible que la « propriété universelle » que nous mentionnions il y a peu soit valable même pour un système *rigoureusement isolé* : deux trajectoires initialement issues de deux points très voisins, avec des vitesses très voisines, s'écartent l'une de l'autre très rapidement au cours du temps. Cette propriété a effectivement été démontrée pour ce qu'on appelle le gaz de « sphères dures » (gaz dont les molécules se comporteraient comme de petites boules de billard). La voie est aride et semée d'embûches, mais peut-être débouchera-t-elle un jour sur d'autres résultats encore plus proches de la réalité.

La troisième et dernière remarque me laisse moi-même perplexe. Deux de mes amis physiciens [1] ont tiré parti de leur longue familiarité avec l'ordinateur et avec ce type de problème pour calculer pas à pas l'évolution d'un système de particules, interagissant par une loi de force conforme à la réalité, et enfermées dans un récipient. L'inconvénient majeur de ces simulations sur ordinateur est que le nombre de particules est limité – pour des raisons techniques et financières – à un millier (un peu moins de mille, dans le cas qui nous occupe). Mais ces auteurs sont formels : ils ont pris toutes les précautions utiles pour que les interactions entre particules donnent un mouvement – microscopique – *strictement réversible*. Ce n'est pas si aisé sur l'ordinateur : les nombres qu'il calcule sont en général arrondis sur le dernier chiffre significatif, et les erreurs minimes qu'introduisent ces arrondis jouent, du point de vue du mouvement, un rôle semblable à celui d'actions extérieures ; autrement dit, si vous demandez à l'ordinateur, à partir d'un certain stade, de recalculer le mouvement des particules après avoir changé toutes les vitesses en leurs opposées, vous ne retrouvez pas la situation dont vous étiez initialement partis. L'instabilité des équations du mouvement, que nous avons largement commentée plus haut, est – évidemment – présente aussi dans ce modèle. Quoi qu'il en soit, ces deux physiciens affirment avoir résolu le problème des arrondis, et assurent que le mouvement microscopique du système est exactement réversible. Pourtant, lorsqu'ils donnent à l'ordinateur, pour commencer le calcul, une configuration initiale où, par exemple, toutes les particules sont placées dans un

---

1. Loup Verlet et Dominique Lévesque.

des coins de la boîte, ils parviennent, au bout d'un temps de calcul raisonnable, à la *distribution d'équilibre du gaz*, sur laquelle ils peuvent vérifier toutes les propriétés qu'on peut en attendre. Donc, évolution irréversible à partir d'équations du mouvement rigoureusement réversibles, sans intervention de phénomènes supplémentaires comme la rugosité des parois ou les perturbations extérieures, avec comme seule cause possible – c'était l'idée de Boltzmann – le nombre de particules ; il n'a certes rien à voir avec le nombre d'Avogadro, nous l'avons dit, mais il est, apparemment, quand même suffisant. Je vous laisse sur cette affirmation, que je ne maîtrise pas assez, notamment en ce qui concerne le rôle – crucial – de l'ordinateur, pour pouvoir vraiment la juger. Un dernier mot, quand même. On peut penser que, si le mouvement est véritablement réversible, le gaz va revenir à la configuration qu'on lui avait donnée initialement (toutes les particules dans le même coin). Cette idée n'est en fait rien d'autre qu'un avatar du théorème de Poincaré [1]. Mes deux amis affirment que, tout le temps qu'ils l'ont observé, l'état d'équilibre atteint par le gaz n'a pas donné signe de vouloir se défaire tant soit peu pour se diriger vers une autre configuration. En outre, le comité de gestion ne leur aurait jamais accordé un temps d'ordinateur suffisant pour vérifier le théorème de Poincaré, fût-ce sur un millier de particules...

RÉVERSIBILITÉ

Ange plein de gaieté, connaissez-vous l'angoisse,
La honte, les remords, les sanglots, les ennuis,
Et les vagues terreurs de ces affreuses nuits
Qui compriment le cœur comme un papier qu'on froisse ?
Ange plein de gaieté, connaissez-vous l'angoisse ?
Ange plein de bonté, connaissez-vous la haine ?
Les poings crispés dans l'ombre et les larmes de fiel,
Quand la Vengeance bat son infernal rappel,
Et de nos facultés se fait le capitaine ?
Ange plein de bonté, connaissez-vous la haine ?
Ange plein de santé, connaissez-vous les Fièvres,
Qui, le long des grands murs de l'hospice blafard,

---

1. Voir *supra*, p. 296.

Comme des exilés, s'en vont d'un pied traînard,
Cherchant le soleil rare et remuant les lèvres ?
Ange plein de santé, connaissez-vous les Fièvres ?
Ange plein de beauté, connaissez-vous les rides,
Et la peur de vieillir, et ce hideux tourment
De lire la secrète horreur du dévouement
Dans des yeux où longtemps burent nos yeux avides ?
Ange plein de beauté, connaissez-vous les rides ?
Ange plein de bonheur, de joie et de lumières,
David mourant aurait demandé la santé
Aux émanations de ton corps enchanté ;
Mais de toi je n'implore, ange, que tes prières,
Ange plein de bonheur, de joie et de lumières.

Charles BAUDELAIRE,
Les Fleurs du mal.

La mécanique statistique est née de l'union – considérée par beaucoup de ses contemporains comme contre nature – entre la théorie atomique et la thermodynamique. Serpent perfide ou vilain petit canard aux yeux de ces mêmes contemporains puis de leurs disciples, elle a pourtant réussi à se faire une place dans la nichée des théories modernes, confortée qu'elle était par les succès sans cesse affirmés et confirmés de son parent hétérodoxe, la théorie atomique. À son image, la mécanique statistique elle-même a su se développer, gagner en autorité et s'imposer par des réussites impressionnantes.

La mécanique statistique a apporté à la thermodynamique, outre les fondements physiques qui lui faisaient défaut – la notion d'entropie s'éclaire de l'intérieur, pourrait-on dire, grâce à la formule fondatrice de Boltzmann –, une richesse insoupçonnée de mécanismes et de phénomènes prenant racine au niveau microscopique. Le prototype des problèmes posés, et analysés, par la mécanique statistique est celui du ferromagnétisme : les propriétés macroscopiques d'un aimant naissent de l'alignement spontané, à l'échelle microscopique, des moments magnétiques portés par chacun des atomes qui constituent l'aimant et sont distribués de manière ordonnée pour former un réseau cristallin. Comprendre le comment et le pourquoi de l'alignement entre moments magnétiques voisins sur le réseau, comprendre pourquoi seuls le fer, le cobalt et le nickel (et quelques rares autres corps) manifestent cette propriété – tout le monde sait que le cuivre, pour prendre cet unique exemple, n'est pas attiré par l'aimant –, élucider la raison qui fait cesser le phénomène primaire de l'alignement lorsque la température dépasse un certain seuil – le point de Curie [1] –, étudier la transition de phase correspondante, car c'en est une, toutes ces questions sont principalement du ressort de la mécanique statistique; la thermodynamique y sert seulement de cadre général, et de guide balisant les itinéraires connus qu'elle a préalablement tracés.

La mécanique statistique a su poser aussi, dès ses débuts, quelques questions fondamentales qui suscitent encore controverses et polémiques, même si, pour personne, elles ne remettent en cause sa validité et sa pertinence : problème ergodique, problème de l'irréversibilité... C'est un peu comme si la mécanique statistique, prince charmant débordant de vitalité et de promesses, était venue réveiller la thermodynamique, un peu endormie dans ses dogmes, certes valables et vérifiés, et ses méthodes traditionnelles, certes pertinentes et éprouvées...

---

1. C'est dans sa thèse, soutenue en 1895, que Pierre Curie découvrit ce comportement (*Propriétés magnétiques des corps à diverses températures*).

Finale

ALLEGRO MA NON TROPPO

Mais peut-être serait-il temps de répondre à la question-titre de ce livre. Tentons de le faire : « There will be an answer. Let it be [1] ! »

À dire vrai, il est sans nul doute provocateur de formuler cette question ; elle peut en tout cas être prise pour purement rhétorique. C'est que, de nos jours, plus personne ne se la pose, parmi les gens sensés. J'ai pourtant voulu la placer en exergue, et pour cela

« *J'ai deux raisons, dont chaque est suffisante seule.*

Primo : (Une raison historique. Elle a été le centre, l'œil d'ouragan de débats passionnés, tout particulièrement celui qui nous a occupés ici : il opposait les partisans de la théorie atomique aux tenants de l'énergétique – entendez, de la thermodynamique.)

Secundo : Est mon secret [2]... »

Pour ce qui est du débat que nous avons expliqué et illustré, les atomistes avaient sans conteste raison, l'avenir l'a clairement établi. Pourtant – et c'est encore aujourd'hui ce qui fait l'originalité et l'intérêt de la situation – leurs adversaires, les champions de la thermodynamique, n'avaient pas vraiment tort ! Ou plutôt : ils avaient certes tort de nier de façon catégorique l'existence des atomes, mais ils étaient dans leur droit lorsqu'ils développaient et défendaient leur théorie admirable

---

1. « Il y aura une réponse. Ainsi soit-il ! » Les Beatles.
2. Edmond Rostand, *Cyrano de Bergerac.*

et efficace; même si cela les conduisait à ignorer superbement les atomes.

Pour comprendre un peu mieux la portée de notre question et le sens de la réponse qu'on lui donne aujourd'hui, je vous propose un petit jeu, innocent mais significatif. Nous reprenons la même phrase interrogative que dans le titre, en y remplaçant toutefois « les atomes » par un autre ou d'autres mots. Je vais proposer quelques exemples, mais vous pouvez jouer comme bon vous semble, seul ou à plusieurs – mais en réfléchissant honnêtement à chaque fois, bien entendu!

Vous en conviendrez, je pense : on ne peut pas ne pas commencer par Dieu. Mais là, tollé! Leurs raisons varieront sans doute d'un extrême à l'extrême opposé, mais tous s'accorderont pour affirmer à grands cris que voilà une question fort mal venue. Il est indéniable que, même théologien, je ne me serais pas hasardé à traiter un tel sujet!

Essayons autre chose, de moins... fondamental. Je ferai l'impasse sur « l'âme », qui nous ramènerait au problème (!) précédent, mais vous me permettrez probablement « l'esprit », ou de façon plus restrictive « le subconscient ». Alors?... « Oui, mais vous n'envisagez que des choses abstraites », me direz-vous. « Prenez plutôt la chaise ou vous êtes assis. Elle existe, elle, faute de quoi vous tomberiez. Enfin! Vous pouvez en tout cas la toucher! » Sans doute. Sans doute pourrais-je aussi développer des arguments montrant les déconvenues auxquelles on s'expose si l'on fonde les critères d'existence sur les seuls sens. Mais, puisque c'est mon tour, je proposerai plutôt « le soleil », qui nous permettra de discuter ces problèmes plus commodément. « Il existe vraiment, puisque nous le voyons. » C'est ainsi que se traduira ici l'affirmation précédente, avec plus de force encore car la vue est plus fiable que le toucher. Certes, répondrai-je, mais il est des jours où... et des nuits : « le soleil existe-t-il vraiment » durant la nuit ou les jours de pluie? Et puis la lune, tant que j'y suis : on ne la voit pas quand elle est nouvelle, même par temps clair. Je sens que, piqué au vif, vous allez m'expliquer que les nuages, que la rotation de la terre, que l'éclairement de la lune... Évidemment, vous n'échapperez pas aux éclipses!

C'est là, en réalité, que je voulais en venir (le « secundo » de tout à l'heure). Car – vous vous en doutiez, n'est-ce pas? – mon jeu n'est pas aussi innocent qu'il y paraît. Laissez-moi donc le poursuivre seul, car mon but n'est pas que vous vous sentiez acculés dans un traquenard.

Je reprends, maintenant seul, l'exemple du soleil. Même son quotidien nous réserve des surprises. Par exemple : le ciel est totalement dégagé, et nous admirons un coucher de soleil sur la mer. Eh bien ! Ce soleil, que nous *voyons* alors dans toute sa plénitude et toute sa gloire, ne se trouve pas *vraiment* – peut-être le saviez-vous ? – dans la direction des rayons que recueillent nos yeux. Lorsque nous le voyons se coucher, il est en réalité déjà au-dessous de l'horizon. Aucun mystère à cela : les rayons sont déviés par réfraction dans l'atmosphère, par effet de prisme. Le phénomène est en réalité moins simple que je ne l'ai dit, car les diverses couleurs de l'arc-en-ciel, qui composent la lumière du soleil, se comportent de façon différente dans la réfraction, et d'ailleurs aussi dans l'absorption par l'atmosphère ; notre œil, quant à lui, est plus sensible à certaines d'elles qu'à d'autres. Cet ensemble de facteurs est à l'origine du célèbre *rayon vert*, qu'un roman de Jules Verne à pris pour titre, et après lui un film d'Éric Rohmer. Le rayon vert n'est pas très facile à observer, roman et film le montrent – quoiqu'ils décrivent aussi d'autres choses bien plus difficiles. Un effet aisément observable (mais attention : seuls les Sioux sont capables de regarder en face le soleil et la mort !) est l'aplatissement du disque solaire lors de son coucher, car il atteint environ vingt pour cent.

Encore un problème à propos du soleil : nous ne le voyons pas tel qu'il *est*, mais tel qu'il *était* il y a huit minutes. C'est la vitesse de la lumière qu'il faut ici incriminer : elle est certes démesurée (trois cent mille kilomètres par seconde), mais point infinie. Si donc se produit sur le soleil un cataclysme – il s'en produit : ce sont les « éruptions solaires » –, il nous est impossible d'en avoir connaissance aussitôt ; il nous *faut* attendre huit minutes ! D'aucuns penseront que huit minutes sont bien peu de chose. Peut-être, en effet, pourrait-on invoquer cette échappatoire. Mais elle ne tiendrait pas bien longtemps. Lorsque le 24 février 1987, par exemple, explosa dans le ciel astral une supernova plus brillante que la plus brillante étoile de la nuit, on put la situer dans le Grand Nuage de Magellan, autant dire dans la proche banlieue de notre Voie lactée natale, à seulement cent soixante-dix mille années-lumière de nous. Cet événement, rare – il serait follement optimiste d'attendre son pareil avant un siècle ou deux –, capital par les renseignements qu'il a fournis aux scientifiques mais aussi par sa beauté, nous avait pourtant été caché pendant cent soixante-dix mille ans (et quand je dis « nous »...), entre le moment où il s'est effectivement produit et celui où nous en avons eu connaissance. Entre-temps, « existait-il vraiment » ?

En physique, ce genre de question fondamentale se résout le plus simplement du monde, c'est-à-dire de façon fondamentale.

Au lieu des atomes, prenons l'exemple plus simple et plus frappant du champ électrique. Un champ électrique, « mais à tout prendre, qu'est-ce ? » La définition première qu'on en donne traditionnellement se réduit à ceci : si, en un endroit où règne un tel champ, on place une charge électrique, elle est soumise à une force, simple produit du champ par la charge. Lorsqu'on analyse le problème d'un peu plus près, on constate évidemment que la même charge ne ressent pas nécessairement la même force en deux points différents, même voisins. Cela implique que le champ électrique varie, en général, d'un emplacement à l'autre de l'espace. Dans certaines situations (contrôlées expérimentalement, s'entend), il dépend aussi du temps : sa valeur – il s'agit d'un vecteur, en fait – en un point déterminé change lorsque s'écoule le temps. Bien entendu, la force subie par une charge placée à cet endroit varie de même façon. Mais, vous l'aurez remarqué, on peut parler de champ électrique sans qu'on ait introduit de charge, en l'absence de tout effet mécanique : *si* l'on place une charge, *alors*...; le champ électrique préexiste, persiste et transcende par conséquent la situation primaire qui a servi de définition.

Dans ces conditions, posons la question rituelle : le champ électrique existe-t-il vraiment? Le seul, le vrai moyen d'obtenir une réponse claire est d'interroger la théorie de l'électricité.

Chemin faisant, nous apprendrons que cette théorie est aussi celle qui régit le magnétisme, et qu'elle englobe de surcroît la lumière. Quel étonnement! Quelle découverte! Nous apprenons cela, et nous nous émerveillons! Elle est fondée sur quatre équations-postulats, les « équations de Maxwell », qui inventorient, pourrait-on dire, les propriétés cardinales de deux entités de base, le champ électrique et le champ magnétique. Donc, le champ électrique existe parce que ses caractéristiques et son rôle sont clairement définis et explicités dans le cadre d'une théorie valable, c'est-à-dire cohérente et décrivant sans faille la réalité à partir d'une poignée de postulats. En outre, cette théorie a prédit, et continue de le faire, des effets inattendus, surprenants parfois, mais qui tous ont été avérés par l'expérimentation. En sorte que nous pensons, nous travaillons, nous vivons, nous rêvons même avec le champ électrique, comme avec

> *Ces vieux airs du pays, au doux rythme obsesseur,*
> *Dont chaque note est comme une petite sœur,*
> *Dans lesquels restent pris des sons de voix aimées,*
> *Ces airs dont la lenteur est celle des fumées*
> *Que le hameau natal exhale de ses toits,*
> *Ces airs dont la musique a l'air d'être en patois* [1]...

Touchés par une telle intimité enthousiaste, peut-être allez-vous vous inquiéter du sort qui adviendrait au champ électrique, et accessoirement à nous, si... eh bien ! si la théorie électromagnétique venait à être remise en cause, comme c'est arrivé à quelques autres, d'aussi belles et d'aussi profondément enracinées. Je n'en sais rien, *vraiment* rien : le champ électrique n'est simplement pas défini hors de la théorie électromagnétique. Je partage l'incertitude du poète :

> *Que sont mi ami devenu*
> *Que j'avoie si pres tenu*
> *Et tant amé* [2] ?

---

1. Edmond Rostand, *Cyrano de Bergerac.*
2. *La Complainte de Rutebœuf* (*cf.* Paul Robeson, Joan Baez).

TABLE

DEUXIÈME PARTIE
LA THERMODYNAMIQUE :
UNE SCIENCE EN PLEINE MATURITÉ

TROISIÈME PARTIE
LA MÉCANIQUE STATISTIQUE
OU L'EXISTENCE AVÉRÉE DES ATOMES

Ouvrage publié sous la responsabilité éditoriale
de Gérard Jorland

Imprimé par Lightning Source France
1 avenue Gutenberg
78310 Maurepas

N° d'édition : 7381-0421-Y